高职高专土建专业"互联网+"创新规划教材

建筑施工组织与管理

第三版

主　编 ◎ 田俊杰　姚玉娟　翟丽旻
副主编 ◎ 齐丽君　张照方
参　编 ◎ 李华伟　魏留明

内 容 简 介

本书全面系统地介绍了建筑施工组织与施工项目管理的内容，注重理论联系实际。本书依据《工程网络计划技术规程》(JGJ/T 121—2015)、《建筑施工组织设计规范》(GB/T 50502—2009)和《建设工程项目管理规范》(GB/T 50326—2017)，结合注册建造师考试大纲的有关要求，同时针对土木建筑类职业教育的特点而编写，表述力求言简意赅，便于读者接受和掌握。每章均配有习题，可供读者课后练习。

本书共分12章，内容包括：施工组织与管理概论、施工项目管理组织、流水施工原理、网络计划技术、单位工程施工组织设计、施工项目进度管理、施工项目质量管理、施工项目成本管理、施工项目职业健康安全与环境管理、施工项目合同管理、施工项目风险管理和施工项目收尾管理。

本书既可作为高职高专院校建筑工程技术、建筑工程管理等土建类专业的教材和指导书，也可作为相关岗位的培训教材，还可作为建筑施工一线基层管理人员的学习参考用书。

图书在版编目（CIP）数据

建筑施工组织与管理 / 田俊杰，姚玉娟，翟丽旻主编. -- 3 版. -- 北京：北京大学出版社，2024.8. -- (高职高专土建专业"互联网+"创新规划教材). -- ISBN 978-7-301-35325-7

I . TU7

中国国家版本馆 CIP 数据核字第 202438AC54 号

书　　　名	建筑施工组织与管理（第三版） JIANZHU SHIGONG ZUZHI YU GUANLI（DI-SAN BAN）
著作责任者	田俊杰　姚玉娟　翟丽旻　主编
策 划 编 辑	杨星璐
责 任 编 辑	王莉贤　刘健军
数 字 编 辑	蒙俞材
标 准 书 号	ISBN 978-7-301-35325-7
出 版 发 行	北京大学出版社
地　　　址	北京市海淀区成府路205号　100871
网　　　址	http://www.pup.cn　新浪微博：@北京大学出版社
电 子 邮 箱	编辑部 pup6@pup.cn　总编室 zpup@pup.cn
电　　　话	邮购部 010-62752015　发行部 010-62750672　编辑部 010-62750667
印 刷 者	河北博文科技印务有限公司
经 销 者	新华书店
	787 毫米×1092 毫米　16 开本　23 印张　548 千字 2009 年 6 月第 1 版　2013 年 4 月第 2 版 2024 年 8 月第 3 版　2024 年 8 月第 1 次印刷
定　　　价	65.00 元

未经许可，不得以任何方式复制或抄袭本书之部分或全部内容。
版权所有，侵权必究
举报电话：010-62752024　电子邮箱：fd@pup.cn
图书如有印装质量问题，请与出版部联系，电话：010-62756370

前言 第三版

本书第 1 版自 2009 年出版以来，得到了高职高专土建类专业师生的欢迎，热心教师还对书中内容编排等提出了许多宝贵的意见和建议，编者在此表示由衷的谢意！随着信息化教学手段的普及和"四新技术"的发展，编者对本书第 2 版进行了修订，考虑到各校使用的连续性，对第 2 版教材的体系没有进行大的改动，并保留了第 2 版教材的特点。

本书在修订过程中融入党的二十大报告内容，注重适应高等职业教育，突出职业技能培养。本书以《工程网络计划技术规程》（JGJ/T 121—2015）、《建筑施工组织设计规范》（GB/T 50502—2009）和《建设工程项目管理规范》（GB/T 50326—2017）为基础，以建筑工程项目施工阶段的组织与管理为核心，在第 2 版教材内容的基础上，坚持以应用为目的，以必需够用为度的原则，增加了与工程项目组织管理有关的案例和项目现场的图片，突出施工组织与施工项目管理的实践性，同时引入《建筑施工组织与管理》河南省省级精品课视频资料形成"互联网+"数字化模块，并兼顾建筑行业系列新规范的颁布执行，组织和取舍上注意突出应用性和岗位针对性；深入浅出、通俗易懂，将"建筑施工组织"和"施工项目管理"融为一体，形成了较为完整的、适合高职高专土建类专业课程要求的"建筑施工组织与管理"内容结构与知识体系。

本书学习内容与推荐学时见下表。

学习内容	推荐学时
第 1 章 施工组织与管理概论	2～4
第 2 章 施工项目管理组织	2～4
第 3 章 流水施工原理	8～10
第 4 章 网络计划技术	12～14
第 5 章 单位工程施工组织设计	6～8
第 6 章 施工项目进度管理	2～4
第 7 章 施工项目质量管理	4～6
第 8 章 施工项目成本管理	4～6
第 9 章 施工项目职业健康安全与环境管理	2～4
第 10 章 施工项目合同管理	2～4
第 11 章 施工项目风险管理	2～4
第 12 章 施工项目收尾管理	2～4
合计	48～72

本书由河南建筑职业技术学院田俊杰、姚玉娟和翟丽旻任主编,河南建筑职业技术学院齐丽君和张照方任副主编,河南建筑职业技术学院李华伟、魏留明参编。具体编写分工如下:姚玉娟编写第 1 章,齐丽君编写第 2、12 章,张照方编写第 3、5 章,田俊杰编写第 4、6 章,魏留明编写第 7、8 章,李华伟编写第 9、10 章,翟丽旻编写第 11 章。

本书第 2 版作者为翟丽旻、姚玉娟、王亮、韩雪、张照方、王莹、田俊杰和刘喜,第 1 版作者为翟丽旻、姚玉娟、王英龙、钱军、王莹、胡新萍、梁媛,感谢他们在前 2 版的辛苦付出!

本书在编写过程中,参考和引用了许多的文献资料,在此谨向相关作者表示衷心的感谢。由于编者水平有限,书中难免存在不足之处,敬请各位读者批评指正。

编　者

2023 年 11 月

目录

第1章 施工组织与管理概论 1
1.1 建筑施工组织的作用与分类 2
1.2 建设程序与施工程序 4
1.3 施工准备工作 10
1.4 施工项目管理 17
1.5 建设工程项目管理策划 21
本章小结 25
习题 25

第2章 施工项目管理组织 28
2.1 施工项目管理组织概述 29
2.2 施工项目管理组织形式 33
2.3 项目经理部和团队建设 39
2.4 项目经理 46
本章小结 52
习题 52

第3章 流水施工原理 54
3.1 流水施工的基本概念 55
3.2 流水施工的主要参数 59
3.3 流水施工的组织方式 65
3.4 流水施工实例 73
本章小结 77
习题 77

第4章 网络计划技术 80
4.1 网络计划的基本概念 81
4.2 双代号网络图 83
4.3 双代号时标网络计划 95
4.4 单代号网络图 97
4.5 单代号搭接网络图 102
4.6 网络计划的优化 106
本章小结 111
习题 111

第5章 单位工程施工组织设计 113
5.1 编制依据和编制内容 114
5.2 工程概况 116
5.3 施工方案 118
5.4 施工进度计划 131
5.5 施工准备工作计划与各种资源需要量计划 138
5.6 施工平面图 141
5.7 单位工程施工组织设计实例 148
本章小结 166
习题 166

第6章 施工项目进度管理 168
6.1 施工项目进度管理概述 169
6.2 施工项目进度计划的编制和实施 173
6.3 施工项目进度计划的控制 178
6.4 施工项目进度计划的变更管理 183
本章小结 187
习题 188

第7章 施工项目质量管理 190
7.1 施工项目质量管理概述 192
7.2 施工企业质量管理体系的建立和运行 196
7.3 质量管理常用的统计方法 199
7.4 施工项目质量控制及验收 208
本章小结 217
习题 217

第8章 施工项目成本管理 219
8.1 施工项目成本管理概述 221
8.2 施工项目成本计划 225
8.3 施工项目成本控制与核算 229
8.4 施工项目成本分析与考核 237

本章小结 246
　　习题 246

第9章　施工项目职业健康安全与环境管理 248

9.1　施工项目职业健康安全与环境管理概述 249
9.2　施工项目职业健康安全管理措施 251
9.3　施工项目职业健康安全隐患和事故 259
9.4　施工项目文明施工 264
9.5　施工项目现场管理 267
本章小结 278
习题 278

第10章　施工项目合同管理 281

10.1　施工项目合同管理概述 282
10.2　施工项目投标 285
10.3　施工合同的订立 289
10.4　施工合同的履行 294
10.5　施工合同的变更、违约、索赔和争议 298

　　本章小结 305
　　习题 305

第11章　施工项目风险管理 308

11.1　施工项目风险管理概述 309
11.2　施工项目风险识别 311
11.3　施工项目风险评估 316
11.4　施工项目风险应对与监控 322
11.5　工程项目保险与保证担保 327
本章小结 332
习题 332

第12章　施工项目收尾管理 334

12.1　施工项目收尾管理概述 335
12.2　施工项目竣工验收 337
12.3　施工项目竣工结算 343
12.4　施工项目保修期管理 346
12.5　施工项目管理总结 350
本章小结 351
习题 352

参考文献 356

第 1 章 施工组织与管理概论

思维导图

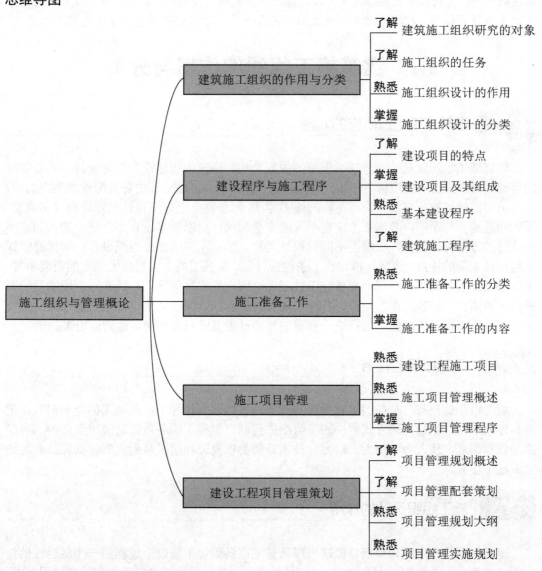

章节导读

随着建筑技术的现代化发展和进步，建筑产品的施工生产已成为一项综合而复杂的系统工程。它们有的高耸入云，有的跨度巨大，有的深入水下，这就给施工带来许多复杂和困难的问题。做好施工准备工作，进行拟建工程的实地勘测和调查，获得有关数据的第一手资料，对于拟定一个先进合理、切合实际的施工组织设计是非常必要的。如何在施工季节和环境、工期的长短、工人的水平和数量、机械装备程度、材料供应情况、构件生产方式、运输条件等众多因素下，选出最优、最可行的方案，是施工人员在开始施工之前必须解决的问题。党的二十大报告提出，推动能源清洁低碳高效利用，推进工业、建筑、交通等领域清洁低碳转型。在挑选施工方案之时，还需考虑清洁低碳的转型，合理选择施工方案。

1.1 建筑施工组织的作用与分类

1.1.1 建筑施工组织研究的对象

建筑施工组织就是针对建筑工程施工的复杂性，研究工程建设的统筹安排与系统管理的客观规律，根据工程项目（产品）单件性生产的特点，进行特有的资源配置的生产组织。

不同的建筑物或构筑物均有不同的施工方法，即使同一个标准设计的建筑物或构筑物，因为建造地点的不同，其施工方法也不可能完全相同，所以根本没有完全统一的、固定不变的施工方法可供选择，应根据不同的拟建工程，编制不同的施工组织设计。这样必须详细地研究工程的特点、地区环境和施工条件的特征，从施工的全局和技术经济的角度出发，遵循施工工艺的要求，合理地安排施工过程的空间布置和时间排列，科学地组织物质资源的供应和消耗，把施工中各单位、各部门及各施工阶段之间的关系更好地协调起来。这就需要在拟建工程开工之前，进行统一部署，并通过施工组织设计科学地表达出来。

1.1.2 施工组织的任务

施工组织的任务，是在国家有关建筑施工的方针政策指导下，从施工的全局出发，根据具体的条件，以最优的方式解决施工组织的问题，对施工的各项活动做出全面的、科学的规划和部署，使人力、物力、财力、技术资源得以充分利用，从而优质、低耗、高速地完成施工任务。

1.1.3 施工组织设计的作用

施工组织设计是规划和指导拟建工程从施工准备到竣工验收全过程的一个综合性的技术经济文件，是沟通工程设计和施工之间的桥梁，它既要体现拟建工程的设计和使用要求，又要符合建筑施工的客观规律，对施工的全过程起到战略部署或战术安排的作用。

（1）施工组织设计可以指导工程投标与签订工程承包合同，并作为投标书的内容和合同文件的一部分。

（2）施工组织设计是施工准备工作的重要组成部分，用于对施工过程实行科学管理，以确保各施工阶段的准备工作按时进行。

（3）施工组织设计是对拟建工程施工的全过程实行科学管理的重要手段，是检查工程施工进度、质量、成本三大目标的依据。

（4）通过施工组织设计的编制，可确定施工方法、施工顺序、劳动组织和技术组织措施等，从而提高综合效益。

1.1.4 施工组织设计的分类

施工组织设计按施工组织设计编制阶段的不同、编制对象范围的不同和编制内容的繁简程度，有以下分类方式。

1. 按施工组织设计编制阶段的不同分类

1）标前设计

标前设计是以投标与签订工程承包合同为服务范围，在投标前由经营管理层编制的文件。标前设计的水平是能否中标的关键因素。

2）标后设计

标后设计是以施工准备至施工验收阶段为服务范围，在签订工程承包合同后，开工前，由项目管理层编制的，用以指导及规划部署整个项目施工的文件。

2. 按编制对象范围的不同分类

施工组织设计按编制对象范围的不同可分为施工组织总设计、单位（或单项）工程施工组织设计、分部分项工程施工组织设计。

1）施工组织总设计

施工组织总设计是以一个建筑群或一个建设项目为编制对象，用以指导整个建筑群或建设项目施工全过程的各项施工活动的技术、经济和组织的综合性文件。施工组织总设计一般在初步设计或扩大初步设计被批准之后，总承包企业在总工程师领导下，会同建设、设计及分包单位共同编制。

2）单位（或单项）工程施工组织设计

单位（或单项）工程施工组织设计是以一个单位工程（或一个建筑物、构筑物）为编制对象，用以指导其施工全过程的技术、经济和组织的指导性文件。单位（或单项）工程施工组织设计一般在施工图设计完成之后，拟建工程开工之前，在工程项目部技术负责人的领导下进行编制。

3）分部分项工程施工组织设计

分部分项工程施工组织设计是以施工难度较大或技术较复杂的分部分项工程为编制对象，用以具体指导其施工全过程的各项施工活动的技术、经济和组织的综合性文件。分部分项工程施工组织设计一般同单位（或单项）工程施工组织设计的编制同时进行，并由单位工程的技术人员负责编制。

3. 按编制内容的繁简程度分类

1）完整的施工组织设计

对于重点的、工程规模大、结构复杂、技术水平要求高，采用新结构、新技术、新材料和新工艺的工程项目，必须编制内容详尽、比较全面的完整的施工组织设计。

2）简明的施工组织设计

对于工程规模小、结构简单、技术水平要求不高的工程项目，可以编制简明的施工组织设计。其内容一般仅包括施工方案、施工进度计划和施工平面图等，其内容粗略、简单。

1.2 建设程序与施工程序

1.2.1 建设项目及其组成

基本建设项目，简称建设项目，一般指在一个总体设计或初步设计范围内组织施工，建成后具有完整的系统，可以独立地形成生产能力或使用价值的建设工程。在工业建设中，如一座电站、一家工厂等；在民用建设中，如一所学校、一所医院等。

进行基本建设的企业或事业单位称为建设单位。建设单位在行政上独立组织、统一管理，在经济上进行统一的经济核算，可以直接与其他单位建立经济往来关系。

建设项目可以从不同的角度进行划分。例如，按建设项目的规模大小可分为大型、中型、小型建设项目；按建设项目的性质可分为新建、扩建、改建等扩大生产能力的项目；按建设项目的不同专业可分为工业与民用建筑工程项目、交通工程建设项目、水利工程建设项目等；按建设项目的用途可分为生产性建设项目（包括工业、农田水利、交通运输及邮电、商业和物资供应、地质资源勘探等建设项目）和非生产性建设项目（包括住宅、文教、卫生、公用生活服务事业等建设项目）。

知识链接

为了满足建设项目分解管理的需要，可将建设项目分解为单项工程、单位工程、分部工程和分项工程。以某医院建设项目为例，其分解可参照图 1.1 所示。

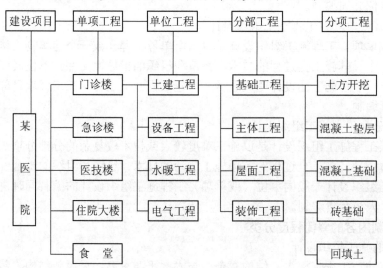

图 1.1 某医院建设项目的分解

1. 单项工程（也称工程项目）

单项工程是具有独立的设计文件，可以独立施工，竣工后可以独立发挥生产能力或效益的工程。一个建设项目，可由一个单项工程组成，也可由若干个单项工程组成。民用建设项目中如医院的门诊楼、住院楼，学校的教学楼、宿舍楼等，这些都可以称为一个单项工程，其内容包括建筑工程、设备安装工程，以及水、电、暖工程等。

2. 单位工程

单位工程是具有单独设计条件，可以独立施工，但完工后不能独立发挥生产能力或效益的工程。一个单项工程可以由若干个单位工程组成。例如，一个生产车间，一般由土建工程、工业管道工程、设备安装工程、给排水工程和电气照明工程等单位工程组成；一个门诊楼同样由土建工程、设备安装工程、水暖工程和电气照明工程等单位工程组成。

3. 分部工程

分部工程是单位工程的组成部分，一般是按单位工程的工程部位、结构形式、专业性质、使用材料等进行划分的。例如，门诊楼的土建单位工程，按其结构或工程部位，可以划分为基础、主体、屋面、装修等分部工程；按其质量检验评定要求可划分为地基与基础、主体、地面与楼面、门窗、装饰、屋面等分部工程。

4. 分项工程（也称施工过程）

分项工程是分部工程的组成部分，指通过较为简单的施工过程就能完成，以适量的计量单位就可以计算工程量及其单价的工程。分项工程一般按照施工方法、主要工种、材料、结构构件的规格等因素划分。例如，砖混结构的基础，可以分为挖土、混凝土垫层、砌砖基础、回填土等分项工程；主体混凝土结构可以分为安装模板、绑扎钢筋、浇筑混凝土等分项工程。

> **特别提示**
>
> （1）若干个分项工程组成一个分部工程，若干个分部工程组成一个单位工程，若干个单位工程构成一个单项工程，若干个单项工程构成一个建设项目。
>
> （2）一个简单的建设工程项目也可能仅由一个单项工程组成。

1.2.2 建设项目的特点

建设项目的特点主要是从它的成果——建筑产品和建筑产品的生产过程（建筑施工）两个方面体现出来的。

1. 建筑产品的特点

1）建筑产品的体积庞大

建筑产品为了满足其使用功能的要求，需要使用大量的物质资源，占据广阔的平面与空间。与一般工业产品相比，其体形远比一般工业产品庞大。

2）建筑产品的固定性

建筑产品是固定在使用地点的，它与深埋在地下的地基基础相连，因此，只能在建设地点生产使用，不能随意转移，不能像一般工业产品一样流动。

3）建筑产品的多样性

不同的建筑产品在建设规模、结构类型、建筑设计、基础设计和使用要求等方面，都各不相同。即使是同一类型的建筑产品，也会因所在地点、地形、地质及环境条件、材料种类等的不同而彼此有所区别。

4）建筑产品的综合性

建筑产品不仅涉及土建工程的建筑功能、结构构造、装饰做法等多方面与多专业的技术问题，而且也综合了工艺设备、采暖通风、供水供电、通信网络等各类设施，因此建筑产品是一个错综复杂的有机整体。

2．建筑施工的特点

1）建筑施工的工期长

建筑产品的体积庞大决定了建筑施工的工期长。建筑产品的工程量巨大，生产中要消耗大量的人力、物力和财力，需要多工种、多班组相互配合、共同劳动，经过长时间生产才能完成。

2）建筑施工的流动性

建筑产品的固定性决定了建筑产品生产的流动性。一般工业产品的生产地点、生产者和生产设备是固定的，产品是在生产线上流动的。而建筑施工则相反，建筑产品是固定的，参与施工的生产者、材料和生产设备等不仅要随着建筑产品的建造地点变更而流动，而且还要随着建筑产品施工部位的不同而不断地在空间流动。

3）建筑施工的单件性

建筑产品地点的固定性和类型的多样性，决定了建筑产品生产的单件性。每一个建筑产品都是按照建设单位的要求和规划，根据其使用功能、建设地点的不同，运用单独的设计施工工艺和施工方法，制订出可行的施工方案生产出来的，从而使建筑施工具有单件性。

4）建筑施工的复杂性

建筑产品的综合性决定了建筑施工的复杂性。建筑产品的生产是一个时间长、工作量大、资源消耗多、涉及专业广的过程。它涉及力学、材料、建筑、结构、施工、水电和设备等不同专业，加上施工的流动性和单件性，从而使建筑施工生产的组织协作综合复杂。

1.2.3　基本建设程序

基本建设程序是指建设项目从策划、评估、决策、设计、施工、竣工验收到投入生产或交付使用的整个建设过程中，各项工作必须遵循的先后工作次序。基本建设程序是工程建设过程客观规律的反映，是工程项目科学决策和顺利实施的重要保证。按照工程项目发展的内在规律，建设一个工程项目都要经过项目决策和项目实施两个阶段。这两个阶段又可分为若干阶段，各阶段存在着严格的先后次序，可以进行合理交叉，但次序不能任意颠倒。

我国的基本建设程序可划分为项目建议书、可行性研究、工程设计、建设准备、施工安装、生产准备、竣工验收和后评价 8 个环节。招标投标工作分散在项目决策和项目实施阶段，因此一般不单独列招标投标阶段。

1. 项目决策阶段

项目决策阶段包括项目建议书和可行性研究等内容。

1）项目建议书

项目建议书是对拟建项目的一个总体轮廓设想，是根据国家国民经济和社会发展长期规划、行业规划和地区规划，以及国家产业政策编制的，经过调查研究、市场预测及技术分析，着重从宏观上对项目建设的必要性做出分析，并初步分析项目建设可行性的建设性文件。

项目建议书是建设单位向主管部门提出的要求建设某一项目的建议性文件。对于大中型项目，以及工艺技术复杂、涉及面广、协调量大的项目，还要编制可行性研究报告，作为项目建议书的主要附件之一。项目建议书是在项目发展周期的初始阶段编制的，是国家选择项目的依据，也是可行性研究的依据。涉及或利用外资的项目，在项目建议书批准后，方可开展对外工作。

项目建议书的内容，视项目的不同情况而有繁有简。一般应包括以下几个方面。

（1）项目提出的必要性和依据。
（2）产品方案、拟建规模和建设地点的初步设想。
（3）资源情况、建设条件、协作关系和设备技术引进国别、厂商的初步分析。
（4）投资估算、资金筹措及还贷方案设想。
（5）项目进度安排。
（6）经济效益和社会效益的初步估计。
（7）环境影响的初步评价。

对于政府投资项目，项目建议书按要求编制完成后，应根据建设规模和限额划分报送有关部门审批。项目建议书经批准后，可进行可行性研究工作，但批准并不表明项目非进行不可，批准的项目建议书不是项目的最终决策。

2）可行性研究

可行性研究是建设项目在投资决策前，对与拟建项目有关的社会、经济、技术等各方面进行深入细致的调查研究，对各种可能拟定的技术方案和建设方案进行认真的技术经济分析和比较论证，对项目建成后的经济效益进行科学的预测和评价，由此得出该项目是否应该投资和如何投资等结论性意见，为项目投资决策提供可靠的科学依据。

在可行性研究的基础上，编制可行性研究报告，并且要按规定将编制好的可行性研究报告送交有关部门审批。经批准的可行性研究报告是初步设计的依据，不得随意修改和变更。

 观察思考

工程开工前，都需要准备些什么？

2. 项目实施阶段

项目实施阶段是基本建设程序中时间最长、工作量最大、资源消耗最多的阶段。建设工程项目管理的时间范畴是建设工程项目的实施阶段。

1）工程设计

设计文件是安排建设项目和进行建筑施工的主要依据。设计文件一般由项目法人通过招标或委托有相应资质的设计单位进行设计。编制设计文件时，应根据已批准的可行性研究报告，将建设项目的要求具体化成指导施工的工程图纸及其说明书。

工程项目的设计工作是分阶段进行的。对于中小型建设项目，一般进行两阶段设计，即初步设计和施工图设计。对于大型项目或技术上比较复杂的项目，可采用三阶段设计，即初步设计、技术设计和施工图设计。

（1）初步设计。初步设计是根据批准的可行性研究报告或设计任务书编制的初步设计文件。在初步设计阶段，各专业应对本专业内容的设计方案或重大技术问题的解决方案进行综合技术经济分析，论证技术上的适用性、可靠性和经济上的合理性，并将其主要内容写进本专业初步设计说明书中。

（2）技术设计。技术设计是在初步设计的基础上，进一步解决建筑、结构、工艺、设备等各种技术问题。要明确平、立、剖面图的主要尺寸，规划主要的建筑构造，选定主要构配件和设备，并解决好各专业之间的矛盾。技术设计是进行施工图设计的基础，也是设备订货和施工准备的依据。

（3）施工图设计。施工图设计是建筑设计的最后阶段。它的主要任务是满足施工要求，即在初步设计或技术设计的基础上，综合建筑、结构、水、电、气等各专业，相互交底，核实校对，深入了解材料供应、施工技术、设备等条件，把满足工程施工的各项具体要求反映在图纸上，做到整套图纸齐全，准确无误。

2）建设准备

建设准备是指项目在开工建设之前要切实做好各项准备工作，其主要内容包括：征地、拆迁和场地平整；完成施工用水、电、通信、道路等接通工作；组织招标，选择工程监理单位、施工单位及设备、材料供应商；准备必要的施工图纸；办理工程质量监督和施工许可手续。

做好建设项目的准备工作，对于提高工程质量，降低工程成本，加快施工进度，都有着重要的保证作用。

3）施工安装

施工安装是指具有一定生产经验和劳动技能的劳动者，通过必要的施工机具，对各种建筑材料（包括成品或半成品）按一定要求，有目的地进行搬运、加工、成型和组装，生产出质量合格的建筑产品的整个活动过程，是将计划和施工图变为实物的过程。工程项目经批准开工建设，项目即进入施工安装阶段。

施工之前要认真做好图纸会审工作，施工中要严格按照施工图和图纸会审记录施工，如需变动应取得建设单位和设计单位的同意；施工前应编制施工图预算和施工组织设计，明确投资、进度、质量的控制要求并被批准认可；施工中应严格执行有关的施工标准和规范，确保工程质量，按合同规定的内容完成施工任务。

4）生产准备

生产准备是项目投产前由建设单位进行的一项重要工作，是建设阶段完成后转入生产经营的必要条件。建设单位应适时组成专门机构做好生产准备工作，确保项目建成后能及时投产。

生产准备工作根据项目或企业的不同，其要求也各不相同，一般应包括下列内容。

（1）组织准备。组建生产经营管理机构，制定管理制度和有关规定。

（2）招收和培训生产人员。提高生产人员和管理人员的综合素质，使之能够满足生产、运营的要求。

（3）生产技术准备，包括技术咨询、运营方案的确定、岗位操作规程等。

（4）物资资料准备，包括原材料、燃料、工器具、备品和备件等其他协作产品的准备。

（5）其他必需的生产准备。

5）竣工验收

竣工验收是项目实施阶段的最后阶段，要求在单位工程验收合格，并且工程档案资料按规定整理齐全，完成竣工报告、竣工决算等必需文件的编制后，才能向验收主管部门提出申请并组织验收。对于工业生产项目，须经投料试车合格，形成生产能力，能正常生产出产品后，才能进行验收；对于非工业生产项目，应能正常使用，才能进行验收。

> **特别提示**
>
> 竣工决算编制完成后，需由审计机关组织竣工审计，审计机关的审计报告是竣工验收的基本资料。对于工程规模较大、技术复杂的项目，可组织有关人员先进行初步验收，不合格的工程不予验收；有遗留问题的项目，必须提出具体处理意见，限期整改。

3. 后评价

后评价是项目实施阶段管理的延伸。工程项目竣工验收或通过销售交付使用，只是工程建设完成的标志，而不是工程项目管理的终结。工程项目建设和运营是否达到投资决策时所确定的目标，只有经过生产经营或销售取得实际投资效果后，才能进行正确的判断；也只有在这时，才能对工程项目进行总结和评价，才能综合反映工程项目建设和工程项目管理各环节工作的成效和存在的问题，并为以后改进工程项目管理、提高工程项目管理水平、制订科学的工程项目建设计划提供依据。

后评价的基本方法是对比法，就是将工程项目建成投产后所取得的实际效果、经济效益和社会效益、环境保护等情况与前期决策阶段的预测情况相对比，与项目建设前的情况相对比，从中发现问题，总结经验和教训。在实际工作中，往往从以下两个方面对工程项目进行后评价。

1）效益后评价

效益后评价是后评价的重要组成部分。它以项目投产后实际取得的效益（经济、社会、环境等）及其隐含在其中的技术影响为基础，重新测算项目的各项经济数据，得到相关的投资效果指标，然后将这些指标与项目前期评估时预测的有关经济效果值（如净现值 NPV、内部收益率 IRR、投资回收期 Pt 等）、社会环境影响值（如环境质量值 IEQ 等）进行对比，评价和分析其偏差情况以及原因，吸取经验教训，从而为提高项目的投资管理水平和投资决策服务。效益后评价具体包括经济技术效益后评价、环境效益和社会效益后评价、项目可持续性后评价及项目综合效益后评价。

2）过程后评价

过程后评价是指对工程项目的立项决策、设计施工、竣工投产、生产运营等全过程进行系统分析，找出实际效益与原预期效益之间的差异及其产生的原因，使过程后评价结论有理有据，同时针对问题提出解决办法。

以上两方面的评价有着密切的联系，必须全面理解和运用，才能对后评价项目做出客观、公正、科学的结论。

1.2.4 建筑施工程序

建筑施工程序是拟建工程项目在整个施工阶段中必须遵循的先后次序和客观规律，一般分为以下5个步骤。

（1）承接施工任务，签订施工合同。
（2）全面统筹安排，做好施工规划。
（3）落实施工准备，提出开工报告。
（4）精心组织施工，加强科学管理。
（5）进行工程验收，交付生产使用。

1.3 施工准备工作

施工准备工作的基本任务是为拟建工程的施工建立必要的技术和物资条件，统筹安排施工力量和施工现场。施工准备工作也是施工单位搞好目标管理，使土建施工和设备安装顺利进行的根本保障。特别是当前，随着建设项目向地下深层和地上高层发展的趋势，承建项目的高、大、难、急、险已成为明显特征。因此，认真地做好施工准备工作，对于发挥企业优势、合理供应资源、加快施工速度、提高工程质量、降低工程成本、增加企业经济效益、赢得企业社会信誉、实现企业管理现代化等目标具有重要的意义。

1.3.1 施工准备工作的分类

1. 按施工准备工作的范围及规模不同进行分类

（1）施工总准备，也称为全场性施工准备。它是以一个建设项目为对象而进行的各项施工准备，其目的和内容都是为全场性施工服务的，它不仅要为全场性的施工活动创造有利条件，而且要兼顾单项（单位）工程施工条件的准备。

（2）单项（单位）工程施工条件准备。它是以一个建筑物或构筑物为对象而进行的施工准备，其目的和内容都是为该单项（单位）工程服务的，它既要为单项（单位）工程做好开工前的一切准备，又要兼顾其分部（分项）工程施工作业条件的准备。

（3）分部（分项）工程作业条件准备。它是以一个分部（分项）工程或冬、雨季施工工程为对象而进行的作业条件准备。

2. 按工程所处的施工阶段不同进行分类

（1）开工前的施工准备工作。它是在拟建工程正式开工之前所进行的一切施工准备工作，其目的是为工程正式开工创造必要的施工条件。

（2）开工后的施工准备工作，也称为各施工阶段前的施工准备。它是在拟建工程开工之后，每个施工阶段正式开始之前所进行的施工准备工作，为每个施工阶段创造必要的施工条件。如混合结构住宅的施工，通常分为地下基础工程、主体结构工程和屋面工程、装饰工程等施工阶段，每个阶段的施工内容不同，其所需的物资技术条件、组织要求和现场布置等方面也不同，因此，必须做好每个施工阶段施工前的相应施工准备工作。

知识链接

《史记·高祖本纪》

高祖置酒雒阳南宫。高祖曰："列侯诸将无敢隐朕，皆言其情。吾所以有天下者何？项氏之所以失天下者何？"高起、王陵对曰："陛下慢而侮人，项羽仁而爱人。然陛下使人攻城略地，所降下者因以予之，与天下同利也。项羽妒贤嫉能，有功者害之，贤者疑之，战胜而不予人功，得地而不予人利，此所以失天下也。"高祖曰："公知其一，未知其二。夫运筹策帷帐之中，决胜于千里之外，吾不如子房。镇国家，抚百姓，给馈饷，不绝粮道，吾不如萧何。连百万之军，战必胜，攻必取，吾不如韩信。此三者，皆人杰也，吾能用之，此吾所以取天下也。项羽有一范增而不能用，此其所以为我擒也。"

汉高祖用"运筹策帷帐之中，决胜于千里之外"评价张良的才能。后来世人便使用"运筹帷幄之中，决胜千里之外"，比喻很有才智的人无须上阵，只需做好和完善前期的战略部署，就能够让事情获得成功，也比喻事情前期准备充分，后期的工作就能顺利进行。

实践证明，凡是重视并做好各项施工准备工作，具备完善的施工部署，能够事先细致地为施工创造一切必要条件的工程，大部分能够顺利完成。反之，不重视施工准备工作，开工后又没有做好各施工阶段准备工作的工程，其施工过程必定不能顺利进行，那么就会给工程带来难以估计的损失。因此，做好施工准备工作是土建施工和设备安装顺利进行的根本保证，不仅存在于开工之前，而且贯穿整个施工过程。

观察思考

观察不同建筑工地施工现场在工程开工前都做了哪些施工准备，并思考做这些准备的必要性。

1.3.2　施工准备工作的内容

施工准备工作要贯穿整个施工过程，它要根据施工顺序的先后，有计划、有步骤、分阶段地进行。按施工准备工作的性质，它大致归纳为4个方面：技术资料准备、施工现场准备、资源准备和季节性施工准备。

1. 技术资料准备

技术资料准备在整个施工准备中非常重要，任何技术上的差错或失误都是安全隐患，甚至会引起质量事故的发生，因此，要认真做好技术资料的调查、研究与收集工作。

1）认真做好初步设计方案的审查工作

任务确定以后，应提前与设计单位沟通，掌握初步设计方案的编制情况，使方案的设计在质量、功能、工艺、技术等方面均能适应建材、建工的发展水平，为施工扫除障碍。

2）熟悉和审查施工图纸

熟悉和审查施工图纸主要为编制施工组织设计提供各项依据。熟悉图纸，要求参加建筑施工的技术和经营管理人员充分了解和掌握设计意图、结构与构造的特点及技术要求，熟悉和审查施工图纸通常按图纸自审、会审和现场签证3个阶段进行。图纸自审由施工单位主持，并写出图纸自审记录；图纸会审由建设单位主持，设计单位交底，施工单位和监理单位共同参加，形成图纸会审纪要，由建设单位正式行文，几方共同会签并盖公章，图纸会审的内容是指导施工和工程结算的依据；图纸现场签证是在工程施工中，如果发现施工的条件与设计图纸的条件不符，或发现图纸中有错误等，需遵循技术核定和设计变更签证制度，对所发现的问题进行现场签证，其内容也是指导施工、竣工验收和结算的依据。

3）编制施工图预算和施工预算

施工图预算是施工单位依据施工图纸所确定的工程量、施工组织设计拟定的施工方法、建筑工程预算定额和有关费用定额等编制的建筑安装工程造价和各种资源需要量的经济文件。施工预算是施工单位根据施工图纸、施工组织设计或施工方案、施工定额等文件编制的企业内部经济文件。

知识链接

施工图预算是招投标中确定标底和报价的依据；是建设单位拨付工程价款和进行工程结算的依据；是确定人工、材料、机械消耗量，编制施工组织设计的依据；是施工单位签订承包合同的依据。

施工预算是企业内部控制各项成本支出，加强施工管理的依据；是衡量工人劳动生产率，计算工人劳动报酬的依据；是签发施工任务书、限额领料、进行经济活动分析的依据。

4）原始资料调查分析

原始资料调查分析包括自然条件调查分析和技术经济条件调查分析。

（1）自然条件调查分析主要包括：①施工现场的调查分析，即建设地区的地形图、控制桩与水准点的位置、地形、地貌、现场地上和地下障碍物状况，如建筑物、构筑物、树木、人防工程、地下管线等项的调查分析；②建设场地的工程地质和水文地质的调查分析，包括地质稳定性资料，地下水水位变化、流向、流速及流量等水质资料的调查分析；③气象资料的调查分析，包括全年、各月最高气温及平均气温，冬雨季起止时间，最大降水量及平均降水量，主导风向等资料的调查分析。这些资料的调查分析为编制施工现场的"七通一平"，绘制施工平面图，制定冬雨季施工措施等提供了依据。

(2) 技术经济条件调查分析主要包括地方建筑生产企业、地方人力资源、交通运输、水电及其他能源、主要设备、国拨材料和特种物资等项的调查分析。①给水与供电等能源资料可向当地城建、电力和建设单位等进行调查收集，主要用于满足施工临时供水、供电的需求；②交通运输资料可向当地铁路、公路运输管理部门进行调查收集，主要用于解决组织施工运输任务、选择运输方式等工作；③设备与材料的调查分析，主要指施工项目的工艺设备、建筑机械和建筑材料的"三材"（水泥、钢材、木材），以及当地对砂、石、砖、灰、特种材料、成品、半成品、构配件等的供应能力、质量、价格情况，以便确定材料的供应计划、加工方式、储存和堆放场地及临时设施的建设；④建设地区的社会劳动力和周围环境的调查分析，用以拟定劳动力安排计划、建立职工生活基地、确定临时设施的面积等。

5) 编制施工组织设计

施工组织设计是根据拟建工程的工程规模、结构特点和建设单位要求，编制的指导该工程施工全过程的综合性文件，是施工准备工作的主要技术文件。它结合所收集的原始资料、施工图纸和施工图预算等相关信息，综合建设单位、监理单位、设计单位的具体要求进行编制，以保证工程施工好、快、省，并且安全、顺利地完成。

> **特别提示**
>
> 由于建筑施工的技术经济特点，不同的工程项目有不同的使用功能和要求，其施工方法、施工机具、施工顺序等因素也不相同，所以，每个工程项目都需要分别编制施工组织设计，作为组织和指导施工的重要依据。

2. 施工现场准备

施工现场的准备工作，主要是为了给拟建工程的施工创造有利的施工条件，是保证工程按计划开工和顺利进行的重要环节。其工作按施工组织设计的要求划分为拆除障碍物、"七通一平"、施工测量和搭设临时设施等。

1) 拆除障碍物

施工现场内的一切地上、地下障碍物，都应在开工前拆除。这项工作一般由建设单位来完成，但也有委托施工单位来完成的。

对于房屋的拆除，一般只要把水源、电源切断后即可进行。当房屋较大、较坚固，需要采用爆破的方法时，必须经有关部门批准，由专业的爆破作业人员来实施。架空电线、地下电缆的拆除，以及燃气、热力、供水、排污等管线的拆除，要与相关部门联系并办理有关手续后方可进行。场地内若有树木，需报园林部门批准后方可砍伐。

2) "七通一平"

在工程用地的施工现场，应接通施工用水、用电，通路、通邮、通信、通暖、通天然气或煤气，做好施工现场排水及排污畅通和场地平整的工作，这些工作简称"七通一平"。以下主要介绍通水、通电、通路和场地平整。

通水，包括生产、生活和消防用水。在拟建工程开工之前，必须接通给水管线，尽可能与永久性的给水系统结合起来，并尽量缩短管线的长度，以降低工程的成本。

通电，包括施工生产用电和生活用电。在拟建工程开工之前，必须按照安全和节能的原则，接通电力和电信设施。电源首先应考虑从建设单位给定的电源上获得，如其供电能力不能满足施工用电需要，则应考虑在现场建立自备发电系统，确保施工现场动力设备和通信设备的正常运行。

通路，指施工现场内临时道路已与场外道路连接，满足车辆出入的条件。在拟建工程开工之前，必须按照施工总平面图的要求，修好施工现场的永久性道路（包括场区铁路、场区公路）以及必要的临时性道路，以便确保施工现场运输和消防用车等的行驶畅通。

场地平整，指在建筑场地内，进行厚度在300mm以内的挖、填土方及找平工作。其根据施工总平面图规定的标高，通过测量，计算出填挖土方工程量，设计土方调配方案，组织人力或机械进行平整工作。

"七通一平"工作一般是由建设单位完成的，也可以委托施工单位来完成，其不仅仅要求在开工前完成，而且要保障其在整个施工过程中都达到要求。

3）施工测量

按照设计单位提供的建筑总平面图及给定的永久性经纬坐标控制网和水准控制桩，进行施工现场的施工测量和复测工作，设置现场的永久性经纬坐标桩、水准桩和建立工程测量控制网。

在测量放线时，应校验和校正经纬仪、水准仪、钢尺等测量仪器；校核接线桩与水准点，制订切实可行的测量方案，包括平面控制、标高控制、沉降观测和竣工测量等工作。

4）搭设临时设施

施工企业的临时设施是指企业为保证施工和管理的进行而建造的各种简易设施，包括现场临时作业棚、机具棚、材料库、办公室、休息室、厕所、储水池等设施；临时道路、围墙、临时给排水、供电、供热等设施；临时简易周转房，以及现场临时搭建的职工宿舍、食堂、浴室、医务室、理发室、托儿所等福利设施。

所有生产及生活用临时设施的搭设，必须合理选址、正确用材，确保满足使用功能和安全、卫生、环保、消防要求；并尽量利用施工现场或附近原有设施（包括要拆迁但可暂时利用的建筑物）和在建工程本身供施工使用的部分用房，尽可能减少临时设施的数量，以便节约用地、节省投资。

3．资源准备

资源准备是指施工中必须的劳动力组织的准备和物资资源的准备。它是一项较为复杂而又细致的工作，一般应考虑以下几方面的内容。

1）劳动力组织的准备

（1）设置项目经理部。建筑施工企业要根据拟建项目规模、结构特点和复杂程度，组建项目经理部，选派与工程复杂程度和类型相匹配资质等级的项目经理，并配备项目副经理、技术管理、质量管理、材料管理、计划管理、成本管理、安全管理等人员。

项目经理部是项目经理在企业的支持下组建的，进行项目管理的组织机构，是企业在项目上的管理层，是项目经理的办事机构，可以凝聚管理人员，可设置进度、质量、安全、成本、生产要素、合同、信息、现场、协调等职能部门。

(2) 建立施工队组，组织劳动力进场。施工队组的建立要考虑专业、工种的配合，技工、普工的比例要满足合理的劳动组织，符合流水施工组织方式的要求；要坚持合理、精干的原则，建立相应的专业或混合工作队组，按照开工日期和劳动力需要量计划，组织劳动力进场。

(3) 做好技术、安全交底和岗前培训。施工前，应将设计图纸内容、施工组织设计、施工技术、安全操作规程和施工验收规范等要求向施工队组和工人讲解交代，以保证工程严格地按照设计图纸、施工组织设计等要求进行施工。同时，企业要对施工队伍进行安全、防火和文明施工等方面的岗前教育和培训，并安排好职工的生活。

(4) 建立各项管理制度。为了保证各项施工活动的顺利进行，必须建立、健全工地的各项管理制度。如工程质量检查与验收制度，工程技术档案管理制度，建筑材料（构件、配件、制品）的检查验收制度，材料出入库制度，技术责任制度，职工考勤、考核制度，安全操作制度等。

2) 物资资源的准备

(1) 建筑材料的准备。建筑材料的准备主要是根据施工预算、施工进度计划、材料储备定额和消耗定额，来确定材料的名称、规格、使用时间等，汇总后编制出材料需要量计划，并依据工程形象进度，分别落实货源厂家进行合同评审与订货，安排运输储备，以满足开工之后的施工生产需要。

> **特别提示**
>
> 对于采用商品混凝土的工程，应签订供货合同，明确混凝土品种、强度等级、数量、需要时间及送货地点等。

(2) 构（配）件、制品的加工准备。根据施工预算、施工方法和施工进度计划来确定构（配）件、制品的名称、规格、消耗量和进入施工现场的时间，以及进场后的储存方式和地点，制定加工方案和供应渠道，签订加工订货合同，组织运输，为确定堆场面积等提供依据。

(3) 施工机具的准备。施工过程中选用的各种土方机械、搅拌设备、垂直及水平运输机械、吊装机械、钢筋加工设备等应根据施工方案、施工进度计划确定类型、数量、进场时间。对已有的机械机具做好维修试车工作，对尚缺的机械机具要立即订购、租赁或制作。

4. 季节性施工准备

由于建筑工程施工的时间长，且绝大部分工作是露天作业，所以施工过程中受季节性影响，特别是冬、雨季的影响较大。为保证按期、保质完成施工任务，必须做好冬、雨季施工准备工作。

1) 冬季施工准备工作

根据《混凝土结构工程施工质量验收规范》（GB 50204—2015），当室外平均气温连续5天低于5℃，或者最低气温降到0℃及以下时，进入冬季施工阶段。

（1）明确冬季施工项目，编制进度安排。由于冬季气温低，施工条件差，技术要求高，费用增加等原因，应把便于保证施工质量，而且费用增加较少的施工项目安排在冬季施工，如安装、室内装修、室内管道、砌筑工程。也可先完成供热系统，安装好门窗玻璃等，保证室内其他项目顺利施工。对费用增加多又不能确保施工质量的土方基础工程、外装修工程、屋面防水工程等不宜安排在冬季施工。

（2）做好冬季测温工作。冬季昼夜温差大，为保证工程施工质量，应及时采取措施防止因大风、寒流和霜冻袭击而导致的质量冻害和安全事故，如防止砂浆、混凝土在凝结硬化前受到冰冻而被破坏。

（3）做好物资的供应、储备和机具设备的保温防冻工作。根据冬季施工方案和技术措施做好防寒器材和物资的准备工作，如草帘、煤炭、保温用塑料薄膜、温度计、混凝土搅拌热水等。冬季来临之前，对冬季紧缺的材料要抓紧采购并入场储备，不得堆存在坑洼积水处，及时做好机具设备的防冻工作。

（4）进行施工现场的安全检查。对施工现场进行安全检查，及时整修施工道路，疏通排水沟，加固临时工棚，水管、水龙头、灭火器要进行保温。做好停止施工部位的保温、维护和检查工作。

（5）加强安全教育，严防火灾发生。准备好冬季施工用的各种热源设备，要有防火安全技术措施，并经常检查落实，同时做好职工培训及冬季施工的技术操作和安全施工的教育，确保施工质量，避免事故发生。

2）雨季施工准备工作

雨季施工主要以预防为主，采用防雨措施及加强排水手段，确保雨季正常地进行生产，以保证雨季施工不受影响。

（1）施工场地的排水工作。对施工现场及车间等应根据地形对场地排水系统进行合理疏通，以保证水流畅通，不积水，并防止相邻地区地面雨水倒排入场内。

（2）机电设备的防护。对现场的各种机电设施、机具等的电闸、电箱要采取防雨、防潮措施，并安装接地保护装置。脚手架、垂直运输设施等，要采取防倒塌、防雷击、防漏电等一系列技术措施。

（3）原材料及半成品的防护。对怕雨淋的材料及半成品应采取防雨措施，可放入防护棚内或垫高。在雨季到来前，材料、物资应多储存，减少雨季运输量，以节约费用。

（4）临时设施的检修。对现场的临时设施，如工人宿舍、办公室、库房等应进行全面检查与维修，四周要有排水沟渠，对危险建筑物应进行翻修加固或拆除。

（5）雨季施工任务和计划的落实。一般情况下，在雨季到来之前，应争取提前完成不宜在雨季施工的任务，如基础、地下工程、土方工程、室外装修及屋面工程等，而多留些室内工作在雨季施工。

（6）加强施工管理，做好雨季施工安全教育。组织雨季施工安全教育，严格岗位职责，学习并执行雨季施工的操作规范、各项规定和技术要点，做好对班组的交底，确保工程质量和安全。

1.4 施工项目管理

引 例

图 1.2 为地铁施工发生的塌方事故现场,路面坍塌、下陷,路面行驶的车辆陷入深坑,造成了人员伤亡。

图 1.2 地铁施工发生的塌方事故现场

观察思考

此种事故暴露出哪些问题?该地铁项目部安全生产责任是否落实,管理是否到位?作为施工企业,如何进行项目管理,才能保证按期、优质、安全、低耗地完成施工任务?

1.4.1 建设工程施工项目

1. 施工项目的概念

施工单位自工程施工投标开始到保修期满为止的全过程中完成的项目,是指作为施工单位的被管理对象的一次性施工任务,称为建设工程施工项目,简称施工项目。

建设项目与施工项目的范围和内容虽然不同,但两者均是项目,服从于项目管理的一般规律,两者所进行的客观活动共同构成工程活动的整体。施工单位需要按建设单位的要求交付建筑产品,两者是建筑产品的买卖双方。

2. 施工项目的特点

(1)施工项目可能是一个建设项目,也可能是其中的一个单项工程或单位工程的施工活动过程。

(2)施工项目以建筑施工单位为管理主体。

(3)施工项目的任务范围受限于项目业主和承包施工的施工单位所签订的施工合同。

(4)施工项目产品具有多样性、固定性、体积庞大等特点。

1.4.2 施工项目管理概述

1．施工项目管理的概念

施工项目管理是施工单位运用系统的理论和方法，对施工项目进行的计划、组织、指挥、协调和控制等专业化活动，以实现按期、优质、安全、低耗的项目管理目标。它是整个建设工程项目管理的一个重要组成部分，其管理的对象是施工项目。

2．施工项目管理的特点

1）施工项目的管理者是建筑施工单位

由项目业主或监理单位进行的工程项目管理中涉及的施工阶段管理仍属建设项目管理，不能算作施工项目管理，即项目业主和监理单位都不进行施工项目管理。项目业主在建设工程项目实施阶段，进行建设项目管理时涉及施工项目管理，但只是建设工程项目发包方和承包方的关系，是合同关系，不能算作施工项目管理。监理单位受项目业主委托，在建设工程项目实施阶段进行建设工程监理，把施工单位作为监督对象，虽与施工项目管理有关，但也不是施工项目管理。

2）施工项目管理的对象是施工项目

施工项目管理的周期就是施工项目的生产周期，包括工程投标、签订工程项目承包合同、施工准备、施工及交工验收等。施工项目管理的主要特殊性是生产活动与市场交易活动同时进行，先有施工合同双方的交易活动，后才有建设工程施工，是在施工现场预约、订购式的交易活动，买卖双方都投入生产管理。所以，施工项目管理是对特殊的商品、特殊的生产活动，在特殊的市场上进行的特殊的交易活动的管理，其复杂性和艰难性都是其他生产管理所不能比拟的。

3）施工项目管理的内容是按阶段变化的

施工项目必须按施工程序进行施工和管理。从工程开工到工程结束，要经过一年甚至十几年的时间，经历了施工准备、基础施工、主体施工、装修施工、安装施工、验收交工等多个阶段，每一个工作阶段的工作任务和管理的内容都有所不同。因此，管理者必须做出设计、提出措施、进行有针对性的动态管理，使资源优化组合，以提高施工效率和施工效益。

4）施工项目管理要求强化组织协调工作

由于施工项目生产周期长，参与施工的人员多，施工活动涉及许多复杂的经济关系、技术关系、法律关系、行政关系和人际关系等，所以施工项目管理中的组织协调工作最为艰难、复杂、多变，必须采取强化组织协调的措施才能保证施工项目顺利实施。

> **特别提示**
>
> 强化组织协调的措施主要有优选项目经理，建立调度机构，配备称职的调度人员，努力使调度工作科学化、信息化，建立起动态的控制体系等。

3．施工项目管理的目标

施工企业作为项目建设的一个参与方，其项目管理主要服务于项目的整体利益和施工企业本身的利益，其项目管理的目标包括施工的安全管理目标、施工的成本目标、施工的进度目标和施工的质量目标。

4．施工项目管理的任务

施工项目管理的主要任务包括下列内容。

（1）施工项目职业健康安全管理。

（2）施工项目成本控制。

（3）施工项目进度控制。

（4）施工项目质量控制。

（5）施工项目合同管理。

（6）施工项目沟通管理。

（7）施工项目收尾管理。

施工企业的项目管理工作主要在施工阶段进行，但由于设计阶段和施工阶段在时间上往往是交叉的，因此，施工企业的项目管理工作也会涉及设计阶段。在动用前准备阶段和保修期施工合同尚未终止，在这期间，还有可能出现涉及工程安全、费用、质量、合同和信息等方面的问题，因此，施工企业的项目管理也涉及动用前准备阶段和保修期。

知识链接

除以上内容外，施工项目管理还包括项目采购与投标管理、安全生产管理、绿色建造与环境管理、信息与知识管理、项目资源管理和项目风险管理。

1.4.3 施工项目管理程序

1．投标与签订合同阶段

建设单位对建设项目进行设计和建设准备，在具备了招标条件以后，便发出招标公告或邀请函。施工单位见到招标公告或邀请函后，从做出投标决策至中标签约，实质上便是在进行施工项目的工作，本阶段的最终管理目标是签订工程承包合同，并主要进行以下工作。

（1）施工单位从经营战略的高度做出是否投标争取承包该项目的决策。

（2）决定投标以后，从多方面（企业自身、相关单位、市场、现场等）掌握大量信息。

（3）编制能使单位赢利、又有竞争力的标书。

（4）如果中标，则与招标方谈判，依法签订工程承包合同，使合同符合国家法律、法规和国家计划，以及符合平等互利原则。

2．施工准备阶段

施工单位与投标单位签订了工程承包合同，交易关系正式确立以后，便应组建项目经理部，然后以项目经理为主，与企业管理层、建设（监理）单位配合，进行施工准备，使工程具备开工和连续施工的基本条件。

这一阶段主要进行以下工作。
(1) 成立项目经理部，根据工程管理的需要建立机构，配备管理人员。
(2) 制定施工项目管理实施规划，以指导施工项目管理活动。
(3) 进行施工现场准备，使现场具备施工条件，利于进行文明施工。
(4) 编写开工申请报告，等待批准开工。

3．施工阶段

这是一个自开工至竣工的实施过程，在这一过程中，项目经理部既是决策机构，又是责任机构。企业管理层、项目业主、监理单位的作用是支持、监督与协调。这一阶段的目标是完成合同规定的全部施工任务，达到验收、交工的条件。这一阶段主要进行以下工作。
(1) 进行施工。
(2) 在施工中努力做好动态控制工作，保证质量目标、进度目标、造价目标、安全目标和节约目标的实现。
(3) 管理好施工现场，实行文明施工。
(4) 严格履行施工合同，处理好内外关系，管理好合同变更及索赔。
(5) 做好记录、协调、检查和分析工作。

4．验收、交工与结算阶段

这一阶段可称作"结束阶段"，与建设项目的竣工验收阶段协调同步进行。其目标是对成果进行总结、评价，对外结清债权债务，结束交易关系。本阶段主要进行以下工作。
(1) 工程结尾。
(2) 进行试运转。
(3) 接受正式验收。
(4) 整理、移交竣工文件，进行工程款结算，总结工作，编制竣工总结报告。
(5) 办理工程交付手续，项目经理部解体。

5．使用后服务阶段

这是施工项目管理的最后阶段，即在竣工验收后，按合同规定的责任期进行用后服务、回访与保修，其目的是保证使用单位对项目产品正常使用，发挥效益。该阶段中主要进行以下工作。
(1) 为保证工程正常使用而做的必要的技术咨询和服务。
(2) 进行工程回访，听取使用单位的意见，总结经验教训，观察使用中的问题，进行必要的维护、维修和保修。
(3) 进行沉陷、抗震等性能的观察。

 应用案例

【案例概况】

浙江杭州某处发生地铁施工塌方事故，导致75m路面坍塌，下陷15m，正在路面行驶的约11辆车陷入深坑，造成死亡21人，伤24人。坍塌现场如图1.3所示。此次事故暴露出哪些问题？

第1章 施工组织与管理概论

图 1.3 坍塌现场

【案例解析】

此次事故暴露出 5 个方面的问题：一是企业安全生产责任不落实，管理不到位；二是对发现的事故隐患治理不坚决、不及时、不彻底；三是对施工人员的安全技术培训流于形式，甚至不培训就上岗；四是劳务用工管理不规范，现场管理混乱；五是地方政府有关部门监管不力。

1.5 建设工程项目管理策划

引例 2

多年来，我国建设工程项目管理不论是在理论上，还是在实践上都取得了丰硕的成果，创建了一批质量好、进度快、造价省的优质工程和精品工程，取得了较好的社会效益和经济效益，为建设工程企业在国内外赢得了良好的信誉。但是在实施工程项目管理中，也出现了不少的问题。如一些施工单位和项目经理部指导思想不明确，实际操作上陷入了误区，没有从经营思想上和施工组织体制上按项目管理的要求进行组建或改造，而仅仅是改换名称、翻版改号；以包代管，放弃了企业的层次管理；责任不明，费用失控，项目亏损严重，企业缺乏后劲；等等。要科学高效地进行项目管理，其中为建设工程项目编制项目管理规划，是整个建设工程项目管理中关键的一步。

建设工程项目管理策划（简称项目管理策划）由项目管理规划策划（简称项目管理规划）和项目管理配套策划组成。项目管理规划应包括项目管理规划大纲和项目管理实施规划，项目管理配套策划应包括项目管理规划策划以外的所有项目管理策划内容。

1.5.1 项目管理规划概述

1. 项目管理规划的概念

项目管理规划是在调查、分析有关信息的基础上，遵循一定的程序，对项目全过程中的各种管理职能工作、各种管理过程以及各种管理要素进行全面的构思和安排，制订和选择合理可行的执行方案，并根据目标要求和环境变化对方案进行修改、调整的活动。

2. 项目管理规划的分类

根据项目管理规划的需要和编制目的，项目管理规划可分为项目管理规划大纲和项目管理实施规划。

（1）项目管理规划大纲是项目管理工作中具有战略性、全局性和宏观性的指导文件。它由组织的管理层或组织委托的建设工程项目管理单位编制，目的是满足战略上、总体控制上和经营上的需要。例如：建设单位为了实现全过程的建设工程项目管理，需要编制项目管理规划大纲；咨询单位为了揽取建设工程项目管理咨询任务、设计单位为了揽取设计任务、施工单位为了揽取施工任务、建设工程项目管理公司为了取得项目管理任务，也都要编制项目管理规划大纲。

（2）项目管理实施规划具有作业性或可操作性。它由项目经理组织编制，编制中除对项目管理规划大纲进行细化外，还根据实施建设工程项目管理的需要补充一些更具体的内容。除建设单位之外，其他各单位在中标并签订合同之后都要编制项目管理实施规划。建设单位之所以不编制项目管理实施规划，是因为在实施过程中建设单位主要任务是进行审查和监督，从而实现自身的项目管理规划大纲（项目管理规划）。

1.5.2 项目管理规划大纲

1. 项目管理规划大纲的性质和作用

1）项目管理规划大纲的性质

《建设工程项目管理规范》（GB/T 50326—2017）规定"项目管理规划大纲应是项目管理工作中具有战略性、全局性和宏观性的指导文件"。所谓战略性，主要指其内容高屋建瓴，具有原则、长期、长效的指导作用；所谓全局性，是指它所考虑的是项目管理的整体而不是某一部分或局部，是全过程而不是某个阶段的；所谓宏观性，是指该规划涉及客观环境、内部管理、相关组织的关系、项目实施等，都是重要的、关键的、大范围的，而不是微观的。

2）项目管理规划大纲的作用

（1）对项目管理的全过程进行规划，为全过程的项目管理提出方向和纲领。

（2）作为承揽业务、编制投标文件的依据。

（3）作为中标后签订合同的依据。

（4）作为编制项目管理实施规划的依据。

（5）建设单位的项目管理规划还对各相关单位的项目管理和项目管理规划起指导作用。

综合上面的 5 项作用可以看出，项目管理规划大纲的作用既有对内的，也有对外的，它不但是管理性文件，也是经营性文件，所以编制者要站得高、想得宽、看得远。只有企业管理层才能担当此任，项目经理部地位较低，基本不对外经营，因此不能把这项任务放到项目经理部身上。

2. 项目管理规划大纲的编制程序

《建设工程项目管理规范》(GB/T 50326—2017)规定了编制项目管理规划大纲应遵循的程序。

(1) 明确项目需求和项目管理范围。
(2) 确定项目管理目标。
(3) 分析项目实施条件,进行项目工作结构分解。
(4) 确定项目管理组织模式、组织结构和职责分工。
(5) 规定项目管理措施。
(6) 编制项目资源计划。
(7) 报送审批。

在这个程序中,关键程序是第(5)、(6)步。前面的4步都是为它们服务的,最后一步是例行管理手续。不论哪个组织编制项目管理规划大纲,都应该遵照这个程序。

3. 项目管理规划大纲的内容

项目管理规划大纲包括15项内容:项目概况,项目范围管理,项目管理目标,项目管理组织,项目采购与投标管理,项目成本管理,项目进度管理,项目质量管理,项目安全生产管理,绿色建造和环境管理,项目资源管理,项目信息管理,项目沟通与相关方管理,项目风险管理,项目收尾管理。

1.5.3 项目管理实施规划

1. 项目管理实施规划的性质

项目管理实施规划与项目管理规划大纲不同,它在建设工程项目实施前编制,是为指导建设工程项目实施而编制的。项目管理实施规划是项目管理规划大纲的细化,应具有操作性。它以项目管理规划大纲的总体构想和决策意图为指导,具体规定各项管理业务的目标要求、职责分工和管理方法,为履行合同和建设工程项目管理目标责任书的任务做出精细的安排。它可能以整个项目为对象,也可能以某一阶段或某一部分为对象。它是建设工程项目管理的执行规划,也是建设工程项目管理的"规范"。

2. 项目管理实施规划的作用

(1) 执行并细化项目管理规划大纲。项目管理规划大纲是企业管理层编制的、战略性的、控制性的、粗线条的、时间较早的规划,所以建设工程项目要通过项目管理实施规划来进行贯彻,加以细化,为建设工程项目管理提供具体的指导文件。

(2) 指导建设工程项目的过程管理。建设工程项目的过程管理涉及目标、组织、职责、依据、计划、程序、过程、标准、方法、资源、措施、评价、认定、考核等要素,这些需要项目管理实施规划予以提供。

(3) 将建设工程项目管理目标责任书落实到项目经理部,形成规划性文件,以便实现组织管理层给予的任务。建设工程项目管理目标责任书是组织管理层根据合同和经营管理目标要求,明确规定项目经理部应达到的控制目标的文件,是项目经理部任务的来源。项目经理部如何实现目标完成任务呢?必须通过编制项目管理实施规划做出安排,然后才能按规划实施。

（4）为项目经理指导项目管理提供依据。项目管理实施规划可以告诉项目经理在项目管理中做什么、怎么做、何时做、谁来做、依据什么做、用什么方法做、如何应对风险、怎么样沟通与协调，等等。所以，它是项目经理可靠的管理工作依据，像项目经理的"管理手册"那样可靠和有用。

（5）项目管理实施规划是项目管理的重要档案资料，存档后就是可贵的管理储备。

3. 项目管理实施规划的编制内容

项目管理实施规划包括下列 17 项内容：项目概况，项目总体工作安排，组织方案，设计与技术措施，进度计划，质量计划，成本计划，安全生产计划，绿色建造与环境管理计划，资源需求与采购计划，信息管理计划，沟通管理计划，风险管理计划，项目收尾计划，项目现场平面布置图，项目目标控制计划，技术经济指标。

1.5.4 项目管理配套策划

1. 项目管理配套策划的内容

项目管理配套策划是与项目管理规划相关联的项目管理策划过程。组织应将项目管理配套策划作为项目管理规划的支撑措施纳入项目管理策划过程。项目管理配套策划应包括下列内容。

（1）确定项目管理规划的编制人员、方法选择、时间安排。

（2）安排项目管理规划各项规定的具体落实途径。

（3）明确可能影响项目管理实施绩效的风险应对措施。

2. 项目管理配套策划的编制依据

（1）项目管理制度。项目管理制度是项目管理配套策划的基本依据，用于组织关于项目管理配套策划的授权规定，如岗位责任制中的相关授权。

（2）项目管理规划。项目管理配套策划是完善、补充和延伸项目管理规划的基本途径。

（3）实施过程需求。实施过程需求直接决定了项目管理配套策划实施的理由、内容与时机。

（4）相关风险程度。相关风险程度是指必须是可以接受的风险程度下项目管理的配套策划，如果策划风险程度超过了预期的程度，则需把该事项及时纳入项目管理规划的补充或修订范围。

3. 保证项目管理配套策划有效性的基础工作

（1）积累以往项目管理经验。

（2）制定有关消耗定额。

（3）编制项目基础设施配置参数。

（4）建立工作说明书和实施操作标准。

（5）规定项目实施的专项条件。

（6）配置专用软件。

（7）建立项目信息数据库。

（8）进行项目团队建设。

第1章 施工组织与管理概论

本章小结

本章对施工组织的研究对象及其分类、建设项目的组成及其建设程序和施工准备工作作了详细的阐述，对施工项目管理和项目管理策划做了简单的介绍。

施工组织设计按阶段不同可分为标前和标后设计。针对不同的工程对象又可分为施工组织总设计、单位（或单项）工程施工组织设计、分部分项工程施工组织设计。

建设项目由单项工程、单位工程、分部工程和分项工程组成。

我国的基本建设程序可划分8个环节，即项目建议书、可行性研究、工程设计、建设准备、施工安装、生产准备、竣工验收和后评价。

施工准备工作划分为技术资料准备、施工现场准备、资源准备和季节性施工准备。

施工项目管理是施工单位运用系统的理论和方法，对施工项目进行的计划、组织、指挥、协调和控制等专业化活动，以实现按期、优质、安全、低耗的项目管理目标。它是整个建设工程项目管理的一个重要组成部分，其管理的对象是施工项目。

项目管理规划是在调查、分析有关信息的基础上，遵循一定的程序，对项目全过程中的各种管理职能工作、各种管理过程以及各种管理要素进行全面的构思和安排，制订和选择合理可行的执行方案，并根据目标要求和环境变化对方案进行修改、调整的活动。

习题

一、单选题

1. 具有独立的设计文件，在竣工投产后可以发挥效益或生产能力的车间是（　　）。
   A．建设项目　　　B．单项工程　　　C．单位工程　　　D．分部工程
2. 可行性研究报告经批准后，是（　　）的依据。
   A．施工图设计　　B．初步设计　　　C．项目建议书　　D．技术设计
3. 建筑施工中的流水作业与工业生产中的流水作业最主要的区别是（　　）。
   A．专业队伍固定，产品流动　　　　B．专业队伍和产品都固定
   C．专业队伍随产品的流动而流动　　D．产品固定，专业队伍流动
4. 施工现场准备包括清除障碍物、"七通一平"、（　　）和搭设临时设施。
   A．原始资料的调查　　　　　　　　B．测量放线
   C．建筑材料的准备　　　　　　　　D．编制施工组织设计
5. 项目管理规划可分为项目管理规划大纲和（　　）两大类。
   A．项目范围管理规划　　　　　　　B．项目管理目标规划
   C．总体工作计划　　　　　　　　　D．项目管理实施规划

二、多选题

1. 图纸会审一般由建设单位组织并主持会议,(　　)参加。
   A. 设计单位　　　　　　　　B. 施工单位
   C. 地质勘察单位　　　　　　D. 监理单位
   E. 建设行政主管部门
2. 施工组织设计根据编制对象范围不同可分为(　　)。
   A. 施工组织总设计　　　　　B. 单位工程施工组织设计
   C. 分部分项工程施工组织设计　D. 标前设计
   E. 标后设计
3. 施工准备工作的内容一般可归为(　　)。
   A. 技术准备　　　　　　　　B. 资源准备
   C. 施工现场准备　　　　　　D. 季节施工准备
4. 下列选项中属于施工准备阶段工作内容的是(　　)。
   A. 征地、拆迁　　　　　　　B. 准备必要的施工图纸
   C. 组织施工招投标　　　　　D. 项目投资估算
   E. 组织设备、材料订货
5. 下列选项中属于项目管理实施规划内容的是(　　)。
   A. 项目概况　　B. 组织方案　　C. 投标书
   D. 质量计划　　E. 项目建议书

三、简答题

1. 试述建筑产品及其施工的特点。
2. 试述基本建设程序的主要内容。
3. 一个建设项目由哪些工程内容组成?
4. 简述施工准备工作的种类和主要内容。
5. 原始资料的调查包括哪些方面?各方面的主要内容有哪些?
6. 物资准备包括哪些内容?
7. 简述项目管理规划大纲的内容和作用。
8. 简述项目管理实施规划的内容和作用。

四、案例题

某施工单位承接某工程项目的施工任务,在施工招标阶段,该单位编制了项目管理实施规划。中标后,为进一步加强施工项目管理,在施工技术负责人的主持下,又编制了一份项目管理规划大纲。其中该单位编制的项目管理规划大纲内容如下。

(1) 项目概况。
(2) 项目总体工作安排。
(3) 项目管理组织。
(4) 设计与技术措施。
(5) 进度计划。
(6) 质量计划。
(7) 绿色建造与环境管理。

问题:
1. 上述背景中施工单位的工作中有哪些不妥?为什么?
2. 施工单位编制的项目管理规划大纲的内容有哪些不妥?请改正并补充完整。

【分析】

1. 在施工招标阶段,施工单位的工作不妥之处有以下几点。

(1) 在施工招标阶段,该施工单位编制了项目管理实施规划,应改为施工单位编制了项目管理规划大纲。因为施工招标阶段,施工单位编制项目管理规划大纲的目的是指导项目投标和签订施工合同,而项目管理实施规划是施工单位中标后编制的。

(2) 为进一步加强施工项目管理,在施工技术负责人的主持下,又编制了一份项目管理规划大纲,这种说法不妥。为了加强施工项目管理,应该在项目经理的主持下编制一份项目管理实施规划。

2. 施工单位编制的项目管理规划大纲的内容不妥。因为项目总体工作安排、设计与技术措施、进度计划和质量计划不是项目管理规划大纲的组成内容,而是项目管理实施规划中的内容。项目管理规划大纲的内容包括:项目概况,项目范围管理,项目管理目标,项目管理组织,项目采购与投标管理,项目成本管理,项目进度管理,项目质量管理,项目安全生产管理,绿色建造和环境管理,项目资源管理,项目信息管理,项目沟通与相关方管理,项目风险管理,项目收尾管理。

在线答题

第 2 章　施工项目管理组织

思维导图

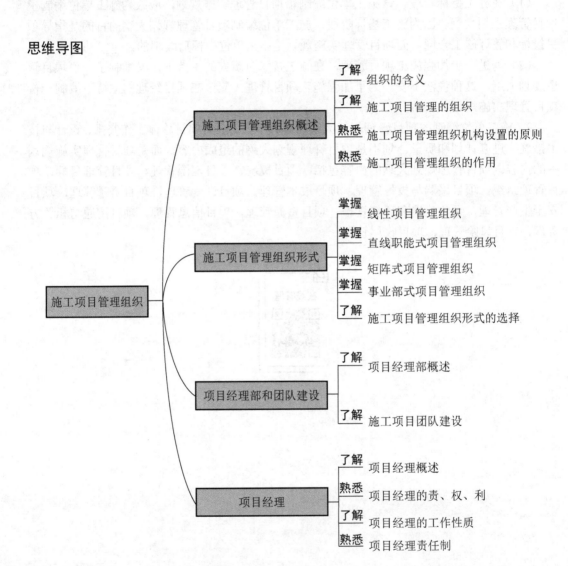

第 2 章 施工项目管理组织

章节导读

美的集团由成立之初的街道小厂，经过多年的不断调整、发展与壮大，经历了数次的战略和组织机构的变革，如今已成为以家电业为主的大型综合性现代化企业。美的集团从最初的线性机构发展调整到直线职能式机构、矩阵式机构，为强化竞争而主动地、有意识地让组织机构适应环境发展，正是由于不断地调整了组织机构，才有了不断发展壮大的动力。正如党的二十大报告所提出的，创新是第一动力，深入实施科教兴国战略、人才强国战略、创新驱动发展战略，开辟发展新领域新赛道，不断塑造发展新动能新优势。企业只有不断创新，才能适应环境，不断壮大。

因此，组织机构的设置应根据具体情况系统考虑，不同的战略、不同的时期、不同的环境必然需要不同的组织机构。组织机构是为了实现企业战略目标而通过合理设计职权关系结构使各方面工作协调一致，是让人们有效合作的工具。每个成员在组织中的地位、权利、责任和作用都是由组织机构设定的。组织的成功，离不开每个成员的付出和努力，作为其中一员，都应该各司其职，各尽其能，各安其位。

2.1 施工项目管理组织概述

2.1.1 组织的含义

组织有两种含义。第一种含义是作为名词，指组织机构。组织机构是按一定领导体制、部门协调、层次划分、职责分工、规章制度和信息系统等构成的有机整体，是社会的结合体，可以完成一定的任务，并为此处理人和人、人和事、人和物的关系。第二种含义是作为动词，指组织行为（活动），即通过一定权力和影响力，为达到一定目的，对所需资源进行合理配置，处理人和人、人和事、人和物的行为（活动）。

组织有三要素，包括管理部门、管理层次和管理幅度。

（1）管理部门也称职能部门，是指专门从事某一类业务工作的部门。组织机构设置管理部门，应满足以下要求：业务量足，针对例行工作设置；功能专一；权责分明；关系明确。组织机构以横向划分部门。

（2）管理层次，是指从最高管理者到最基层作业人员之间分级管理的级数。组织机构以纵向划分层次。

（3）管理幅度也称管理跨度，是指一名管理者直接管理下级人员的数量。

2.1.2 施工项目管理的组织

施工项目管理的组织，是指为进行施工项目管理和实现组织职能而进行组织系统的设计与建立、组织运行和组织调整 3 个方面。组织系统的设计与建立是指通过筹划、设计，建立一个可以完成施工项目管理的组织机构，建立必要的规章制度，划分并明确岗位、层次、部门的责任和权力，建立和形成管理信息系统及责任分担系统，并通过一定岗位和部门内人员的规范化活动和信息流通实现组织目标。图 2.1 所示为某建筑施工企业管理组织人员在现场。

图 2.1　某建筑施工企业管理组织人员在现场

施工项目管理的组织职能是项目管理的基本职能之一，其目的是通过合理设计职权关系结构来使各方面工作协调一致。施工项目管理的组织职能包括以下 5 个方面。

（1）组织设计，包括选定一个合理的组织系统，划分各部门的权限和职责，确立各种规章制度。它包含生产指挥系统组织设计和职能部门组织设计等。

（2）组织联系，就是规定组织机构中各部门的相互关系，明确信息流通和信息反馈的渠道，以及它们之间的协调原则和方法。

（3）组织运行，就是按分担的责任完成各自的工作，规定组织机构的工作顺序和业务管理活动的运行过程。组织运行要抓好 3 个关键性问题：一是人员配置，二是业务接口关系，三是信息反馈。

（4）组织行为，是指应用行为科学、社会学及社会心理学原理，来研究、理解和影响组织中人们的行为、言语，以及组织过程、管理风格和组织变更等。

（5）组织调整，是指根据工作的需要、环境的变化，分析原有的工程项目组织系统的缺陷、适应性和效率性，对组织系统进行调整和重组，包括组织形式的变化、人员的变动、规章制度的修订或废止、责任系统的调整，以及信息流通系统的调整等。

> **特别提示**
>
> 系统的目标决定了系统的组织，而组织是目标能否实现的决定性因素，这是组织论的一个重要结论。如果把一个建设工程的项目管理视作一个系统，则其目标决定了项目管理的组织，而项目管理的组织是项目管理的目标能否实现的决定性因素，由此可见项目管理组织的重要性。

2.1.3 施工项目管理组织机构设置的原则

组织是人们为了达到某个目的而形成的,然而现实中有的组织能高效率、低成本实现组织目的,而有些组织则不仅不能促进组织目标的实现,还可能阻碍组织目标的实现。自古以来人们在实践或学术领域中都在研究合理的组织设计理论与方法,普遍接受的组织设计一般原则如下。

1. 目的性原则

施工项目管理组织机构设置的根本目的是产生组织功能,实现施工项目管理的总目标。从这一根本目标出发,因目标设事,因事设机构、定编制,按编制设岗位、定人员,以责任定制度、授权力。组织机构设置程序如图2.2所示。

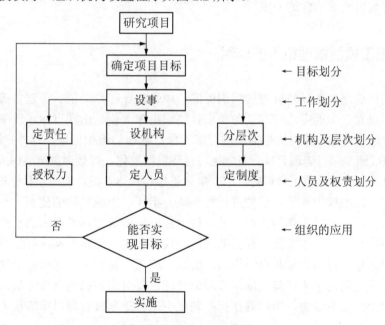

图 2.2 组织机构设置程序

2. 精简高效原则

施工项目管理组织机构的人员设置,以能实现施工项目所要求的工作任务为原则,尽量简化机构,做到精简高效。人员配置要从严控制二、三级人员,力求一专多能,一人多职。同时还要增加项目管理班子人员的知识含量,着眼于使用和学习锻炼相结合,以提高人员素质。

3. 管理跨度和分层统一原则

如果组织机构的跨度大,管理人员的接触关系就会增多,处理人与人之间关系的数量就会随之增大。跨度(N)与工作接触关系(C)的关系可用邱格纳斯公式表示,即

$$C = N(2^{N-1} + N - 1)$$

这是几何级数,当 $N=10$ 时,$C=5210$。故跨度太大时,领导者及下级常会应接不暇。

组织机构设置时，必须使管理跨度适当。然而跨度大小又与分层多少有关，层次多，跨度会小；层次少，跨度会大。

4. 业务系统化管理原则

在设置组织机构时，要求以业务工作系统化原则为指导，周密考虑层间关系、分层与跨度关系、部门划分、授权范围、人员配备及信息沟通等，使组织机构自身成为一个严密、封闭的组织系统，能够为完成项目管理总目标而实行合理分工与协作。

5. 弹性和流动性原则

施工项目的单一性、阶段性、露天性和流动性是施工项目生产活动的重要特点，这种特点必然带来生产对象数量、质量和地点的变化，以及资源配置品种和数量的变化，于是要求组织机构和管理工作随之进行调整，以适应施工任务的变化。这就是说，要按照弹性和流动性的原则建立组织机构，不能一成不变，要准备调整人员及部门设置，以适应工程任务变动对管理机构流动性的要求。

2.1.4 施工项目管理组织的作用

（1）组织机构是施工项目管理的组织保证。项目经理在启动项目管理之前，首先要做好组织准备，建立一个能完成管理任务、项目经理指挥灵便、运转自如、效率高的项目组织机构——项目经理部，其目的是提供进行施工项目管理的组织保证。一个好的组织机构，可以有效地完成施工项目管理目标，有效地应付环境的变化，有效地供给组织成员生理、心理和社会需要，使组织系统正常运转，产生集体思想和集体意识，完成项目管理任务。

（2）形成一定的权力系统，以便进行集中统一指挥。组织机构的建立，首先是以法定的形式产生权力，权力是工作的需要，是管理地位形成的前提，是组织活动的反映。没有组织机构，便没有权力，也就没有权力的运用。权力取决于组织机构内部是否团结一致，越团结，组织就越有权力，就越有组织力。所以，施工项目管理组织机构的建立要伴随着授权，权力的使用是为了实现施工项目管理的目标。要对组织机构合理分层，层次多，权力分散；层次少，权力集中。所以要在规章制度中把施工项目管理组织的权力阐述明白，固定下来。

（3）形成责任制和信息沟通体系。责任制是施工项目管理组织中的核心问题，没有责任就形不成项目管理机构，也就不存在项目管理。一个项目组织能否有效地运转，取决于是否有健全的岗位责任制，施工项目管理组织的每个成员都应承担一定的责任，责任是项目管理组织对每个成员规定的一部分管理活动和生产活动的具体内容。信息沟通是组织形成的重要因素。信息产生的根源在组织活动之中，下级（下层）以报告的形式或其他形式向上级（上层）传递信息；同级不同部门之间为了相互协作而横向传递信息。越是高层领导，越需要信息，越要深入下层获得信息，原因就是领导离不开信息，有了充分的信息，才能进行有效决策。

综上所述，可以看出组织机构非常重要，其在项目管理中是一个焦点。建立了理想有效的组织机构，项目管理就成功了一半。图 2.3 为某标准化建筑施工现场组织机构的管理人员。

第 2 章 施工项目管理组织

图 2.3　某标准化建筑施工现场组织机构的管理人员

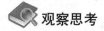 观察思考

身边的一些企事业单位的组织要素，是怎么设计、联系和运行的？

2.2　施工项目管理组织形式

组织形式也称组织结构的类型，是指一个组织以什么样的结构方式去处理层次、跨度、部门设置和上下级关系。项目组织的形式应根据工程项目的特点、工程项目的承包模式、业主委托的任务以及单位自身情况而定。常用的项目管理组织形式一般有 4 种：线性、直线职能式、矩阵式和事业部式。

2.2.1　线性项目管理组织

在军事组织系统中，组织纪律非常严谨，军、师、旅、团、营、连、排和班的组织关系是按指令逐级下达的，一级指挥一级和一级对一级负责。线性项目管理组织就是来自这种十分严谨的军事组织系统。图 2.4 所示的线性项目管理组织中，A 可以对 B_1、B_2、B_3 下达指令；B_2 可以对 C_{21}、C_{22}、C_{23} 下达指令；虽然 B_1 和 B_3 比 C_{21}、C_{22}、C_{23} 高一个组织层次，但是 B_1 和 B_3 并不是 C_{21}、C_{22}、C_{23} 的直接上级，不允许它们对 C_{21}、C_{22}、C_{23} 下达指令。在组织机构中，每一个工作部门的指令源是唯一的。

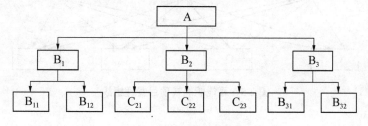

图 2.4　线性项目管理组织

1. 特征

在线性项目管理组织中,每一个工作部门只能对其直接的下属部门下达工作指令,每一个工作部门也只有一个直接的上级部门,因此,每一个工作部门只有唯一的指令源,避免了由于矛盾的指令而影响组织系统的运行。

2. 适应范围

在国际上,线性项目管理组织模式是建设项目管理组织系统的一种常用模式,因为一个建设项目的参与单位很多,少则数十,多则数百,大型项目的参与单位将数以千计,在项目实施过程中矛盾的指令会给工程项目目标的实现造成很大的影响,而线性项目管理组织模式可确保工作指令的唯一性。

3. 优点

线性项目管理组织形式的主要优点是组织机构简单,权力集中,命令统一,职责分明,决策迅速,隶属关系明确。

4. 缺点

线性项目管理组织形式由于指令全部由最高领导者下达,则会导致信息传达的路线长,决策方案不能及时执行。

> **特别提示**
>
> 项目负责人(项目经理)是组织法定代表人在建设工程项目上的授权委托代理人。

2.2.2 直线职能式项目管理组织

1. 特征

直线职能式项目管理组织是一种传统的组织机构形式。在直线职能式项目管理组织中,每一个工作部门可能有多个矛盾的指令源。图 2.5 所示的直线职能式项目管理组织中,A 可以对 B_1、B_2、B_3 下达指令;B_1、B_2、B_3 均可以对 C_1、C_2、C_3 和 C_4 下达指令。C_1、C_2、C_3 和 C_4 有多个指令源。

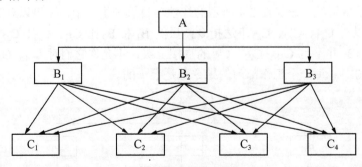

图 2.5 直线职能式项目管理组织

2．适应范围

直线职能式项目管理组织形式一般用于大、中型施工项目。

3．优点

直线职能式项目管理组织形式的主要优点是加强了施工项目目标控制的职能化分工，能够发挥职能机构的专业管理作用，提高管理效率，减轻项目经理负担。

4．缺点

直线职能式项目管理组织形式的主要缺点是由于下级人员受多头领导，如果上级指令相互矛盾，将使下级在工作中无所适从。

2.2.3 矩阵式项目管理组织

矩阵式项目管理组织是指结构形式呈矩阵状的组织，其项目管理人员由企业有关职能部门派出并进行业务指导，接受项目经理的直接领导，如图2.6所示。

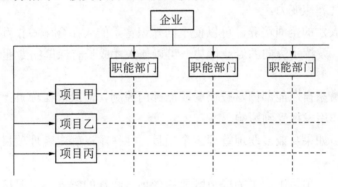

图 2.6 矩阵式项目管理组织

1．特征

（1）项目组织机构与职能部门的结合部同职能部门数目相同。多个项目与职能部门的结合部呈矩阵状。

（2）既能发挥职能部门的纵向优势，又能发挥项目组织的横向优势。

（3）专业职能部门是永久性的，项目组织是临时性的。职能部门负责人对参与项目组织的人员有组织调配、业务指导和管理考察的责任。项目经理将参与项目组织的职能人员在横向上有效地组织在一起，为实现项目目标协同工作。

（4）矩阵中的每个成员或部门，接受原部门负责人和项目经理的双重领导，但部门的控制力大于项目的控制力。部门负责人有权根据不同项目的需要和忙闲程度，在项目之间调配本部门人员，这样，一个专业人员可能同时为几个项目服务，特殊人才可以充分发挥作用，免得人才在一个项目中闲置的同时，在另一个项目中短缺，大大提高了人才利用效率。

（5）项目经理对调配到本项目经理部的成员有权控制和使用，当感到人力不足或某些成员不得力时，可以要求职能部门给予解决。

（6）项目经理部的工作由多个职能部门支持，项目经理没有人员包袱。但水平方向和垂直方向都需要有良好的依靠及良好的协调配合，这就对整个企业组织和项目组织的管理水平和组织渠道的畅通提出了较高的要求。

2. 适用范围

（1）适用于同时承担多个需要进行项目管理工程的企业。在这种情况下，各项目对专业技术人才和管理人员都有需求，加在一起数量较大，采用矩阵式项目管理组织可以充分利用有限的人才对多个项目进行管理，特别有利于发挥优秀人才的作用。

（2）适用于大型、复杂的施工项目。大型、复杂的施工项目要求多部门、多技术、多工种配合实施，在不同阶段，对不同人员，在数量和搭配上有不同的需求。

3. 优点

（1）矩阵式项目管理组织解决了传统模式中企业组织和项目组织相互矛盾的状况，把职能原则与对象原则融为一体，又求得了企业长期例行性管理和项目一次性管理的一致性。

（2）能以尽可能少的人力，实现多个项目管理的高效率。通过职能部门的协调，一些项目上的闲置人才可以及时转移到需要这些人才的项目上去，防止人才短缺，项目组织因此具有很强的弹性和应变力。

（3）有利于人才的全面培养。可以使不同知识背景的人在合作中相互取长补短，在实践中拓宽知识面；发挥了纵向的专业优势，可以使人才成长有深厚的专业训练基础。

4. 缺点

（1）由于人员来自职能部门，且仍受职能部门控制，故凝聚在项目上的力量减弱，往往使项目组织的作用发挥受到影响。

（2）管理人员如果身兼多职地管理多个项目，往往难以确定管理项目的优先顺序，有时难免顾此失彼。

（3）双重领导。项目组织中的成员既要接受项目经理的领导，又要接受企业中原职能部门的领导，在这种情况下，如果领导双方意见和目标不一致乃至有矛盾时，当事人便无所适从。要防止这一问题产生，必须加强项目经理和部门负责人之间的沟通，还要有严格的规章制度和详细的计划，使工作人员尽可能明确在不同时间内应当干什么工作。

（4）矩阵式项目管理组织对企业管理水平、项目管理水平、领导者的素质、组织机构的办事效率、信息沟通渠道的畅通等均有较高要求，因此要精于组织，分层授权，疏通渠道，理顺关系。由于矩阵式项目管理组织的复杂性和结合部较多，容易造成信息沟通量膨胀和沟通渠道复杂化，致使信息梗阻和失真，因此要求协调组织内部关系时必须有强有力的组织措施和协调办法，以排除难题。

2.2.4 事业部式项目管理组织

1. 特征

（1）企业成立事业部，事业部对企业来说是职能部门，对外界来说享有相对独立的经营权，是一个独立单位。事业部可以按地区设置，也可以按工程类型或经营内容设置。事业部能较迅速适应环境的变化，提高企业的应变能力，调动部门的积极性。当企业向大型化、智能化发展并实行作业层和经营管理层分离时，事业部式项目管理组织是一种很受欢迎的形式，既可以加强经营战略管理，又可以加强项目管理。

（2）在事业部（一般为其中的工程部或开发部，对外工程公司是海外部）下边设置项目经理部。项目经理由事业部选派，一般对事业部负责，有的可以直接对业主负责，这是根据其授权程度决定的。事业部式项目管理组织如图 2.7 所示。

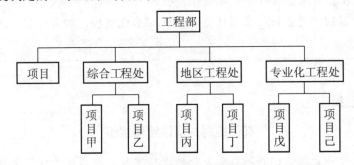

图 2.7　事业部式项目管理组织

2．适用范围

事业部式项目管理组织适用于大型经营性企业的工程承包，特别是远离公司本部的工程承包。需要注意的是，当一个地区只有一个项目而没有后续工程时，不宜设立地区事业部，也就是说它适用于在一个地区内有长期市场或一个企业有多种专业化施工力量时采用。在这种情况下，事业部与地区市场同寿命，地区没有项目时，该事业部应撤销。

3．优点

事业部式项目管理组织有利于延伸企业的经营职能，扩大企业的经营业务，便于开拓企业的业务领域，还有利于迅速适应环境变化。

4．缺点

按事业部式建立项目组织，会使企业对项目经理部的约束力减弱，协调指导的机会减少，故有时会造成企业结构松散。因此，必须加强制度约束，增强企业的综合协调能力。

2.2.5　施工项目管理组织形式的选择

项目经理部的组织形式应根据项目的规模、结构复杂程度、专业特点、人员素质和地域范围确定，并应符合下列规定。

（1）大、中型项目宜按矩阵式项目管理组织设置项目经理部。

（2）远离企业管理层的大中型项目宜按事业部式项目管理组织设置项目经理部。

（3）中、小型项目宜按直线职能式项目管理组织设置项目经理部。

（4）项目经理部的人员配置应满足施工项目管理的需要。职能部门的设置应满足规范的项目管理内容中各项管理内容的需要。大型项目的项目经理必须具有一级建造师执业资格，管理人员中的高级职称人员不应少于 10%。

> **特别提示**
>
> （1）设置矩阵式项目经理部（矩阵式项目管理组织）的大中型项目，一般是指群体建筑、线性工程、需要划分子项竣工系统或按区段组织施工管理的建设项目或单项工程。
>
> （2）企业在异地承接工程建立事业部式项目经理部（事业部式项目管理组织），有利于以该项目经理部为依托，在当地进一步开拓承包市场，扩大经营，逐步向地域性分公司发展。

知识链接

部门控制式项目管理组织

部门控制式项目管理组织并不打乱企业的现行建制，把项目委托给企业某一专业部门或施工队，由被委托的单位负责组织项目实施，如图 2.8 所示。部门控制式项目管理组织一般适用于小型的、专业性较强的、不需涉及众多部门的施工项目。

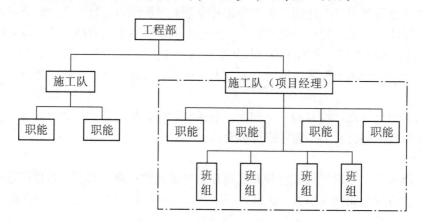

图 2.8　部门控制式项目管理组织

工作队式项目管理组织

工作队式项目管理组织是指主要由企业中有关部门抽出管理力量组成项目经理部的方式。企业职能部门处于服务地位，一般由企业任命项目经理，由项目经理在企业内招聘或抽调职能人员组成管理机构（工作队），项目经理全权指挥，独立性强，如图 2.9 所示。这种项目管理组织类型适用于大型项目、工期要求紧迫的项目、要求多工种多部门密切配合的项目。因此，项目经理素质要高，指挥能力要强，有快速组织队伍及善于指挥来自各方人员的能力。

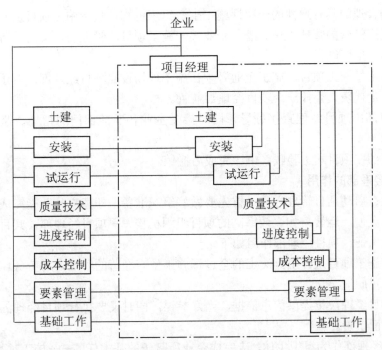

图 2.9　工作队式项目管理组织

观察思考

观察分析一下自己所了解的一些不同级别的建筑企业，看其单位的组织机构是哪一种形式，并分析其设置的合理性。

2.3　项目经理部和团队建设

引例

某建筑业企业通过投标获得某住宅楼工程的施工任务，为了圆满完成合同所签订的施工内容，拟建立项目经理部。若该项目经理部由项目经理、技术负责人、施工员、安全员、质检员、资料员、技术员、材料员、测量员和造价员各一名组成，请分析该项目经理部采用哪种组织机构形式比较合适。

2.3.1　项目经理部概述

1. 项目经理部的定义

项目经理部是由项目经理在施工企业的支持下组建并领导项目管理的组织机构。它是施工项目现场管理的具有弹性的一次性施工生产组织机构，负责施工项目从开工到竣工的全过程施工生产经营的管理工作，既是企业某一施工项目的管理层，又对劳务作业层负有管理与服务的双重职能。

对于大、中型施工项目，施工企业必须在施工现场设立项目经理部；对于小型施工项目可由企业法定代表人委托一个项目经理部兼管。

项目经理部由项目经理直接领导，同时接受企业各职能部门的指导、监督、检查和考核。

项目经理部在项目竣工验收、审计完成后撤销。

2. 项目经理部的作用

项目经理在启动项目管理之前，首先要做好组织准备，即建立一个能完成管理任务、项目经理指挥灵便、运转自如、效率高的项目组织机构——项目经理部，其目的是为项目管理提供组织保证。项目经理部作用如下。

（1）负责施工项目从开工到竣工的全过程施工生产经营的管理，对劳务作业层负有管理与服务的双重职能。

（2）为项目经理决策提供信息依据，当好参谋，同时又要执行项目经理的决策意图，向项目经理全面负责。

（3）项目经理部作为组织主体，应完成企业所赋予的基本任务——施工项目管理任务；凝聚管理人员的力量，调动其积极性，促进管理人员的合作；协调部门之间、管理人员之间的关系，发挥每个人的岗位作用。

（4）项目经理部是代表企业履行工程承包合同的主体，对生产全过程负责。

3. 项目经理部的设立

项目经理部的设立应根据施工项目管理的实际需要进行。项目经理部的组织机构可繁可简，可大可小，其复杂程度和职能范围完全决定于组织管理体制、规模和人员素质。项目经理部的设立应遵循以下基本原则。

（1）要根据所设计的施工项目管理组织形式设置项目经理部。大、中型施工项目宜建立矩阵式项目管理组织，远离企业所在地的大、中型施工项目宜建立事业部式项目管理组织，小型施工项目宜建立直线职能式项目管理组织。

（2）要根据施工项目的规模、复杂程度和专业特点设置项目经理部。例如大型项目经理部可以设职能部、处，中型项目经理部可以设职能处、科，小型项目经理部一般只需设职能人员即可。

（3）项目经理部是具有弹性的一次性管理组织，随着施工项目的开工而组建，随着施工项目的竣工而撤销，不应搞成一级固定性组织。

（4）项目经理部的人员配置应面向现场，满足现场的计划与调度、技术与质量、成本与核算、劳务与物资、安全与文明施工的需要，而不应设置专管经营与咨询、研究与发展、政工与人事等与施工关系较少的非生产性管理部门。

4. 项目经理部的运行

1）项目经理部管理制度的建立和执行

项目经理部管理制度的建立应围绕计划、责任、监督、奖惩、核算等内容进行。计划制度是为了使各方面都能协调一致地为施工项目总目标服务，它必须覆盖项目施工的全过程和所有方面，计划的制订必须有科学的依据，计划的执行和检查必须落实到人。责任制度建立的基本要求是一个独立的职责必须由一个人全权负责，应做到"人人有责可负、事事有人负责"。监督制度和奖惩制度的目的是保证计划制度和责任制度贯彻落实，对项目任务完成进行控制和激励；它应具备的条件是有一套公平的绩效评价标准和评价方法，有健全的信息管理制度，有完整的监督和奖惩体系。核算制度的目的是为上述4项制度的落实提供基础，控制、考核各种制度执行的情况；核算必须落实到最小的可控制单位（即班组）上，要把按人员职责落实的核算与按生产要素落实的核算、经济效益和经济消耗结合起来，建立完整的核算体系。

2）项目经理部的运行机制

项目经理部工作应按制度运行，项目经理应加强与下属的沟通。项目经理部的运行应实行岗位责任制，明确各成员的责、权、利，设立岗位考核指标。项目经理部应对作业队伍和分包人实行合同管理，并应加强目标控制与工作协调。

3）项目经理部的工作内容

（1）在项目经理领导下制订"项目管理实施规划"及项目管理的各项规章制度。

（2）对进入项目的资源和生产要素进行优化配置和动态管理。

（3）有效控制项目工期、质量、成本和安全等目标。

（4）协调企业内部、项目内部，以及项目与外部各系统之间的关系，增进项目有关部门之间的沟通，提高工作效率。

（5）对施工项目目标和管理行为进行分析、考核和评价，并对各类责任制度执行结果实施奖惩。

图2.10所示为某项目经理部正常运行。

图2.10 某项目经理部正常运行

5．项目经理部的撤销

项目经理部作为一次性的组织，在工程项目目标实现后应及时撤销。项目经理部的撤销应具备下列条件。

（1）工程已经竣工验收。

(2) 与各分包单位已经结算完毕。
(3) 已协助企业管理层与发包人签订了《工程质量保修书》。
(4) 《施工项目管理目标责任书》已经履行完成，并经过企业管理层审计合格。
(5) 已与企业管理层办妥各种交接手续。
(6) 现场清理完毕。

2.3.2　施工项目团队建设

1. 施工项目团队的特点

施工项目团队主要指项目经理及其领导下的项目经理部和各职能管理部门。施工项目团队能否有效地开展项目管理活动，主要体现在下述 5 个方面。

(1) 共同的目标。这里的目标一定是所有项目成员的共同意愿。
(2) 合理分工与协作。通过责任矩阵明确每一个成员的职责，各成员间是相互合作的关系。
(3) 高度的凝聚力。
(4) 团队成员相互信任。
(5) 有效的沟通。

> **特别提示**
>
> 项目经理应对施工项目团队的建设负责，培育团队精神，定期评估团队绩效，有效地发挥和调动各成员的工作积极性和责任感。

2. 施工项目团队的发展过程

一个项目团队从开始到终止，是一个不断成长和变化的过程，这个发展过程可以描述为 5 个阶段：组建阶段、磨合阶段、正规阶段、成效阶段和解散阶段。几乎所有的项目都经历过大家被召集到一起的初始组建阶段，这是一个短暂的时期，很快进入磨合阶段，这时成员之间互相还不了解，时常感到困惑，有时甚至会产生敌对心理。接下来在强有力的领导下，团队的工作方式在正规阶段得以统一，随后团队以最大成效开展工作，直至项目结束，项目团队解散。

1) 组建阶段

任何项目在形成时期总是带着一点试验性质的，因而一个团队环境就成为新思想、新方案绝佳的试验场。在团队发展的不同阶段，需要有不同的方案。每个方案都应当加以仔细检验，给予它们公平的争取成功的机会。在组建阶段，团队成员从原来不同的组织调集在一起，大家开始互相认识，这一时期的特征是团队成员们既兴奋又焦虑，而且还有一种主人翁感，他们必须在承担风险前相互熟悉。一方面，团队成员收集有关项目的信息，试图弄清项目干什么和自己应该做什么。另一方面，团队成员谨慎地研究和学习适宜的举止行为。他们从项目经理处寻找或相互了解，以期找到属于自己的角色。当成员了解并认识到有关团队的基本情况后,就为自己找到了一个合适的角色,并且有了自己作为团队不可缺少的一部分的意识,当团队成员感到他们已属于项目时,就会承担起团队的任务。当解决了定位问题后,团队成员就不会感到茫然而不知所措,从而有助于其他各种关系的建立。

2) 磨合阶段

团队发展的第二阶段是磨合阶段。团队形成之后,团队成员们已经明确了项目的工作以及各自的职责,于是开始执行分配的任务。在实际工作中,各方面的问题将逐渐显露出来,这预示着磨合阶段的来临。在磨合阶段,现实可能与当初的期望发生较大的偏离,于是团队成员们可能会消极地对待项目工作和项目经理。在此阶段,工作气氛趋于紧张,问题逐渐暴露,团队士气较组建阶段明显下沉。团队的冲突和不和谐是这一阶段的一个显著特点。成员之间由于立场、观点、方法和行为等方面的差异而产生各种冲突,人际关系陷入紧张局面,甚至出现敌视及向领导者挑战的情形。冲突可能发生在领导与个别队员之间,也可能发生在领导与整个团队之间或团队成员相互之间,这些冲突可能是情感上的,或是与事实有关的,或是建设性的,或是破坏性的,或是争辩性的,或是隐瞒性的。但不管怎样,应当力图采用理性的、无偏见的态度来解决团队成员之间的争端,而不应当采用情感化的态度。

3) 正规阶段

经受了磨合阶段的考验,团队成员之间、团队与项目经理之间的关系已经确立,绝大部分个人矛盾已得到解决,开始进入正规阶段。总的来说,正规阶段的矛盾程度要低于磨合阶段。同时,随着个人期望与现实情形——要做的工作、可用的资源、限制条件、其他参与的人员相统一,队员的不满情绪也随之减少。项目团队接受了这个工作环境,项目规程得以改进和规范化。控制及决策权从项目经理移交给了项目团队,凝聚力开始形成,有了团队的感觉,每个人觉得他是团队的一员,他们也接受其他成员作为团队的一部分。每个成员为了达到项目目标所做的贡献得到认同和赞赏。这一阶段,随着成员之间开始相互信任,团队的信任得以发展。大量地交流信息、观点和感情,合作意识增强,团队成员互相交换看法,并感觉到可以自由地、建设性地表达他们的情绪及评论意见。团队经过这个社会化的过程后,建立了忠诚和友谊,甚至可能建立工作范围之外的友谊。

4) 成效阶段

经过前一阶段,团队确立了行为规范和工作方式,项目团队积极工作,急于实现项目目标,团队进入成效阶段。这一阶段的工作绩效很高,团队有集体感和荣誉感,信心十足,项目团队能开放、坦诚、及时地进行沟通。在这一阶段,团队根据实际需要,以团队、个人或临时小组的方式进行工作,团队相互依赖度高。他们经常合作,并在自己的工作任务外尽力相互帮助,个体成员会意识到项目工作的结果使他们正获得职业上的发展。相互的理解、高效的沟通、密切的配合、充分的授权,这些宽松的环境加上队员们的工作激情使得这一阶段容易取得较大成绩,实现项目的创新。团队精神和集体的合力在这一阶段得到了充分的体现,每位成员在这一阶段的工作和学习中都取得了长足的进步和巨大的发展。

5) 解散阶段

对于完成某项任务,实现了项目目标的团队而言,随着项目的竣工,该项目团队准备解散。这时,团队成员开始骚动不安,成员们考虑自身今后的发展,思考"我以后该怎么办",并开始做离开的准备。这时,团队仿佛回到了组建阶段,必须改变工作方式才能完成最后的各种具体任务。需由项目经理告诉各成员还有哪些工作需要做完,否则,项目就不能圆满完成,目标就不能成功实现。也正是这时,成员们领悟到了凝聚力的存在。由于项目团队成员之间已经培养出感情,所以彼此依依不舍,惜别之情难以抑制。

3. 施工项目团队的矛盾解决方法

即使是在由智者组成的、人人对任务都很负责的团队中,也会有矛盾。虽然很多人不喜欢矛盾,因此假装它们根本不存在,但是不承认矛盾,矛盾并不会自然消除;相反,它们会蔓延,使得下一步的沟通更加困难。团队中减少矛盾的方法有:一开始就申明责任和制度,及时讨论、解决出现的问题(而不是听任它发展),认识到成员彼此没有义务对对方的喜怒哀乐负责。矛盾常常因为没有得到团队成员的重视或尊重而产生,因此,建议应该以积极肯定的方式提出,这样很多问题都可以避免。

1) 解决矛盾的基本步骤

成功地处理矛盾既需要关注问题本身,也需要关心对方个体的感受。首先要确定对方是否真的有反对意见,有时有的成员在压力很大的情况下只是发泄怒气和失落,并不是真的有反对意见,发泄完了又可以全身心投入工作;其次是核实信息是否准确,有时在根本没有分歧的情况下,由于讲话风格不同、对某些符号的解释不同、错误的推理习惯等都会导致矛盾的产生,及时沟通就可以解决了。

2) 怎样对待批评

受到别人的直接指责或攻击后积下的矛盾很难调和。人在受攻击时的本能反应是保护自己或回击对方,然后对方会同样自我保护或反击,导致矛盾不断加深,感情受到伤害,问题变得更复杂、更难解决。正如解决矛盾首先要确定各方面真正要达到的目的是否一样,对待批评也要理解批评人的用心。建设性或尽量贴近对方关心内容的回应方法包括:诠释、情感、推理和逐步趋同等。

(1) 诠释。诠释就是改用自己的话重复批评者的批评言辞。这样做的目的在于:确认自己听到的话准确无误;让批评者了解他们的话对你产生了什么影响;告知对方,你对他们的话感受很深。

(2) 情感。试着感受批评者的心理感受,了解对方言语或非言语所要表达的情感,这样能理解对方的情感及批评意见的重要性。

(3) 推理。以批评意见为基础进行推理时,试着推测出批评意见的言语和非言语性含义,将其由字面稍微引申,从而理解批评者为什么对正在讨论的或正在实施的工作如此反感。

(4) 逐步趋同。应对十分棘手的批评意见时,逐步趋同的方法很有效。逐步解决既可以使矛盾不再扩大(愤怒的言辞会导致相反的结果),同时还可以避免让步于批评者。首先重复批评意见中你同意的部分(通常是某一事实而非对方就该事实所作的评论等)。然后让批评者反应,什么也不要讲。这样做的好处在于:给自己留出时间思考批评意见所指出的要害和关键之处,可以有的放矢地回应,而非仅仅是自卫性地反击;暗示对方你听到了他们的批评意见。

4. 施工项目团队精神的具体体现

(1) 有明确共同的目标。这里的目标一定是所有项目成员的共同意愿。

（2）有合理的分工和合作。通过责任矩阵明确每一个成员的职责，各成员间是相互合作的关系。
（3）有不同层次的权力和责任。
（4）组织有高度的凝聚力，能使大家积极参与。
（5）团队成员全身心投入项目团队工作中。
（6）成员相互信任。
（7）有效的沟通，成员交流经常化，团队中有民主气氛，大家能够感到团队的存在。
（8）学习和创新是项目经理部经常的活动。

 应用案例

王珪鉴才

在一次宴会上，唐太宗对王珪说："你善于鉴别人才，尤其善于评论。你不妨从房玄龄等人开始，都一一做些评论，谈一下他们的优缺点。同时和他们互相比较一下，你在哪些方面比他们优秀？"

王珪回答说："孜孜不倦地办公，一心为国操劳，凡是所知道的事没有不尽心尽力去做，在这方面我比不上房玄龄；常常留心向皇上直言建议，认为皇上的能力德行比不上尧舜的话很丢面子，这方面我比不上魏征；文武全才，既可以在外带兵打仗做将军，又可以进入朝廷搞管理、任宰相，这方面我比不上李靖；向皇上报告国家公务，详细明了，宣布皇上的命令或者转达下属官员的汇报，能坚持做到公平公正，在这方面我不如温彦博；处理繁重的事务，解决难题，办事井井有条，这方面我比不上戴胄；至于批评贪官污吏，表扬清正廉署，疾恶如仇，好善喜乐，这方面比起其他几位能人来说，我也有一技之长。"唐太宗非常赞同他的话，而大臣们也认为王珪完全道出了他们的心声，都说这些评论是正确的。

从王珪的评论可以看出，在唐太宗的团队中，每个人各有所长；但更重要的是唐太宗能将这些人依其专长运用到最适当的职位，使其能够发挥自己所长，进而让整个国家繁荣强盛。

【案例解析】

未来企业的发展是不可能只依靠一种固定组织的形态运作，必须视企业经营管理的需要而有不同的团队。所以，每一个领导者必须学会如何组织团队，如何掌握及管理团队。企业组织领导应以每个员工的专长为思考点，安排适当的位置，并依照员工的优缺点，做机动性调整，让团队发挥最大的效能。项目经理的任务在于知人善任，提供企业一个平衡、默契的工作组织。

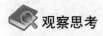 观察思考

观察分析某些建筑项目，看其项目经理部是怎么设立和运行的，思考一下该团队的特点、建设和运行状况，以及存在的问题。

2.4 项目经理

2.4.1 项目经理概述

1. 项目经理的概念

项目经理是指由建筑施工企业法定代表人委托和授权,在建设工程施工项目中担任项目经理责任岗位职务,直接负责施工项目的组织实施,对建设工程施工项目实施全过程全面负责的项目管理者。项目经理是建设工程施工项目的责任主体,是建筑施工企业法定代表人在承包建设工程施工项目上的委托代理人。

2. 项目经理的地位

一个施工项目是一项一次性的整体任务,在完成这个任务的过程中,现场必须有一个最高的责任者和组织者,这就是项目经理。

项目经理是对施工项目管理实施阶段全面负责的管理者,在整个施工活动中占有举足轻重的地位,确立项目经理的地位是搞好施工项目管理的关键。

(1)项目经理是建筑施工企业法定代表人在施工项目上负责管理和合同履行的委托代理人,是施工项目实施阶段的第一责任人。项目经理是项目目标的全面实现者,既要对项目业主的成果性目标负责,又要对企业效益性目标负责。

(2)项目经理是协调各方面关系,使之相互协作、密切配合的桥梁和纽带。项目经理对项目管理目标的实现承担着全部责任,即合同责任(履行合同义务,执行合同条款,处理合同纠纷)。

(3)项目经理对施工项目的实施进行控制,是各种信息的集散地和处理中心。自上、自下、自外而来的信息,通过各种渠道汇集到项目经理处,项目经理通过对各种信息进行汇总分析,及时做出应对决策,并通过报告、指令、计划和协议等形式,对上反馈信息,对下、对外发布信息。

(4)项目经理是施工项目责、权、利的主体。首先,项目经理必须是项目实施阶段的责任主体,是项目目标的最高责任者,而且目标实现还应该不超出限定的资源条件。责任是项目经理责任制的核心,它构成了项目经理工作的压力,是确定项目经理利益的依据。其次,项目经理必须是项目的权力主体。权力是确保项目经理能够承担起责任的条件与前提,所以权力的范围,必须视项目经理所承担的责任而定。如果没有必需的权力,项目经理就无法对工作负责。最后,项目经理还必须是施工项目的利益主体。利益是项目经理工作的动力,是项目经理负有相应的责任而得到的报酬,所以利益的形式及利益的大小须与项目经理的责任对等。图 2.11 为某项目经理对工程质量进行检查。

图 2.11 某项目经理对工程质量进行检查

> **特别提示**
>
> 项目经理在施工项目管理中处于中心地位。

2.4.2 项目经理的责、权、利

1. 项目经理的责任

项目经理的责任主要包括两个方面：一是要保证施工项目按照规定的目标高速、优质、低耗地全面完成，二是要保证各生产要素在授权范围内最大限度地优化配置。项目经理的责任具体如下。

（1）代表企业实施施工项目管理。贯彻执行国家和施工项目所在地政府的有关法律、法规、方针、政策和强制性标准，执行企业的管理制度，维护企业的合法利益。

（2）与企业法定代表人签订《施工项目管理目标责任书》，执行其规定的任务，并承担相应的责任，组织编制施工项目管理实施规划并组织实施。

（3）对施工项目所需的人力资源、资金、材料、技术和机械设备等生产要素进行优化配置和动态管理，沟通、协调和处理与分包单位、项目业主、监理工程师之间的关系，及时解决施工中出现的问题。

（4）进行业务联系和经济往来，严格执行财务制度，加强成本核算，积极组织工程款回收，正确处理国家、企业及个人的利益关系。

（5）做好施工项目竣工结算、资料整理归档，接受企业审计并做好项目经理部的撤销和善后工作。

2. 项目经理的权力

赋予项目经理一定的权力是确保项目经理承担相应责任的先决条件。为了履行项目经理的职责，其必须具有一定的权力，这些权力应由企业法定代表人授权，并用制度和目标责任书的形式具体确定下来。项目经理在授权和企业规章制度范围内应具有以下权力。

（1）用人决策权。项目经理有权决定项目管理机构班子的设置，聘任有关管理人员，选择作业队伍，对班子内的任职情况进行考核监督，决定奖惩乃至辞退。当然，项目经理的用人决策权应当以不违背企业的人事制度为前提。

（2）财务支付权。项目经理应有权根据施工项目的需要或生产计划的安排，做出投资动用、流动资金周转、固定资产机械设备租赁和使用的决策，也要对项目管理班子内的计酬方式、分配的方案等做出决策。

（3）进度计划控制权。项目经理有权根据施工项目进度总目标和阶段性目标的要求，对工程施工进行检查、调整，并对资源进行调配，从而对进度计划进行有效的控制。

（4）技术质量管理权。根据施工项目管理实施规划或施工组织设计，项目经理有权批准重大技术方案和重大技术措施，必要时召开技术方案论证会，把好技术决策关和质量关，防止技术的决策失误，主持处理重大质量事故。

（5）物资采购管理权。项目经理有权在有关规定和制度的约束下采购和管理施工项目所需的物资。

（6）现场管理协调权。项目经理有权代表公司协调与施工项目有关的外部关系，处理现场突发事件，但事后须及时通报企业主管部门。

3．项目经理的利益

项目经理最终的利益是其行使权力和承担责任的结果，也是市场经济条件下，责、权、利相互统一的具体体现。利益可分为两大类：一是物资兑现，二是精神奖励。项目经理应享有以下利益。

（1）获得基本工资、岗位工资和绩效工资。

（2）在全面完成《施工项目管理目标责任书》确定的各种责任目标，工程竣工验收并结算后，接受企业的考核和审计，除按规定获得物资奖励外，还可获得表彰、记功、优秀项目经理等荣誉称号及其他精神奖励。

（3）经考核和审计，未完成《施工项目管理目标责任书》确定的责任目标或造成亏损的，按有关条款承担责任，并接受经济或行政处罚。

从行为科学的理论观点来看，对项目经理的利益兑现应在分析的基础上区别对待，满足其最迫切的需要，以真正通过激励调动其积极性。心理学家认为，人的需要是从低层次到高层次的，它们依次分别是：生理的、安全的、社会的、自尊的和自我实现的需要，如果把前两种需要称为"物质的"，则其他三种需要可称为"精神的"。在进行激励之前，应分析该项目经理的最迫切需要，不应盲目地只注重物质奖励，在某种意义上说，精神激励的面较广，作用会更显著。精神激励如何兑现，应不断地进行研究，积累经验。

施工项目管理目标责任书

《施工项目管理目标责任书》由施工企业法定代表人或其授权人与项目经理签订，具体明确项目经理及其管理成员在项目实施过程中的责任、权力、利益与奖惩。它是规范和约束企业与项目经理部各自行为，考核项目管理目标完成情况的重要依据，属于内部合同。

《施工项目管理目标责任书》包括下列内容。

(1) 施工项目管理实施目标。
(2) 施工企业与项目经理部之间的责任、权力和利益分配。
(3) 施工项目管理的内容和要求。
(4) 施工项目所需资源的提供方式和核算方法。
(5) 企业法定代表人向项目经理委托的特殊事项。
(6) 项目经理部应承担的风险。
(7) 施工项目管理目标评价的原则、内容和方法。
(8) 对项目经理部进行奖惩的依据、标准和方法。
(9) 项目经理解职和项目经理部撤销的条件及方法。

施工项目完成后，施工企业应对《施工项目管理目标责任书》的完成情况进行考核，根据考核结果和《施工项目管理目标责任书》的奖惩规定，提出奖惩意见，对项目经理部进行奖励或处罚。

2.4.3 项目经理的工作性质

(1) 坚持落实项目经理岗位责任制。项目经理岗位是保证工程项目建设质量、安全、工期的重要岗位。

(2) 项目经理是指受企业法定代表人委托对工程项目施工过程全面负责的项目管理者，是建筑施工企业法定代表人在工程项目上的代表人。

(3) 建造师是一种专业人士的名称，而项目经理是一个工作岗位的名称，应注意这两个概念的区别和关系。

(4) 在国际上，企业项目经理的地位、作用及其特征如下。

① 项目经理是企业任命的一个项目的项目管理班子的负责人（领导人），但它并不一定是（多数不是）一个企业法定代表人在该工程项目上的代表人，因为一个企业法定代表人在工程项目上的代表人在法律上赋予的权限范围太大。

② 项目经理的任务主要是项目管理工作，其主要任务是项目目标的控制和组织协调。

③ 在有些文献中明确界定，项目管理不是一个技术岗位，而是一个管理岗位。

④ 项目经理是一个组织系统中的管理者，至于其是否有用人决策权、财务支付权和物资采购管理权等权限，则由其上级确定。

我国在建筑业企业中引入项目经理的概念已有多年，取得了显著的成绩。但是，在推行项目经理责任制的过程中也有不少误区，如企业管理的体制与机制和项目经理责任制不协调；在企业利益与项目经理的利益之间出现矛盾；不恰当地、过分扩大项目经理的管理权限和责任；将农业小生产的承包责任制应用到建筑大生产中，甚至采用项目经理抵押承包的模式，抵押物的价值与工程可能发生的风险不相当；等等。

2.4.4 项目经理责任制

1. 项目经理责任制的作用

项目经理责任制是以项目经理为责任主体的施工项目管理目标责任制度。它是施工项目管理的基本制度之一，是成功进行施工项目管理的前提和基本保证，其作用如下。

（1）项目经理责任制确定了项目经理在企业中的地位。项目经理是企业法定代表人在所承包建设项目上的委托代理人。

（2）项目经理责任制确定了企业的层次及相互关系。企业分为企业管理层、项目管理层和劳务作业层三个层次。企业管理层制定和健全施工项目管理制度，规范项目管理；加强计划管理，保证资源的合理分配和有序流动，为项目生产要素的优化配置和动态管理服务；对项目管理层的工作进行全过程的指导、监督和检查。项目管理层应做好资源的优化配置和动态管理，执行和服从企业管理层对项目管理工作的监督、检查和宏观调控。企业管理层和劳务作业层应签订劳务分包合同，项目管理层与劳务作业层应建立履行劳务分包合同的关系。

（3）项目经理责任制确定了项目经理在项目管理中的地位。项目经理应根据企业法定代表人的授权范围、时间和内容对施工项目自开工准备至竣工验收实施全过程、全方位的管理。因此，项目经理是项目管理的核心人物，是项目管理目标的承担者和实现者，既要对项目的成果目标向建设单位负责，又要对承担的效益性目标向施工单位负责。图2.12为某项目经理对员工进行安全教育。

图2.12 某项目经理对员工进行安全教育

（4）项目经理责任制确定了项目经理的基本责任、权力和利益。项目经理的具体责任、权力和利益，由企业法定代表人通过《施工项目管理目标责任书》确定。

2. 建立项目经理责任制的原则和条件

1）建立项目经理责任制的原则

（1）实事求是的原则。确定项目经理的责任要具有先进性，不搞"保险承包"；要具有合理性，不搞"一刀切"；要具有可行性，不追求形式，要避免"以包代保"和"以包代管"的现象发生。

（2）兼顾企业、项目经理和职工三者利益的原则。企业的利益应放在首位，同时维护项目经理和职工的正当权利，在确定个人收入时切实贯彻按劳分配、多劳多得的原则。

（3）责、权、利的原则。项目经理的"责任"是第一位的；"权力"是为了更好地履行责任而由企业法定代表人授予的；"利益"是履行责任而得到的报酬。三者统一才有动力。

2）建立项目经理责任制的条件

建立项目经理责任制的条件：任务落实，开工手续齐全，工程技术资料、劳动力和主要供应材料落实，成立满足项目管理需要的项目经理部，企业具备为项目管理服务的各种功能。

3. 项目经理责任制的内容

项目经理责任制的内容包括：企业各层之间的关系，项目经理的地位和素质要求，《施工项目管理目标责任书》的制定和实施，项目经理的责、权、利，项目经理的目标责任体系。由项目经理的目标责任制、项目经理部内各职能部门的目标责任制、项目经理部各成员的目标责任制，可建立以施工项目为对象的3种类型目标责任制：项目的目标责任制、子项目的目标责任制、班组的目标责任制。

4. 项目经理责任制的特点

（1）对象终一性。它以施工项目为对象，实行项目产品形成过程的一次性全面负责，不同于过去企业的年度或阶段性承包。

（2）主体直接性。它实行项目经理负责、全员管理、标价分离、指标考核、项目核算、确保上缴、集约增效、超额奖励的复合型指标责任制，重点突出了项目经理个人的主要责任。

（3）内容全面性。项目经理责任制是根据先进、合理、实用、可行的原则，以提高工程质量、缩短工期、降低成本、安全和文明施工等目标为内容的全过程的目标责任制。它明显区别于单项成本或利润指标承包。

（4）责任风险性。项目经理责任制充分体现了"指标突出、责任明确、利益直接、考核严格"的基本要求，其最终结果与项目经理部成员，特别是与项目经理的行政晋升、奖、罚等个人利益直接挂钩，经济利益与责任风险同在。

综合应用案例

【案例概况】

某大型建设工程项目，由A、B、C3个单项工程组成，采用施工总承包方式。经评标后，由某建筑公司中标，该公司确定了项目经理，在施工现场设立了项目经理部。项目经理部下设综合办公室（兼管合同）、技术部（兼管进度和造价）、质量安全部3个业务职能部门，设立A、B、C3个施工管理组。

问：为了充分发挥业务职能部门和施工管理组的作用，使项目经理部具有机动性，应选择何种组织机构形式并说明理由？请绘出该项目经理部组织机构图。

【案例解析】

应选择矩阵式项目管理组织形式，理由是这种形式既发挥了纵向业务职能部门的作用，又发挥了横向施工管理组的作用；把集权与分权实行最优的结合，有利于解决复杂问题，且有较大的机动性和适应性。该项目经理部组织机构图如图 2.13 所示。

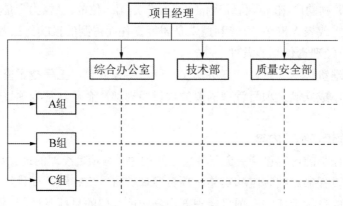

图 2.13　该项目经理部组织机构图

观察思考

观察分析某些项目经理部的项目经理，看其在实际工作中所做的实际工作，以及责、权、利的分配。

本 章 小 结

本章对施工项目管理组织做了较详细的阐述。首先，介绍了组织的含义和组织三要素，施工项目管理的组织职能包括组织设计、组织联系、组织运行、组织行为和组织调整。施工项目管理组织机构设置的原则有目的性原则、精简高效原则、管理跨度和分层统一原则、业务系统化管理原则、弹性和流动性原则。施工项目管理组织形式有线性项目管理组织、直线职能式项目管理组织、矩阵式项目管理组织和事业部式项目管理组织。其次，介绍了项目经理部是由项目经理在施工企业的支持下组建并领导进行项目管理的组织机构，它是具有弹性的一次性组织机构。介绍项目经理部的设立、运行和撤销。再次，介绍了施工项目团队的特点、发展过程和矛盾解决方法。最后，介绍了项目经理的地位，项目经理的责、权、利，项目经理的工作性质和项目经理责任制等内容。

习　题

一、选择题

1. (　　) 是指专门从事某一类业务工作的部门。
　　A. 组织机构　　　B. 管理部门　　　C. 管理层次　　　D. 管理跨度

2. （　　）项目管理组织中的成员接受双重领导，既要接受项目经理的领导，又要接受企业中原职能部门的领导。

    A．线性　　　　B．直线职能　　　C．矩阵式　　　D．事业部式

3. 下列描述正确的是（　　）。

    A．项目经理部是由项目经理独自组建并领导进行项目管理的组织机构

    B．项目经理部是一个固定性的组织机构

    C．项目经理部是代表企业履行工程承包合同的主体，对生产全过程负责

    D．大、中型项目经理部宜按直线职能式项目管理组织形式建立

4. （　　）建立的基本要求是一个独立的职责必须由一个人全权负责，应做到人人有责可负、事事有人负责。

    A．责任制度　　B．监督制度　　　C．核算制度　　D．奖惩制度

5. 项目经理的具体责任、权力和利益，由企业法定代表人通过（　　）确定。

    A．项目经理责任制　　　　　　　B．委托代理人

    C．施工全过程　　　　　　　　　D．施工项目管理目标责任书

二、简答题

1. 施工项目管理组织机构设置的原则是什么？
2. 简述矩阵式项目管理组织的特征及其优缺点。
3. 简述项目团队的发展过程。
4. 项目经理责任制的内容包括哪些？

三、案例题

某工程为一座大型工业厂房的钢结构制作安装工程，承包方为某劳务分包公司。试问该施工项目应选择何种组织机构形式？说明原因。

【分析】

该施工项目应选择部门控制式项目管理组织，因为部门控制式项目管理组织并不打乱企业的现行建制，而把项目委托给企业某一专业部门或施工队，由被委托的单位负责组织项目实施，适用于小型的、专业性较强的、不需涉及众多部门的施工项目。

在线答题

第 3 章 流水施工原理

思维导图

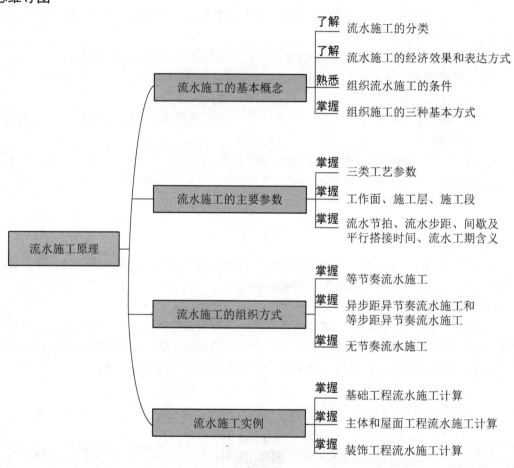

第3章 流水施工原理

章节导读

1. 某建筑公司承接了某会展中心内 5 间展厅的装饰工程任务。各展厅面积相等,且装饰内容均为吊顶、内墙面装饰、地面铺装及细部工程 4 个分项工程。根据本公司施工人员构成状况,确定每项分项工程的施工时间均为 3d。

2. 问题

(1)该项工程组织流水施工,试确定施工段数(m)、施工过程数(n)、流水步距(k)。

(2)计算该工程的计划工期。

(3)绘制该装饰工程流水施工横道图。

3.1 流水施工的基本概念

3.1.1 组织施工的基本方式

任何一个建筑工程都是由许多施工过程组成的,而每一个施工过程可以组织一个或多个施工队组来进行施工。如何组织各施工队组的先后顺序和平行搭接施工,是组织施工中的一个基本问题。通常,组织施工有依次施工、平行施工和流水施工 3 种方式,下面将以应用案例 3-1 为例来讨论这 3 种施工方式的特点和效果。

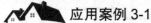 应用案例 3-1

某 3 幢同类型房屋的基础工程,由基槽挖土—做垫层—砖砌基础—回填土 4 个过程组成,由 4 个不同的工作队分别施工,每个施工过程在一幢房屋上所需的施工时间见表 3-1,每幢房屋为一个施工段,试组织此基础工程施工。

表 3-1 某基础工程施工资料

序 号	基础施工过程	工作时间/d
1	基槽挖土	3
2	做垫层	1
3	砖砌基础	3
4	回填土	1

1. 依次施工

依次施工也称顺序施工,是各施工段或施工过程依次开工、依次完成的一种施工组织方式。依次施工时通常有两种安排。

(1)按幢(或施工段)依次施工,其进度安排见表 3-2。这种方式是将这 3 幢房屋的基础一幢一幢施工,一幢完成后再施工另一幢。

表 3-2 依次施工进度安排一

序号	施工过程	工作时间/d	施工进度/d							
			3	6	9	12	15	18	21	24
1	基槽挖土	3	—		—		—		—	
2	做垫层	1		—		—		—		—
3	砖砌基础	3		—		—		—		—
4	回填土	1			—		—		—	—

（2）按施工过程依次施工，其进度安排见表 3-3。这种方式是在依次完成每幢房屋的第一个施工过程后，再开始第二个施工过程的施工，直至完成最后一个施工过程的组织方式。

表 3-3 依次施工进度安排二

序号	施工过程	工作时间/d	施工进度/d							
			3	6	9	12	15	18	21	24
1	基槽挖土	3	—	—	—					
2	做垫层	1				— — —				
3	砖砌基础	3					—	—	—	
4	回填土	1								— — —

特别提示

以上两种组织方式施工工期都为 24d，依次施工最大的优点是单位时间投入的劳动力和物质资源较少，施工现场管理简单，便于组织和安排，适用于工程规模较小的工程。但采用依次施工，施工队组不能连续作业，有间歇性，造成窝工，工地物质资源消耗也有间断性，由于没有充分利用工作面去争取时间，所以工期较长。

依次施工

平行施工

2. 平行施工

在拟建工程任务十分紧迫，工作面允许及保证资源供应的条件下，可以组织几个相同的工作队，在同一时间、不同空间进行施工，即所有房屋同时开工，同时竣工。应用案例 3-1 中，平行施工的进度安排见表 3-4。

表 3-4 平行施工进度安排

序号	施工过程	工作时间/d	施工进度/d								
			1	2	3	4	5	6	7	8	9
1	基槽挖土	3	■	■	■						
2	做垫层	1				■					
3	砖砌基础	3					■	■	■		
4	回填土	1								■	

> **特别提示**
>
> 平行施工最大限度地利用了工作面,工期最短,但在同一时间内需要提供的相同劳动资源成倍增加,给实际的施工管理带来一定的难度。一般适用于规模较大或工期较紧的工程。

3. 流水施工

流水施工是指所有施工过程按一定的时间间隔依次进行,各个施工过程陆续开工、陆续竣工,使同一施工过程的施工队组连续、均衡地进行,不同的施工过程尽可能平行搭接。应用案例3-1中,流水施工进度安排见表3-5。

流水施工

表 3-5 流水施工进度安排

序号	施工过程	工作时间/d	施工进度/d																
			1	2	3	4	5	6	7	8	9	10	11	12	13	14	15	16	17	18
1	基槽挖土	3	■	■	■		■	■	■											
2	做垫层	1								■	■									
3	砖砌基础	3										■	■	■		■	■	■		
4	回填土	1																■	■	

> **特别提示**
>
> 流水施工所需的时间比依次施工短,各施工过程投入的劳动力比平行施工少,各施工队组的施工和物资消耗具有连续性和均衡性,前后施工过程尽可能平行搭接,可见流水施工综合了依次施工和平行施工的特点,是建筑施工中最合理、最科学的一种组织方式。

3.1.2 组织流水施工的条件

流水施工是将拟建工程分成若干个施工段,并给施工段内的每一个施工过程配以相应的施工队组,让它们依次连续地投入每一个施工段完成各自的任务,从而达到有节奏地均衡施工。流水施工的实质就是连续、均衡施工。

组织建筑作业流水施工,必须具备以下4个条件。

(1) 把建筑物尽可能划分为工程量大致相等的若干个施工段。划分施工段(区)是为了把庞大的建筑物(建筑群)划分成"批量"的"假定产品",从而形成流水施工的前提。

(2) 把建筑物的整个施工过程分解为若干个施工过程,每个施工过程组织独立的施工队组进行施工。

(3) 安排主要施工过程的施工队组进行连续、均衡地施工。对工程量较大、施工时间较长的施工过程,必须组织连续、均衡地施工;对其他次要施工过程,可考虑与相邻的施工过程合并或在有利于缩短工期的前提下,安排其间断施工。

(4) 不同施工过程按施工工艺,尽可能组织平行搭接施工。按照施工先后顺序要求,在有工作面的条件下,除必要的技术和组织间歇时间外,尽可能组织平行搭接施工。

3.1.3 流水施工的经济效果

流水施工是在工艺划分、时间排列和空间布置上的统筹安排,使劳动力得以合理使用,资源需要量也较均衡,这必然会带来显著的经济效果,主要表现在以下几个方面。

(1) 由于流水施工的连续性,减少了专业工作的间隔时间,达到了缩短工期的目的,可使拟建工程项目尽早竣工,交付使用,发挥投资效益。

(2) 便于改善劳动组织,改进操作方法和施工机具,有利于提高劳动生产率。

(3) 专业化的生产可提高工人的技术水平,使工程质量相应提高。

(4) 工人技术水平和劳动生产率的提高,可以减少用工量和施工临时设施的建造量,降低工程成本,提高利润水平。

(5) 可以保证施工机械和劳动力得到充分、合理的利用。

(6) 由于工期短、效率高、用人少、资源消耗均衡,可以减少现场管理费和物资消耗,实现合理储存与供应,有利于提高项目经理部的综合经济效益。

3.1.4 流水施工的分类

按照流水施工组织的范围,流水施工通常可分为以下几种。

1. 分项工程流水施工

分项工程流水施工也称为细部流水施工,即一个施工队组利用同一生产工具,依次、连续地在各施工段中完成同一施工过程的工作,如浇筑混凝土的工作队依次连续地在各施工段完成浇筑混凝土的工作，即为分项工程流水施工。

2. 分部工程流水施工

分部工程流水施工也称为专业流水施工，是在一个分部工程内部、各分项工程之间组织的流水施工。例如，某办公楼的钢筋混凝土工程是由支模、绑钢筋、浇混凝土 3 个在工艺上有密切联系的分项工程组成的分部工程，施工时，将该办公楼的主体部分在平面上划分为几个区域，组织 3 个专业工作队，依次、连续地在各施工区域中各自完成同一施工过程的工作，即为分部工程流水施工。

3. 单位工程流水施工

单位工程流水施工也称为综合流水施工，它是在一个单位工程内部、各分部工程之间组织起来的流水施工。如一幢办公楼、一个厂房车间施工时所组织的流水施工。

4. 群体工程流水施工

群体工程流水施工也称为大流水施工，是在一个个单位工程之间组织起来的流水施工。它是为完成工业或民用建筑而组织起来的全部单位流水施工的总和。

根据流水施工的节奏不同，流水施工通常可分为等节奏流水施工、异节奏流水施工和无节奏流水施工。

3.1.5 流水施工的表达方式

（1）横道图。横道图表达形式见表 3-5，其左边列出各施工过程名称，右边用水平线段在时间坐标下画出施工进度。

（2）斜线图。斜线图是将横道图中的施工进度线改为斜线表达的一种形式，一般是在左边列出工程对象名称（或施工段号），右边用斜线在时间坐标下画出施工进度，见表 3-6。

表 3-6　斜线图

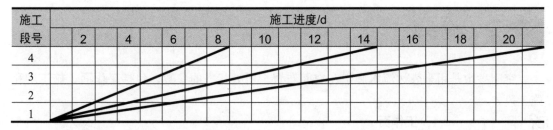

（3）网络图。用网络图表达的流水施工，详见本书第 4 章相关内容。

3.2　流水施工的主要参数

流水施工参数

为了组织流水施工，表明流水施工在时间和空间上的进展情况，需要引入一些描述施工特征和各种数量关系的参数，称为流水施工参数。按其性质的不同，一般可分为工艺参数、空间参数和时间参数 3 种。

3.2.1 工艺参数

工艺参数主要是指参与流水施工的施工过程数目，通常用 n 表示。

在工程项目施工中，施工过程所包含的施工范围可大可小，既可以是分项工程，也可以是分部工程、单位工程或单项工程，它的数目与建筑的复杂程度以及施工工艺等因素有关。

根据工艺性质不同，施工过程可以分为 3 类。

（1）制备类施工过程，是指预先加工和制造建筑半成品、构配件等的施工过程，如砂浆和混凝土的配制、钢筋的制作等。

（2）运输类施工过程，是指把材料和制品运到工地仓库或再转运到现场操作使用地点而形成的施工过程。

> **特别提示**
>
> 制备类和运输类施工过程一般不占有施工对象的空间，不影响项目总工期，在项目施工进度表上不反映；只有当它们占有施工对象的空间并影响项目总工期时，才列入项目施工进度表中。

（3）建造类施工过程，是指在施工对象的空间上，直接进行加工最终形成建筑产品的过程。如地下工程、主体工程、结构安装工程、屋面工程和装饰工程等施工过程。它占有施工对象的空间，影响着工期的长短，必须列入项目施工进度表，而且是项目施工进度表的主要内容。

3.2.2 空间参数

空间参数是用来表达流水施工在空间布置上所处状态的参数，包括工作面、施工层和施工段。

工作面的含义

1. 工作面

工作面是指供某专业工种的工人或某种施工机械进行施工的活动空间。工作面的大小，表明能安排施工人数或机械台班数的多少。每个作业的工人或每台施工机械所需工作面的大小，取决于单位时间内其完成的工程量和安全施工的要求。工作面确定得合理与否，直接影响施工队组的生产效率，因此必须合理确定工作面。

2. 施工层

在多、高层建筑物的流水施工中，平面上是按照施工段划分，从一个施工段向另一个施工段逐步进行；垂直方向上，则是自下而上、逐层进行，第一层的各个施工过程完工后，自然就形成了第二层的工作面,于是不断循环,直至完成全部工作。这些为满足专业工种对操作和施工工艺要求而划分的操作层称为施工层。如砌筑工程的施工层高一般为1.2m,内抹灰、木装饰、油漆、玻璃和水电安装等,可按楼层进行施工层划分。施工层数用 j 表示。

3. 施工段

将施工对象在平面上划分成若干个劳动量大致相等的施工段。施工段的数目通常用 m 表示,它是流水施工的基本参数之一。划分施工段的目的在于能使不同工种的施工队组同时在工程对象的不同工作面上进行作业,这样能充分利用空间,为组织流水施工创造条件。

划分施工段时需要考虑的因素如下。

(1) 首先要考虑结构界限(沉降缝、伸缩缝、单元分界线等),有利于结构的整体性。

(2) 尽量使各施工段上的劳动量相等或相近。

(3) 各施工段要有足够的工作面。

(4) 施工段数不宜过多。

(5) 尽量使各施工队组连续作业。当有两个以上的施工层,即 $j \geqslant 2$ 时,就要求施工段数与施工过程数相适应,划分施工段数应尽量满足下列要求。

$$m \geqslant n$$

式中:m——每层的施工段数;

n——每层参加流水施工的施工过程数或作业班组总数。

① 当 $m > n$ 时,各施工队组能连续施工,但施工段有空闲。

② 当 $m = n$ 时,各施工队组能连续施工,各施工段上也没有闲置。这种情况是最理想的。

③ 当 $m < n$ 时,对单幢建筑物组织流水时,施工队组不能连续施工而产生窝工现象。但在数幢同类型建筑物的建筑群中,可在各建筑物之间组织大流水施工。

特别提示

当有两个以上施工层时,即 $j \geqslant 2$ 时,若要组织流水施工,要满足 $m \geqslant n$;当只有一个施工层时,即 $j = 1$ 时,只要满足流水施工施工段和施工过程划分要求即可,$m \geqslant 2$,$n \geqslant 2$,就能组织流水施工。

 应用案例3-2

【案例概况】

某两层现浇钢筋混凝土工程,其施工过程为安装模板、绑扎钢筋和浇筑混凝土。若工作队在各施工过程的工作时间均为2d,试安排该工程的流水施工。

【案例解析】

第1种流水施工进度安排见表3-7,设定 $m = 2$,$n = 3$。

表 3-7 流水施工进度安排一（$m<n$）

施工层	施工过程	施工进度/d													
		1	2	3	4	5	6	7	8	9	10	11	12	13	14
一层	安装模板	1		2											
	绑扎钢筋			1		2									
	浇筑混凝土					1		2							
二层	安装模板							1		2					
	绑扎钢筋									1		2			
	浇筑混凝土											1		2	

从该施工进度安排来看，尽管施工段上未出现停歇，但各工作队做完第一层以后不能及时进入第二层施工段，轮流出现窝工现象，一般情况下应力求避免。

第2种流水施工进度安排见表3-8，设定 $m=5$，$n=3$。

表 3-8 流水施工进度安排二（$m>n$）

施工层	施工过程	施工进度/d																							
		1	2	3	4	5	6	7	8	9	10	11	12	13	14	15	16	17	18	19	20	21	22	23	24
一层	安装模板	1		2		3		4		5															
	绑扎钢筋			1		2		3		4		5													
	浇筑混凝土					1		2		3		4		5											
二层	安装模板											1		2		3		4		5					
	绑扎钢筋													1		2		3		4		5			
	浇筑混凝土															1		2		3		4		5	

在这种情况下，工作队仍是连续施工，但第一层第一施工段浇筑混凝土后不能立即投入第二层的第一施工段工作，即施工段上有停歇。同样，其他施工段上也发生同样的停歇，致使工作面出现空闲的情况，但工作面的空闲并不一定有害，有时还是必要的，如可以利用空闲的时间做养护、备料、弹线等工作。

第3种流水施工进度安排见表3-9，设定 $m=n=3$。

表 3-9 流水施工进度安排三（$m=n$）

施工层	施工过程	施工进度/d															
		1	2	3	4	5	6	7	8	9	10	11	12	13	14	15	16
一层	安装模板	1		2		3											
	绑扎钢筋			1		2		3									
	浇筑混凝土					1		2		3							
二层	安装模板							1		2		3					
	绑扎钢筋									1		2		3			
	浇筑混凝土											1		2		3	

在这种情况下，工作队均能连续施工，施工段上始终有工作队，工作面能充分利用，无空闲现象，也不会产生工人窝工现象，是最理想的情况。

在工程项目实际施工中,当组织等节奏或等步距异节奏流水施工时,则可用式(3-1)确定每层的最少施工段数。

$$m_{\min} = n + \frac{\sum Z}{K} \tag{3-1}$$

式中:$\sum Z$ ——某些施工过程要求的间歇时间的总和;
K ——流水步距。

3.2.3 时间参数

时间参数是指用来表达组织流水施工的各施工过程在时间排列上所处状态的参数。它包括流水节拍、流水步距、间歇时间、平行搭接时间及流水工期等。

1. 流水节拍(t_i)

流水节拍是指在组织流水施工时,某一施工过程在某一施工段上的作业时间,其大小可以反映施工速度的快慢。因此,正确、合理地确定各施工过程的流水节拍具有很重要的意义。通常有以下3种确定方法。

1)定额计算法

定额计算法根据各施工段的工程量和现有能够投入的资源量(劳动力、机械台班数和材料量等),按式(3-2)进行计算。

$$t_i = \frac{Q_i}{S_i R_i a} = \frac{Q_i Z_i}{R_i a} = \frac{P_i}{R_i a} \tag{3-2}$$

式中:t_i ——流水节拍;
Q_i ——施工过程在一个施工段上的工程量;
S_i ——完成该施工过程的产量定额;
Z_i ——完成该施工过程的时间定额;
R_i ——参与该施工过程的工人数或施工机械台班数;
P_i ——该施工过程在一个施工段上的劳动量;
a ——每天工作班次。

2)经验估算法

$$t_i = \frac{a_i + 4c_i + b_i}{6} \tag{3-3}$$

式中:t_i ——某施工过程流水节拍;
a_i ——最短估算时间;
b_i ——最长估算时间;
c_i ——正常估算时间。

这种方法适用于采用新工艺、新方法和新材料等没有定额可循的工程或项目。

3)倒排计划

$$t_i = f(T, m, n) \tag{3-4}$$

式中:T ——流水工期。

> **特别提示**
>
> 定额计算法需要先确定施工队组人数或机械台班数，来确定工作持续时间，最后计算总工期；倒排计划则相反，其先根据合同工期确定计划工期，然后确定工作持续时间，最后确定需要的施工队组人数和机械台班数。这两种方法各有特点，在编制施工组织进度计划中，一般以定额计算法为主，以倒排计划来控制进度。

2. 流水步距（$K_{i,i+1}$）

流水步距是指相邻两个施工队组相继投入同一施工段开始工作的时间间隔。流水步距用 $K_{i,i+1}$ 表示（不包含间歇和搭接），它是流水施工的重要参数之一。

确定流水步距应考虑以下几种因素。

（1）主要施工队组连续施工的需要。流水步距的最小长度必须使主要施工队组进场以后，不发生停工、窝工现象。

（2）施工工艺的要求。保证每个施工段的正常作业程序，不发生前一个施工过程尚未全部完成，而后一个施工过程提前介入的现象。

（3）最大限度搭接的要求。流水步距要保证相邻两个施工队组在开工时间上最大限度地合理搭接。

（4）要保证工程质量，满足安全生产、成品保护的需要。

3. 间歇时间（$Z_{i,i+1}$）

在组织流水施工时，有些施工过程完成后，后续施工过程不能立即投入施工，必须有足够的间歇时间。

1）技术间歇时间（Z_1）

技术间歇时间是指由于施工工艺或质量保证的要求，在相邻两个施工过程之间必要的时间间隔。比如砖混结构的每层圈梁混凝土浇筑以后，必须经过一定的养护时间才能进行其上预制楼板的安装工作；再如屋面找平层完后，必须经过一定的时间使其干燥后才能铺贴卷材防水层等。

2）组织间歇时间（Z_2）

组织间歇时间是指由于组织方面的因素，在相邻两个施工过程之间留有的时间间隔。这是为对前一施工过程进行检查验收或为后一施工过程的开始做必要的施工组织准备而考虑的间歇时间。比如浇筑混凝土之前要检查钢筋及预埋件并做记录；又如基础混凝土垫层浇筑及养护后，必须进行墙身位置的弹线，才能砌筑基础墙等。

3）层间间歇时间（Z_3）

在组织有多个施工层施工时，各层施工队组在层间转换时，施工段出现空闲，但施工队组没有发生窝工现象仍能连续施工，这种施工段的空闲时间成为层间间歇时间。

> **特别提示**
>
> 技术间歇和组织间歇统称间歇，其发生在同一个施工层的不同施工过程之间，工期计算时必须纳入总工期。而层间间歇是发生在不同施工层的同一个施工过程之间，工期计算时不纳入总工期。

4．平行搭接时间（$C_{i,i+1}$）

平行搭接时间是指在同一施工段上，不等前一施工过程施工完，后一施工过程就投入施工，相邻两施工过程同时在同一施工段上的工作时间。平行搭接时间可使工期缩短，所以能搭接的尽量搭接。

5．流水工期（T）

流水工期是指完成一项任务或一个流水组施工所需的时间，一般采用式（3-5）计算。

$$T = \sum K_{i,i+1} + T_n + \sum Z_{i,i+1} - \sum C_{i,i+1} \tag{3-5}$$

式中：T ——流水工期；

$\sum K_{i,i+1}$ ——流水施工中各流水步距之和；

T_n ——流水施工中最后一个施工过程的持续时间；

$Z_{i,i+1}$ ——第 i 个施工过程与第 $i+1$ 个施工过程之间的间歇时间（不包含层间间歇时间）；

$C_{i,i+1}$ ——第 i 个施工过程与第 $i+1$ 个施工过程之间的平行搭接时间。

3.3 流水施工的组织方式

建筑工程的流水施工节奏是由流水节拍决定的，根据流水节拍可将流水施工分为 3 种方式，即等节奏流水施工、异节奏流水施工和无节奏流水施工，下面分别讨论这几种流水施工的特点及组织方式。

3.3.1 等节奏流水施工

等节奏流水施工也叫全等节拍流水施工或固定节拍流水施工，是指在组织流水施工时，各施工过程在各施工段上的流水节拍全部相等的施工组织方式。

等节奏流水施工具有如下特点。

（1）同一施工过程在各施工段上的流水节拍全相等，不同施工过程的流水节拍也全部相等。

（2）相邻施工过程之间的流水步距全部相等。

（3）各施工队组连续施工，各施工段上无空闲。

（4）施工队组数 n' 等于施工过程数 n。

1．等节奏流水施工（$j=1$）

1）流水步距的计算

等节奏流水施工的流水步距都相等且等于流水节拍，即 $K=t$。

等节奏流水施工

2）流水工期的计算
因为
$$\sum K_{i,i+1}=(n-1)t, \quad T_n=mt$$
所以
$$\begin{aligned}T&=\sum K_{i,i+1}+T_n+\sum Z_{i,i+1}-\sum C_{i,i+1}\\&=(n-1)t+mt+\sum Z_{i,i+1}-\sum C_{i,i+1}\\&=(m+n-1)t+\sum Z_{i,i+1}-\sum C_{i,i+1}\end{aligned} \quad (3-6)$$
当没有间歇和搭接时，取 $\sum Z_{i,i+1}=0$, $\sum C_{i,i+1}=0$ 即可。

 应用案例 3-3

【案例概况】
某工程划分为 A、B、C、D 4 个施工过程，每个施工过程分为 5 个施工段，流水节拍均为 3d。
（1）试组织等节奏流水施工。
（2）若在施工过程 A、B 之间有 2d 间歇时间，在施工过程 C、D 之间有 1d 搭接时间，试组织等节奏流水施工。

【案例解析】（1）按式（3-6）计算各参数。
① 确定流水步距：$K=t=3$ d
② 计算总工期：$T=(m+n-1)t+\sum Z_{i,i+1}-\sum C_{i,i+1}=(5+4-1)\times 3+0-0=24(d)$
③ 绘制流水施工进度图，见表 3-10。

表 3-10 流水施工进度图

序号	施工过程	施工进度/d																							
		1	2	3	4	5	6	7	8	9	10	11	12	13	14	15	16	17	18	19	20	21	22	23	24
1	A																								
2	B																								
3	C																								
4	D																								

（2）若有间歇时间和搭接时间，总工期在原总工期上 +2-1 即可，绘流水施工进度图时先考虑流水步距，再考虑有无间歇和搭接。绘图略。

特别提示

等节奏流水施工，一般只适用于施工对象结构简单、工程规模较小、施工过程数不太多的房屋工程或线型工程，如道路工程、管道工程等。

2. 等节奏流水施工（$j=2$）

当有两个以上的施工层，工程属于层间施工，又有技术间歇及层间间歇时，其每个施工层施工段数可按式（3-7）来计算。

$$m \geq n + \frac{\sum Z_i}{K} + \frac{Z_3}{K} \tag{3-7}$$

式中：——施工层中各施工过程间技术、组织间歇时间之和；

Z_3——楼层间的技术、组织间歇时间。

组织等节奏流水施工时，施工段的划分应满足式（3-7）的要求，有关参数计算如下。

1）流水步距的计算

这种情况下的流水步距等于流水节拍，即 $K=t$。

2）流水工期的计算

$$T = (jm+n-1)t + \sum Z_{i,i+1} - \sum C_{i,i+1} \tag{3-8}$$

应用案例 3-4

【案例概况】

某4层4单元砖混结构住宅楼主体工程由砌砖墙、现浇梁板、吊装预制板3个施工过程组成，它们的流水节拍均为 3d。设现浇梁板后要养护 2d 才能吊装预制板，吊装完预制板后要嵌缝、找平弹线 1d，试确定每层施工段数 m 及流水工期 T，并绘制流水施工进度图。

【案例解析】

（1）确定施工段数。

$$m = 3 + \frac{2}{3} + \frac{1}{3} = 4$$

（2）计算流水工期。

$$T = (jm+n-1)t + \sum Z_i = (4\times4+3-1)\times3+2 = 56 \text{ (d)}$$

（3）绘制流水施工进度图，见表 3-11。

表 3-11 流水施工进度图

序号	施工过程	施工进度/d																	
		3	6	9	12	15	18	21	24	27	30	33	36	39	42	45	48	51	54	57
1	砌砖墙			I		II					III				IV					
2	现浇梁板				I		II					III				IV				
3	吊装预制板					I				II				III				IV		

注：I、II、III、IV 表示施工层。注意表中层间间歇和一般的间歇和搭接如何表示。

在组织流水施工时常常遇到这样的问题：同一个施工过程在各个施工段的流水节拍相等，不同施工过程之间的流水节拍不一定相等。这就要考虑组织异节奏流水施工，异节奏流水施工可分为异步距异节奏流水施工和等步距异节奏流水施工两种类型。

3.3.2 异步距异节奏流水施工

异步距异节奏流水施工又称不等节拍流水施工,是指同一施工过程在各施工段上的流水节拍相等,不同的施工过程之间流水节拍不相等的一种流水施工方式。

1. 异步距异节奏流水施工的特点

(1)同一施工过程在各施工段上的流水节拍相等,不同施工过程的流水节拍不全相等。

(2)相邻施工过程之间的流水步距不全相等。

(3)各施工队组连续施工,部分施工段上有闲置。

(4)施工队组数 n' 等于施工过程数 n。

2. 流水步距的计算

$$K_{i,i+1}=t_i \quad (t_i<t_{i+1})$$
$$K_{i,i+1}=mt_i-(m-1)t_{i+1} \quad (t_i \geq t_{i+1}) \quad (3-9)$$

3. 流水工期的计算

异步距异节奏流水施工的工期可按式(3-10)计算。

$$T=\sum K_{i,i+1}+T_n+\sum Z_1+\sum Z_2-\sum C \quad (3-10)$$

式中:$\sum K_{i,i+1}$——流水步距之和;

其余符号同前。

 应用案例 3-5

【案例概况】

已知某分部工程有 A、B、C 3 个施工过程,各施工过程的流水节拍分别为:$t_1=6d$,$t_2=4d$,$t_3=2d$,划分 6 个施工段,试组织异步距异节奏流水施工。

【案例解析】

(1)确定流水步距。

$$t_1>t_2, K_{1,2}=mt_1-(m-1)t_2=6\times6-(6-1)\times4=16$$
$$t_2>t_3, K_{2,3}=mt_2-(m-1)t_3=6\times4-(6-1)\times2=14$$

(2)流水工期的计算。

$$T=\sum K_{i,i+1}+T_n+\sum Z_1+\sum Z_2-\sum C=16+14+6\times2+0-0=42$$

(3)绘制施工进度图,见表 3-12。

表 3-12 施工进度图

序号	分部分项名称	工作时间/d	施工进度/d
			2 4 6 8 10 12 14 16 18 20 22 24 26 28 30 32 34 36 38 40 42 44
1	A	6	
2	B	4	
3	C	2	

3.3.3 等步距异节奏流水施工

当各施工过程在同一施工段上的流水节拍彼此不等而存在最大公约数时,为加快流水施工速度,可按最大公约数的倍数确定每个施工过程的施工队组,这样便构成了一个工期最短的等步距异节奏流水施工。

1. 等步距异节奏流水施工的特点

(1) 同一施工过程在各施工段上的流水节拍相等,不同的施工过程的流水节拍不全相等,且存在最大公约数 K_b。

(2) 流水步距彼此相等,且等于流水节拍的最大公约数。

(3) 各施工队组都能够保证连续施工,施工段上无闲置。

(4) 施工队组数 n' 大于施工过程数 n。

2. 流水步距的确定

$$K_{i,i+1}=K_b \tag{3-11}$$

式中:K_b——流水步距,取流水节拍的最大公约数。

3. 每个施工过程的施工队组确定

$$b_i=\frac{t_i}{K_b},\quad n'=\sum b_i \tag{3-12}$$

式中:b_i——某施工过程所需施工队组数;

n'——施工队组总数目。

4. 施工段的划分

(1) 不分施工层时,可按划分施工段的原则确定施工段数,一般取 $m=n'$。

(2) 分施工层时,每层的最少施工段数可按式(3-13)确定。

$$m=n'+\frac{\sum Z_1+\sum Z_2+\sum Z_3-\sum C}{K_b} \tag{3-13}$$

5. 流水工期的计算

分施工层时,有

$$T=(m+n'-1)K_b+\sum(Z_1+Z_2-C) \tag{3-14}$$

不分施工层时,有

$$T=(mj+n'-1)K_b+\sum(Z_1+Z_2-C) \tag{3-15}$$

式中:j——施工层数。

 应用案例 3-6

【案例概况】

已知某分部工程有 3 个施工过程,各施工过程的流水节拍分别为:$t_1=6d$,$t_2=4d$,$t_3=2d$,试组织等步距异节奏流水施工。

【案例解析】

（1）确定流水步距：取流水节拍的最大公约数 2d。

（2）求施工队组数。

$$b_1 = \frac{t_1}{K_b} = \frac{6}{2} = 3 \text{（队）}$$

$$b_2 = \frac{t_2}{K_b} = \frac{4}{2} = 2 \text{（队）}$$

$$b_3 = \frac{t_3}{K_b} = \frac{2}{2} = 1 \text{（队）}$$

$$n' = \sum_{i=1}^{3} b_i = 3+2+1 = 6 \text{（队）}$$

（3）求施工段数：取 $m = n' = 6$ 段。

（4）计算流水工期。

$$T = (m+n'-1)K_b + \sum(Z_1 + Z_2 - C)$$
$$= (6+6-1)\times 2 + 0 + 0 = 22(d)$$

（5）绘制该分部工程的施工进度图，见表 3-13。

表 3-13 施工进度图

施工过程	施工队组	施工进度/d																					
		1	2	3	4	5	6	7	8	9	10	11	12	13	14	15	16	17	18	19	20	21	22
Ⅰ	甲	①						②															
	乙			③						④														
	丙					⑤					⑥													
Ⅱ	甲							①			③			⑤										
	乙									②			④			⑥								
Ⅲ	丙										①		②		③		④		⑤		⑥			

> **特别提示**
>
> 若出现间歇和搭接，在绘制时注意，间歇和搭接只发生在相邻的两个施工过程之间，不发生在同一个施工过程的不同施工队组之间。

3.3.4 无节奏流水施工

无节奏流水施工

无节奏流水施工又称非节奏流水施工，是指同一施工过程在各施工段上的流水节拍不全相等，不同的施工过程之间流水节拍也不相等的一种流水施工方式。这种组织施工的方式，在进度安排上比较自由、灵活，是实际工程组织施工最普遍、最常用的一种方法。

1. 无节奏流水施工的特点

（1）同一施工过程在各施工段上的流水节拍不全相等，不同施工过程的流水节拍也不全相等。

（2）相邻施工过程之间的流水步距不全相等。

（3）各施工队组连续施工，部分施工段上可以有空闲。

（4）施工队组总数目 n' 等于施工过程数 n。

2. 流水步距的计算

组织无节奏流水施工时，要保证各施工队组连续施工，关键在于确定适当的流水步距，常用的方法是"累加数列、错位相减、取大差值"。就是将每一施工过程在各施工段上的流水节拍累加成一个数列，两个相邻施工过程的累加数列错一位相减，在几个差值中取一个最大的，即是这两个相邻施工过程的流水步距，这种方法称为最大差法。由于这种方法是由潘特考夫斯基首先提出的，故又称为潘特考夫斯基法。这种方法简捷、准确，便于掌握。

3. 流水工期的计算

无节奏流水施工的工期可按式（3-16）计算。

$$T=\sum K_{i,i+1}+T_n+\sum Z_1+\sum Z_2-\sum C \tag{3-16}$$

式中：$\sum K_{i,i+1}$——流水步距之和。

应用案例 3-7

【案例概况】

某工程项目，有Ⅰ、Ⅱ、Ⅲ、Ⅳ、Ⅴ 5个施工过程，分4段施工，每个施工过程在各个施工段上的流水节拍（持续时间）见表3-14。施工过程Ⅱ完成后，其相应施工段至少要养护2d，施工过程Ⅳ完成后，其相应施工段要留有1d的准备时间，为了尽早完工，允许施工过程Ⅰ和施工过程Ⅱ之间搭接施工1d。试组织流水施工。

表3-14 每个各施工过程在各个施工段上的持续时间

施工过程	施工段/d			
	①	②	③	④
Ⅰ	3	2	2	1
Ⅱ	1	3	5	3
Ⅲ	2	1	3	5
Ⅳ	4	2	3	3
Ⅴ	3	4	2	1

【案例解析】

根据所给资料可知，各施工过程在不同的施工段上流水节拍不相等，故可组织无节奏流水施工。

（1）计算流水步距。

① $K_{Ⅰ,Ⅱ}$。

$$\begin{array}{rrrrr} & 3 & 5 & 7 & 8 \\ -) & 1 & 4 & 9 & 12 \\ \hline & 3 & 4 & 3 & -1 & -12 \end{array}$$

∴ $K_{Ⅰ,Ⅱ}=\max\{3,\ 4,\ 3,\ -1,\ -12\}d=4d$

② $K_{\text{II, III}}$。

$$\begin{array}{r} 1\quad 4\quad 9\quad 12 \\ -)\ 2\quad 3\quad 6\quad 11 \\ \hline 1\quad 2\quad 6\quad 6\quad -11 \end{array}$$

$\therefore K_{\text{II, III}} = \max\{1,\ 2,\ 6,\ 6,\ -11\}\text{d} = 6\text{d}$

③ $K_{\text{III, IV}}$。

$$\begin{array}{r} 2\quad 3\quad 6\quad 11 \\ -)\ 4\quad 6\quad 9\quad 12 \\ \hline 2\quad -1\quad 0\quad 2\quad -12 \end{array}$$

$\therefore K_{\text{III, IV}} = \max\{2,\ -1,\ 0,\ 2,\ -12\}\text{d} = 2\text{d}$

④ $K_{\text{IV, V}}$。

$$\begin{array}{r} 4\quad 6\quad 9\quad 12 \\ -)\ 3\quad 7\quad 9\quad 10 \\ \hline 4\quad 3\quad 2\quad 3\quad -10 \end{array}$$

$\therefore K_{\text{IV, V}} = \max\{4,\ 3,\ 2,\ 3,\ -10\}\text{d} = 4\text{d}$

（2）计算流水工期。

$$\sum Z_1 = 2+1 = 3(\text{d}), \quad \sum C = 1\text{d}$$

代入流水工期公式计算得

$$T = \sum K_{i,i+1} + T_n + \sum Z_1 - \sum C$$
$$= (4+6+2+4)+(3+4+2+1)+3-1 = 28(\text{d})$$

（3）绘制施工进度图，见表 3-15。

表 3-15 施工进度图

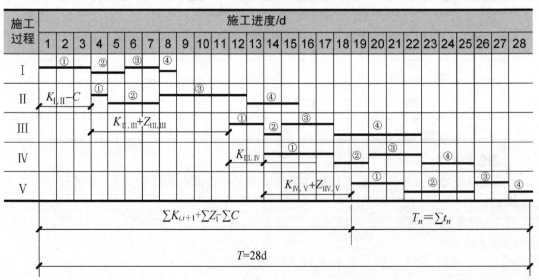

3.4 流水施工实例

在建筑工程项目施工过程中，流水施工是一种先进、科学的施工方式。在编制工程的施工进度计划时，应该根据工程的具体情况以及施工对象的特点，选择适当的流水施工组织方式，以保证施工的节奏性、均衡性和连续性。由于建筑施工由许多施工过程组成，在安排它们的流水施工时，首先将施工工艺上互相联系的施工过程组成不同的专业组合（如基础工程、主体工程及装饰工程等）；然后按照各个专业组合的施工过程的流水节拍特征（节奏性），分别组织成独立的流水组，在每个流水组内，若分部工程的施工数目不多于 5 个，可以通过调整班组个数使得各施工过程的流水节拍相等，进而采用等节奏流水施工，这是一种非常理想和合理的流水施工方式，采用这种方式时要保证几个主导施工过程的连续性，对其他非主导施工过程，只力求使其在施工段上各自保持连续施工；最后将这些流水组按照工艺要求和施工顺序依次搭接起来，即成为一个工程对象的流水施工或一个建筑群的流水施工。下面以一个常见的施工实例来阐述流水施工在建筑工程中的实际应用。

某 4 层教学办公楼，建筑面积为 $1240m^2$，基础为钢筋混凝土条形基础，主体工程为全现浇框架结构，装修工程为塑钢窗、镶板门；外墙用白色外墙贴面，内墙为中级抹灰，普通涂料刷白；楼地面为水磨石，屋面用聚氯乙烯泡沫塑料做保温层，水泥砂浆找平，并铺一毡二油防水层，其劳动量见表 3-16。

表 3-16 某 4 层框架结构办公楼劳动量一览表

分部工程名称	分项工程名称	劳动量/工日
基础工程	基坑挖土	100
	浇筑混凝土垫层	20
	绑扎基础钢筋	30
	基础模板	34
	浇筑基础混凝土	40
	回填土	16
主体工程	搭设脚手架	96
	立柱钢筋	48
	安装柱、梁、板模板（含梯）	720
	浇捣柱混凝土	80
	绑扎梁、板钢筋（含梯）	160
	浇捣梁、板混凝土（含梯）	240
	拆模	120
	砌砌块墙	240
屋面工程	保温隔热层	28
	屋面找平层	21
	屋面防水层	24

续表

分部工程名称	分项工程名称	劳动量/工日
装饰工程	天棚墙面抹灰	320
	外墙面砖	180
	楼地面及楼梯水磨石	120
	塑钢窗安装	76
	镶板门安装	26
	内墙涂料	24
	油漆	21

由于本工程各分部的劳动量差异较大，因此先分别组织各分部工程的流水施工，然后再考虑各分部之间的相互搭接施工。具体组织方法如下。

1. 基础工程

基础工程包括基坑挖土、浇筑混凝土垫层、绑扎基础钢筋、基础模板、浇筑基础混凝土、回填土等施工过程。浇筑混凝土垫层的劳动量较小，可与基坑挖土合并为一个施工过程。绑扎基础钢筋与基础模板可合并为一个施工过程来考虑。这样，基础工程的6个施工过程合并为4个，即$n=4$。由于占地300 m² 左右，把基础工程在平面上划分为2个施工段来组织等节奏流水施工（$m=2$），各参数计算如下。

基坑挖土和浇筑混凝土垫层的劳动量之和为120工日，施工班组人数为30人，采用一班制施工，其流水节拍为

$$t_{挖、垫}=\frac{120}{30\times 2}=2(d)$$

绑扎基础钢筋和基础模板劳动量之和为64工日，施工班组人数为16人，采用一班制，其流水节拍为

$$t_{扎筋}=\frac{64}{16\times 2}=2(d)$$

浇筑基础混凝土劳动量为40工日，施工班组人数为10人，采用一班制，其流水节拍为

$$t_{混凝土}=\frac{40}{10\times 2}=2(d)$$

回填土劳动量为16工日，施工班组人数为4人，采用一班制，基础混凝土浇筑完成后间歇1d回填，其流水节拍为

$$t_{回}=\frac{16}{4\times 2}=2(d)$$

基础工程的工期为

$$T_{基}=(m+n-1)t+\sum Z-\sum C$$
$$=(2+4-1)\times 2+1=11(d)$$

2. 主体工程

主体工程包括搭设脚手架，立柱钢筋，安装柱、梁、板模板（含梯），浇捣柱混凝土，绑扎梁、板钢筋（含梯），浇捣梁、板混凝土（含梯），拆模，砌砌块墙等施工过程。

主体工程按照工程量大小或者持续时间长短分为主导施工过程和非主导施工过程，由于模板工程量最大，选取模板为主导施工过程，其他为非主导施工过程。

考虑主体工程特殊性，采用主导施工过程连续施工，其他施工过程间断施工的流水施工方式。要保证主导施工过程连续施工，须满足 $(m-1)t_{主导} \geq \sum t_{非主导}$。

主体工程工期为主导施工过程持续时间加其他非主导施工过程的流水节拍之和，加上间歇时间，减去搭接时间。

即 $T_{主体} = mjt_{主导} + \sum t_{非主导} + \sum Z_1 + \sum Z_2 - \sum C_{i,i+1}$。

各参数计算如下，每层划分两个施工段。

立柱钢筋的劳动量为48工日，施工班组人数为6人，施工段数为 $m=4\times 2$，采用一班制，其流水节拍如下。

$$t_{柱筋} = \frac{48}{6\times 4\times 2} = 1(d)$$

安装柱、梁、板模板（含梯）的劳动量为720工日，施工班组人数为15人，施工段数为 $m=4\times 2$，采用一班制，其流水节拍计算如下。

$$t_{模板} = 720/(15\times 4\times 2) = 6(d)$$

浇捣柱混凝土的劳动量为80工日，施工班组人数为10人，施工段数为 $m=4\times 2$，采用一班制，其流水节拍计算如下。

$$t_{柱混凝土} = \frac{80}{10\times 4\times 2} = 1(d)$$

绑扎梁、板钢筋（含梯）的劳动量为160工日，施工班组人数为5人，施工段数为 $m=4\times 2$，采用两班制，其流水节拍计算如下。

$$t_{梁、板钢筋} = \frac{160}{5\times 4\times 2\times 2} = 2(d)$$

浇捣梁、板混凝土（含梯）的劳动量为240工日，施工班组人数为15人，施工段数为 $m=4\times 2$，采用两班制，其流水节拍计算如下。

$$t_{梁、板混凝土} = \frac{240}{15\times 4\times 2\times 2} = 1(d)$$

梁、板、柱的拆模计划在梁与板混凝土浇捣7天后进行，劳动量为120工日，施工班组人数为15人，施工段数为 $m=4\times 2$，采用一班制，其流水节拍计算如下。

$$t_{拆模} = \frac{120}{15\times 4\times 2\times 1} = 1(d)$$

砌砌块墙的劳动量为240工日，施工班组人数为10人，施工段数为 $m=4\times 2$，采用一班制，其流水节拍计算如下。

$$t_{砌块墙} = \frac{240}{10\times 4\times 2\times 1} = 3(d)$$

主体工程的工期为

$$\begin{aligned}T_{主体} &= mjt_{主导} + \sum t_{非主导} + \sum Z_1 + \sum Z_2 - \sum C_{i,i+1} \\ &= 2\times 4\times 6 + 1 + 1 + 2 + 1 + 1 + 7 + 3 = 64(d)\end{aligned}$$

3. 屋面工程

屋面工程包括屋面保温隔热层、屋面找平层和屋面防水层 3 个施工过程，考虑屋面防水要求高，所以不分段施工，即采用依次施工的方式。

屋面保温隔热层劳动量为 28 工日，施工班组人数为 4 人，采用一班制，其施工持续时间为

$$t_{保温}=\frac{28}{4}=7(d)$$

屋面找平层劳动量为 21 工日，施工班组人数为 7 人，采用一班制，其施工持续时间为

$$t_{找平}=\frac{21}{7}=3(d)$$

屋面找平层完成后，经过 4d 的养护和干燥，方可进行屋面防水层的施工，防水层的劳动量为 24 工日，施工班组人数为 6 人，采用一班制，其施工持续时间为

$$t_{防水}=\frac{24}{6}=4(d)$$

4. 装饰工程

装饰工程包括天棚墙面抹灰、外墙面砖、楼地面及楼梯水磨石、塑钢窗安装、镶板门安装、内墙涂料、油漆等施工过程。

采用异节奏流水施工，计算过程如下。

外墙面砖劳动量为 180 工日，施工班组人数为 15 人，一班制施工，由于外墙和室内装饰互不影响，故不纳入流水施工，共需要 12d。

$$t_{外墙}=180/15=12(d)$$

天棚墙面抹灰劳动量为 320 工日，施工班组人数为 14 人，两班制施工，则其流水节拍为

$$t_{抹灰}=320/(4\times14\times2)\approx3(d)$$

楼地面及楼梯水磨石劳动量为 120 工日，施工班组人数为 10 人，一班制施工，则其流水节拍为

$$t_{楼地面}=\frac{120}{4\times10\times1}=3(d)$$

塑钢窗安装劳动量为 76 工日，施工班组人数为 10 人，一班制施工，则其流水节拍为

$$t_{塑钢窗}=76/(4\times10\times1)\approx2(d)$$

其余镶板门安装、内墙涂料、油漆均安排一班施工，流水节拍均取 2d。

装饰工程流水工期计算如下。

由于外墙工程不纳入流水施工，所以 $n=6$，流水步距如下。

$$K_{抹灰、楼地面}=3(d)$$

$$K_{楼地面、塑钢窗}=4\times3-(4-1)\times2=6(d)$$

$$K_{塑钢窗、门}=K_{门、内墙涂料}=K_{内墙涂料、油漆}=2(d)$$

$$T_{装饰}=\sum K_{i,i+1}+T_n+\sum Z_{i,i+1}-\sum C_{i,i+1}$$
$$=(3+3+6+2+2)+4\times2=23(d)$$

散水等室外工程 6d 做完。

本工程流水施工进度图见表 3-17（本表见本书最后）。

第3章 流水施工原理

本章小结

本章通过依次施工、平行施工和流水施工3种组织施工的方式的比较，引出流水施工的概念，介绍了流水施工的分类和表达方式；重点阐述了流水施工工艺参数、空间参数及时间参数的确定以及组织流水施工的3种基本方式，并且结合实例阐述了流水施工组织方式在实践中的应用步骤和方法。通过本章的学习学生要掌握等节奏流水施工、异节奏流水施工和无节奏流水施工的组织方法，并且学会在实践中应用。

习 题

一、单选题

1. 流水施工参数不包括（　　）。
   A. 空间参数　　　　　　　　B. 工艺参数
   C. 工作总时差　　　　　　　D. 时间参数

2. 不属于流水施工方式特点的是（　　）。
   A. 尽可能地利用工作面进行施工，工期比较短
   B. 各施工队组实现了专业化施工，有利于提高技术水平和劳动生产率，也利于提高工程质量
   C. 如果由一个施工队组完成一个施工对象的全部施工任务，则不能实现专业化施工，不利于提高劳动生产率和工程质量
   D. 专业施工队组能够连续施工，同时使相邻施工队组的开工时间能够最大限度地搭接

3. 将施工对象在平面或空间上划分成若干个劳动量大致相等的部分，称为（　　）。
   A. 施工段　　　B. 施工过程　　　C. 流水强度　　　D. 工作面

4. （　　）是指在有节奏流水施工中，各施工过程的流水节拍都相等的流水施工，也称固定节拍流水施工或全等节拍流水施工。
   A. 无节奏流水施工　　　　　　B. 有节奏流水施工
   C. 等节奏流水施工　　　　　　D. 异节奏流水施工

5. 所谓间歇时间不包括（　　）。
   A. 设计间歇时间　　　　　　　B. 工艺间歇时间
   C. 施工间歇时间　　　　　　　D. 提前插入时间

6. 无节奏流水施工中各施工过程在各施工段的流水节拍（　　）。
   A. 完全相等　　　　　　　　　B. 等于流水步距
   C. 不全相等　　　　　　　　　D. 大于流水步距

二、多选题

1. 施工过程按性质和特点不同可分为（　　）。
   A．安装类施工过程　　　　　B．建造类施工过程
   C．运输类施工过程　　　　　D．制备类施工过程
   E．主导施工过程

2. 确定流水步距时一般应满足的要求是（　　）。
   A．施工段的数目要满足合理组织流水施工的要求
   B．施工段的界限应尽可能与结构界限相吻合
   C．各施工过程按各自流水速度施工，始终保持工艺先后顺序
   D．各施工过程的施工队组投入施工后尽可能保持连续作业
   E．相邻两个施工过程在满足连续施工的条件下，能最大限度地实现合理搭接

3. 不属于流水节拍确定方法的是（　　）。
   A．定额计算法　　　　　　　B．经验估算法
   C．试验推算法　　　　　　　D．分析预测法
   E．实际观察法

4. 等节奏流水施工又称为（　　）。
   A．固定节拍流水施工　　　　B．全等节拍流水施工
   C．无节奏流水施工　　　　　D．等步距异节奏流水施工
   E．异步距异节奏流水施工

5. 确定等步距异节奏流水施工工期的步骤分为（　　）。
   A．计算流水节拍　　　　　　B．计算流水步距
   C．确定施工队组数目　　　　D．绘制成倍节拍流水施工进度图
   E．确定流水工期

三、简答题

1. 流水施工有哪几种形式？
2. 列举流水施工的参数并解释其含义。
3. 组织等步距异节奏流水施工的条件是什么？其流水步距如何确定？
4. 无节奏流水施工的流水步距如何确定？

四、案例题

一栋2层建筑的抹灰及楼地面工程，划分为顶板及墙面抹灰、楼地面石材铺设2个施工过程，顶板抹灰工作的持续时间为32d；铺设石材定为16d，该建筑在平面上划分为2个施工段。

问：

1. 什么是异步距异节奏流水施工？其流水参数有哪些？
2. 简述组织流水施工的主要过程。
3. 什么是工作持续时间？什么是流水节拍？如果资源供应能够满足要求，请按成倍节拍流水施工方式组织施工，确定其施工工期。

【分析】

1. 异节奏流水施工：同一施工过程在各施工段上的流水节拍相等，但是不同施工过程之间的流水节拍不一定相等的流水施工方式。

流水参数有：时间参数、空间参数、工艺参数。

2. 组织流水施工的主要过程：划分施工过程→划分施工段→组织施工队组，确定流水节拍→施工队组连续作业→各施工队组工作适当搭接。

3. 工作持续时间：一项工作从开始到完成的时间。

流水节拍：一个施工队组在一个施工段上完成全部工作的时间。

按等步距异节奏流水施工方式组织施工工期计算如下。

施工过程数目：$n=2$

施工段数目：$m=2\times2=4$

流水节拍：顶板及墙面抹灰 $t_1=32/4=8(d)$

楼地面石材铺设 $t_2=16/4=4(d)$

流水步距：$K_b=4(d)$

施工队组数目：$b_1=t_1/K_b=8/4=2$（个）

$b_2=t_2/K_b=4/4=1$（个）

$n'=\sum b_i=2+1=3$（个）

流水工期：$T=(m+n'-1)\times K_b=(4+3-1)\times 4=24(d)$

第4章 网络计划技术

思维导图

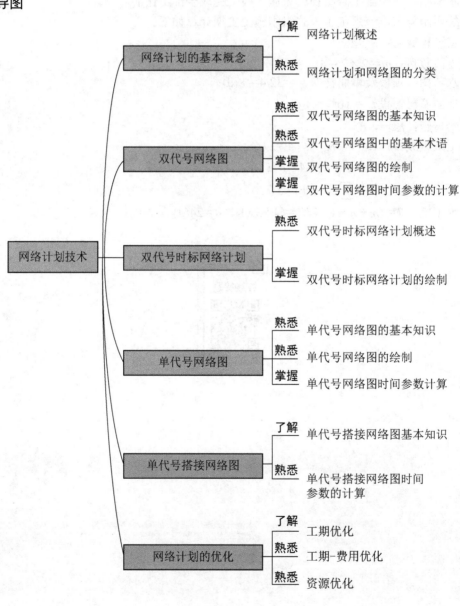

第 4 章 网络计划技术

章节导读

已知某网络计划图如图 4.1 所示，图中箭线上方为工作的正常直接费用和最短时间的直接费用（千元），箭线下方为工作的正常持续时间和最短的持续时间，已知间接费率为 120 元/d。

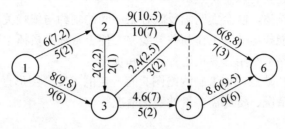

图 4.1 某网络计划图

（1）计算正常工作的网络计划时间参数，确定关键线路。
（2）进行网络计划优化，按照选定的目标，不断改进网络计划，寻求最优方案。
① 如要求工期为 15d，试进行工期优化。
② 进行费用优化，试求出费用最少的工期。

4.1 网络计划的基本概念

4.1.1 网络计划概述

网络计划，即网络计划技术，是用来表达项目计划与控制的一种管理技术，在工程上用来表示工程施工的进度计划。1956 年，美国杜邦公司在制定企业不同业务部门的系统规划时，制定了第一套网络计划。这种计划借助于网络图来表示各项工作与所需要的时间，以及各项工作的相互关系，通过网络分析研究工程费用与工期的相互关系，并找出计划及计划执行过程中的关键路线。因此，这种方法也称为关键路线法（Critical Path Method，CPM）。

我国从 20 世纪 60 年代中期开始引进这种方法，70 年代后期，随着电子计算机在我国建筑行业中的使用，网络计划在建筑行业得到应用和发展。为了使网络计划遵循统一的技术标准，1991 年发布了《工程网络计划技术规程》，2015 年发布了第三次修订版的《工程网络计划技术规程》（JGJ/T 121—2015）。在建筑工程施工中，网络计划主要用来编制工程项目施工的进度计划和建筑施工企业的生产计划，并通过对计划的优化、调整和控制，达到缩短工期、提高效率、降低消耗的施工目标。

1. 网络计划的基本原理

网络计划是应用网络图的形式来表述一项工程的各个施工过程的顺序及它们之间的相互关系，经过计算分析，找出决定工期的关键施工过程和关键线路，通过不断改善网络图，得到最优方案，力求以最小的资源消耗取得最大的效益。

2. 网络计划的特点

建筑施工进度计划既可以用横道图表示，也可以用网络图表示，从系统的角度讲，网络图更有优势，因为它具有以下优点。

（1）组成有机的整体，能全面明确反映各工序间的制约与依赖关系。

（2）通过计算，能找出关键工作和关键线路，便于管理人员抓主要矛盾。

（3）便于资源调整和利用计算机进行管理和优化。

网络图也存在一些缺点，如编制网络图具有一定的难度，图形直观性较差，难掌握；不能清晰地反映流水情况、资源需要量的变化情况等。

知识链接

《史记·太史公自序》："运筹帷幄之中，制胜于无形，子房计谋其事，无知名，无勇功，图难于易，为大于细"。历史典故证明做好全面谋划是制胜的关键，网络计划是全面统筹安排工程项目进度计划的有利工具。

4.1.2 网络计划和网络图的分类

（1）按网络计划的性质不同，网络计划可分为实施性网络计划和控制性网络计划。

① 实施性网络计划：其编制对象是分部分项工程，其施工过程划分较细，工期较短。

② 控制性网络计划：其编制对象是单位工程，用于总体计划的编制，是实施性网络计划编制的依据。

（2）按照网络图中节点表达的含义不同，网络图可分为双代号网络图和单代号网络图。

① 双代号网络图：是以一条箭线或者两端节点的编号表示一项工作，并按一定的顺序将各项工作联系在一起的网状图，如图 4.2 所示。

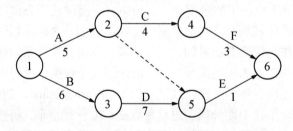

图 4.2 双代号网络图

② 单代号网络图：是以一个节点或者其编号表示一项工作，用箭线表示顺序的网状图，如图 4.3 所示。

（3）按网络计划时间表达的不同，网络图可分为时标网络图和非时标网络图。

① 时标网络图：以时间坐标为尺度绘制施工过程的持续时间，箭线在时间坐标的水平投影长度可直接反映施工过程的持续时间。

② 非时标网络图：工作的持续时间以数字形式标注在箭线下面，箭线的长度与时间无关。

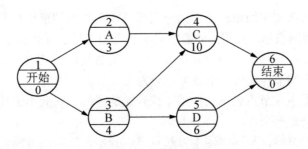

图 4.3 单代号网络图

 知识链接

时标网络图一般是双代号网络图。

4.2 双代号网络图

4.2.1 双代号网络图的基本知识

双代号网络图由工作、节点和线路 3 个要素组成。

（1）工作：也称过程、活动、工序。一项工作用一个箭线和两端节点的编号表示，工作的名称或代号标在箭线的上方，完成该工作的时间标在箭线的下方，箭尾表示工作的开始，箭头表示工作的结束，节点中的号码表示工作的编号，如图 4.4 所示。由于是用两个节点编号表示一项工作，故称双代号网络图。

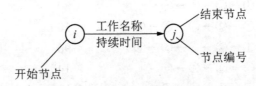

图 4.4 双代号网络图工作表示法

箭线一般画成水平直线，也可画成折线或斜线，水平直线投影的方向应该自左向右，表示工作的进行方向。箭线的长度不反映该工作时间的长短。

工作通常分为 3 种：①既消耗时间又消耗资源（如挖土方）；②只消耗时间不消耗资源（如混凝土凝结）；③既不消耗时间又不消耗资源。在实际项目中前两种是实际存在的，称为实工作，用实箭线表示；后一种是虚工作，用虚箭线表示，如图 4.2 所示。

观察思考

虚箭线是为了更好地表达相关工作的逻辑关系，起到联系、区分、断路的作用。

（2）节点：在网络图中用以标志前面一项或几项工作的结束和后面一项或几项工作的开始的时间点，用圆圈表示，圆圈内的数字表示节点的编号。节点编号顺序应该从小到大，可不连续，但不重复；一项工作应该只有唯一的一条箭线和相应的一对节点编号，箭尾的节点编号应小于箭头的节点编号。节点可以分为起点节点、中间节点、终点节点。

在双代号网络图中，节点表示工作结束或开始的瞬间，它既不消耗时间，也不消耗资源，在时间坐标上只是一个点。

（3）线路，又称路线，是网络图中以起点节点开始，沿箭线方向连续通过一系列箭线与节点，最终到达终点节点的通路。

线路上各工作持续时间之和，称为该线路的长度，也是完成这条线路上所有工作的计划工期。网络图中最长的线路称为关键线路，位于关键线路上的工作称为关键工作。关键工作没有机动时间，其完成的情况直接影响整个项目的计划工期。其他线路为非关键线路，非关键线路上的工作称为非关键工作，一般具有机动时间。

应用案例 4-1

试分析图 4.5 的关键线路。

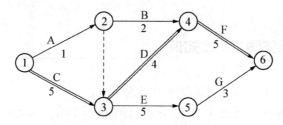

图 4.5　某项目双代号网络图

【案例解析】

线路：
①→②→④→⑥　　　　8d
①→②→③→④→⑥　　10d
①→②→③→⑤→⑥　　9d
①→③→④→⑥　　　　14d
①→③→⑤→⑥　　　　13d

关键线路是①→③→④→⑥，总持续时间为 14d，其余线路为非关键线路。

知识链接

（1）关键线路并不是唯一的，如果网络图中有 n 条线路，至少有一条关键线路，可以有多条关键线路，但最多有 n 条。

（2）关键线路和非关键线路并非一成不变，当采用一定的组织措施，改变关键线路的持续时间，就可能使关键线路变为非关键线路，非关键线路变为关键线路。

（3）关键线路在网络图上应用粗线、双线或彩色线标注。

4.2.2 双代号网络图中的基本术语

1. 紧前工作

紧安排在本工作之前进行的工作称为本工作的紧前工作。如图 4.5 中工作 B 的紧前工作为工作 A。

2. 紧后工作

紧安排在本工作之后进行的工作称为本工作的紧后工作。如图 4.5 中，工作 A 的紧后工作为工作 B、D 和 E。

3. 内向箭线

以节点而言，箭头指向该节点的箭线，称为该节点的内向箭线。

4. 外向箭线

以节点而言，箭头背向该节点的箭线，称为该节点的外向箭线。

5. 虚工作

在双代号网络图中，既不消耗资源，又不占用时间，仅表示逻辑关系的工作称虚工作，其仅起着联系、区分、断路 3 个作用。如图 4.2 所示，工作②—⑤为虚工作。

1）联系作用

例如：图 4.6 中，工作 A、B、C、D 间的逻辑关系为，工作 A 完成后可同时进行 B、D 两项工作，工作 C 完成后可进行工作 D。为把工作 A 和工作 D 联系起来，又避免工作 C 对工作 B 产生影响，必须引入虚工作②—⑤，逻辑关系才能正确表达。

2）区分作用

例如：若用图 4.7（a）表示工作 A、B 同时开始，同时结束，则两个工作用同一代号②—③表示，不能明确代号表示哪一项工作，因此，必须增加虚工作。虚工作的添加可以有两种方法，一种是在箭头增加节点区分工作 A、B，如图 4.7（b）所示；一种是在箭尾增加节点区分工作 A、B，如图 4.7（c）所示。

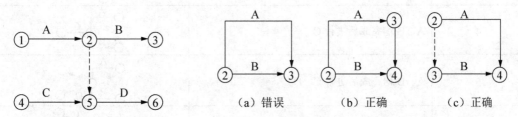

图 4.6　虚工作的联系作用　　　　图 4.7　虚工作的区分作用

3）断路作用

某钢筋混凝土工程分为模板工程（A）、钢筋工程（B）、混凝土浇筑工程（C）3 个施工过程，每个施工过程分为 3 个施工段。图 4.8 所示为虚工作错误断路方法，该网络图中 A_2 与 C_1、A_3 与 C_2 两处无联系的工作被联系上了，即出现了多余联系的错误。图 4.9 所示为虚工作正确断路方法。

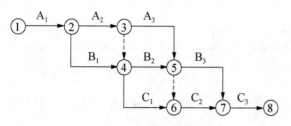 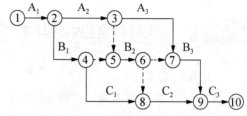

图 4.8　虚工作错误断路方法　　　　图 4.9　虚工作正确断路方法

为了正确表达工作间的逻辑关系,在出现逻辑错误的节点之间增设新节点(即虚工作),切断毫无关系的工作之间的联系,这种方法称为断路法。

4.2.3　双代号网络图的绘制

1. 双代号网络图的绘制规则

(1)双代号网络图应正确表达各工作的逻辑关系,即由施工项目划分的施工过程决定的工艺关系和由施工组织划分的施工段决定的组织关系。表 4-1 列举了双代号网络图中工作关系的表示方法。

表 4-1　双代号网络图中工作关系的表示方法

序号	工作之间的逻辑关系	双代号网络图中的表示方法
1	A 完成后进行 B	
2	A、B、C 同时进行	
3	A、B、C 同时结束	
4	A、B 均完成后进行 C	
5	A、B 均完成后进行 C、D	
6	A 完成后进行 C、B	
7	A 完成后进行 C、D,A、B 均完成后进行 D	

(2)双代号网络图中不得出现回路。图 4.10 所示为一个错误的有回路的双代号网络图。

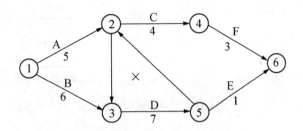

图 4.10 有回路的双代号网络图

（3）双代号网络图中，不得出现双箭头或无箭头的连线（图4.11）。

（4）双代号网络图中，不得出现没有箭尾节点或没有箭头节点的箭线（图4.12）。

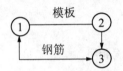 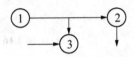

图 4.11 双箭头和无箭头的线　　图 4.12 箭线无箭尾节点或无箭头节点

（5）当双代号网络图的起点节点有多条外向箭线或终点节点有多条内向箭线时，对起点节点和终点节点可使用母线法绘制，如图4.13所示。

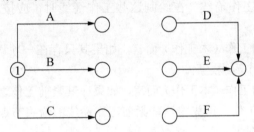

图 4.13 母线法绘制

（6）绘制双代号网络图时，箭线不宜交叉；当交叉不可避免时，可用过桥法、断线法或指向法，如图4.14所示。

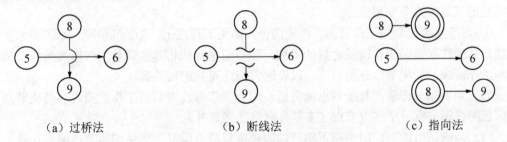

（a）过桥法　　　　　　（b）断线法　　　　　　（c）指向法

图 4.14 箭线交叉时的画法

（7）双代号网络图中应只有一个起点节点；在不分期完成任务的网络图中，应只有一个终点节点；其他节点均应是中间节点。

起点节点：只有外向箭线，而无内向箭线的节点，如图4.15（a）所示。

终点节点：只有内向箭线，而无外向箭线的节点，如图4.15（b）所示。

图 4.15　起点节点和终点节点

知识链接

双代号网络图中不得出现相同编号的工序或工作，如图 4.16 所示。

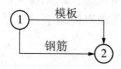

图 4.16　工序或工作的编号相同

2．双代号网络图的绘制步骤

（1）先绘制无紧前工作的工作箭线，使它们具有相同的开始节点，以保证网络图只有一个起点节点。

（2）依次绘制其他工作箭线。在绘制这些工作箭线时，应按以下 4 种情况分别予以考虑。

① 对于所要绘制的工作（本工作）而言，如果其只存在一项紧前工作，则应将本工作箭线直接画在该紧前工作箭线之后。

② 对于所要绘制的工作（本工作）而言，如果在其紧前工作之中存在多项同时作为本工作或其他工作的紧前工作，应先将这些紧前工作箭线的箭头节点合并，再从合并后的节点开始，画出本工作箭线。

③ 对于所要绘制的工作（本工作）而言，如果有多项紧前工作，但其中存在一项只作为本工作紧前工作的工作（即在紧前工作栏目中，该紧前工作只出现一次），则应将本工作箭线直接画在该紧前工作箭线之后，然后用虚箭线将其他紧前工作箭线的箭头节点与本工作箭线的箭尾节点分别相连。

④ 对于所要绘制的工作（本工作）而言，如果不存在①、②、③情况，则应将本工作箭线单独画在其紧前工作箭线之后的中部，然后用虚箭线将其各紧前工作箭线的箭头节点与本工作箭线的箭尾节点分别相连，以表达它们之间的逻辑关系。

（3）当各项工作箭线都绘制出来之后，应合并那些没有紧后工作的箭线的箭头节点，以保证网络图只有一个终点节点（多目标网络计划除外）。

（4）当确认所绘制的网络图正确后，即可进行节点编号。网络图的节点编号在满足前述要求的前提下，有时采用不连续的编号方法，以避免以后增加工作时改动整个网络图的节点编号。

（5）规范布图形式。双代号网络图的布图形式如图 4.17 所示。

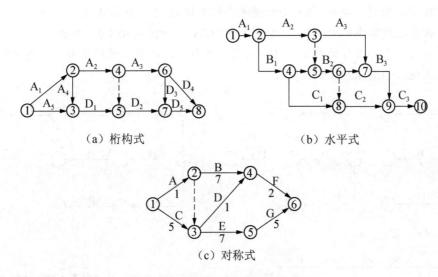

(a) 桁构式　　　　　　　　　(b) 水平式

(c) 对称式

图 4.17　双代号网络图的布图形式

（6）网络图中节点编号应遵守节点编号原则，可采用垂直编号法和水平编号法，如图 4.18 和图 4.19 所示。

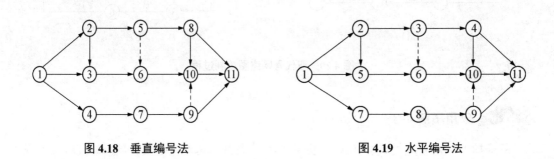

图 4.18　垂直编号法　　　　　　**图 4.19　水平编号法**

应用案例 4-2

已知某施工过程工作间的逻辑关系见表 4-2，试绘制双代号网络图。

表 4-2　某项目工作的逻辑关系

工作名称	A	B	C	D	E	F	G	H
紧前工作	—	—	—	B	B、C	A、D	E	D

【案例解析】

双代号网络图绘制过程如图 4.20 所示。

（1）绘制没有紧前工作的工作 A、B、C，如图 4.20（a）所示。
（2）按前述绘制步骤中（2）①的描述绘制工作 D，如图 4.20（b）所示。

双代号网络图的绘制

(3) 按前述绘制步骤中(2)②的描述绘制工作 E、F;如图 4.20(c)所示。

(4) 按前述绘制步骤中(2)①绘制工作 H、G;如图 4.20(d)所示。

(5) 将没有紧后工作的箭线合并,得到终点节点,对节点进行编号并调整绘制好的网络图使其美观,如图 4.20(e)所示。

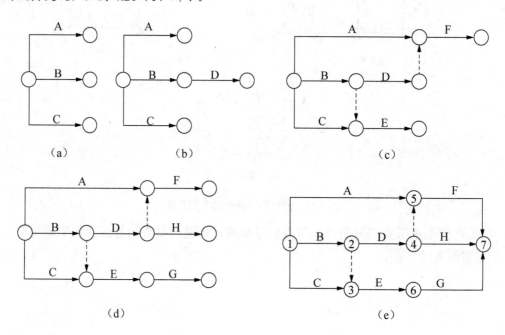

图 4.20 双代号网络图绘制过程

应用案例 4-3

某基础工程划分成挖土方(A)、垫层(B)、混凝土基础(C)、回填土(D)4 个施工过程,每个施工过程划分成 4 个施工段,组织流水施工,绘制该基础工程的双代号网络图。

【案例解析】

首先确定各项工作以及它们之间的逻辑关系,将挖土方在 4 个施工段的工作分别用 A_1、A_2、A_3、A_4 表示,垫层在 4 个施工段的工作分别用 B_1、B_2、B_3、B_4 表示,混凝土基础在 4 个施工段的工作分别用 C_1、C_2、C_3、C_4 表示,回填土在 4 个施工段的工作分别用 D_1、D_2、D_3、D_4 表示,它们之间的逻辑关系见表 4-3。根据前述双代号网络图的绘制方法,该基础工程双代号网络图如图 4.21 所示。

表 4-3 某基础工程工作的逻辑关系

工作名称	A_1	A_2	A_3	A_4	B_1	B_2	B_3	B_4	C_1	C_2	C_3	C_4	D_1	D_2	D_3	D_4
紧前工作	—	A_1	A_2	A_3	A_1	B_1、A_2	B_2、A_3	B_3、A_4	B_1	C_1、B_2	C_2、B_3	C_3、B_4	C_1	D_1、C_2	D_2、C_3	D_3、C_4

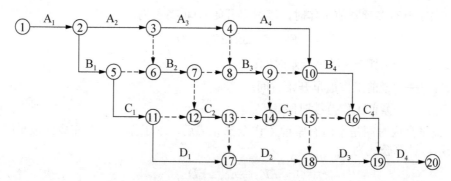

图 4.21 某基础工程双代号网络图

4.2.4 双代号网络图时间参数的计算

双代号网络图时间参数及其符号

1) 工作持续时间

工作持续时间是指工作 $i-j$ 从开始到完成的时间,用 D_{i-j} 表示。

2) 工期

工期是指完成一项任务所需的时间,有以下 3 种工期。

(1) 计算工期:根据网络图的时间参数计算所得的工期,即关键线路各工作持续时间之和,用 T_c 表示。

(2) 要求工期:业主提出的指令性工期或合同规定的工期,用 T_r 表示。

(3) 计划工期:根据要求工期和计算工期所确定的作为实施目标的工期,用 T_p 表示。

观察思考

当规定了要求工期时,$T_p \leqslant T_r$;当未规定要求工期时,$T_p = T_c$。

3) 工作的时间参数

双代号网络图中工作的时间参数有:最早开始时间、最早完成时间、最迟完成时间、最迟开始时间、总时差、自由时差。

(1) 最早开始时间和最早完成时间。

① 最早开始时间是指所有紧前工作全部完成后,本工作有可能开始的最早时刻,用 ES_{i-j} 表示,$i-j$ 为该工作节点代号。工作 $i-j$ 的最早开始时间 ES_{i-j},应从网络图(本节网络图均指双代号网络图)的起点节点开始,顺着箭线方向依次逐项进行计算。

从起点节点引出的各项外向工作,是整个计划的起始工作,如果没有规定,它们的最早开始时间都定为零,即

$$ES_{i-j} = 0 \tag{4-1}$$

当工作 $i-j$ 只有一项紧前工作 $h-i$ 时,其最早开始时间 ES_{i-j} 为

$$ES_{i-j} = ES_{h-i} + D_{h-i} \tag{4-2}$$

当工作 $i-j$ 有多项紧前工作时，其最早开始时间 ES_{i-j} 为

$$ES_{i-j}=\max\{ES_{h-i}+D_{h-i}\} \tag{4-3}$$

式中：ES_{i-j} ——工作 $i-j$ 最早开始时间；

ES_{h-i} ——紧前工作最早开始时间；

D_{h-i} ——紧前工作持续时间。

② 最早完成时间是指所有紧前工作全部完成后，本工作有可能完成的最早时刻，用 EF_{i-j} 表示，计算公式为

$$EF_{i-j}=ES_{i-j}+D_{i-j} \tag{4-4}$$

（2）最迟完成时间和最迟开始时间。

① 最迟完成时间是指在不影响规定工期的条件下，工作最迟必须完成的时刻，用 LF_{i-j} 表示。

工作 $i-j$ 的最迟完成时间 LF_{i-j} 应从网络图的终点节点开始，逆着箭线方向依次逐项进行计算。以终点节点（$j=n$）为结束节点的工作的最迟完成时间 LF_{i-n}，应按网络图的计划工期 T_p 确定，即

$$LF_{i-n}=T_p \tag{4-5}$$

其他工作 $i-j$ 的最迟完成时间等于其紧后工作最迟完成时间与该紧后工作的工作持续时间之差的最小值，即

$$LF_{i-j}=\min\{LF_{j-k}-D_{j-k}\} \tag{4-6}$$

② 最迟开始时间是指在不影响任务按期完成的前提下，工作最迟必须开始的时刻。用 LS_{i-j} 表示，计算公式为

$$LS_{i-j}=LF_{i-j}-D_{i-j} \tag{4-7}$$

（3）总时差和自由时差。

① 总时差是指在不影响总工期的前提下，一项工作可以利用的机动时间，用 TF_{i-j} 表示。

一项工作的总时差等于该工作的最迟开始时间与其最早开始时间之差，或等于该工作的最迟完成时间与其最早完成时间之差，即

$$TF_{i-j}=LS_{i-j}-ES_{i-j}=LF_{i-j}-EF_{i-j} \tag{4-8}$$

② 自由时差是指在不影响紧后工作最早开始时间的前提下，一项工作可以利用的机动时间，用 FF_{i-j} 表示。自由时差也叫局部时差或自由机动时间，其计算公式为

$$FF_{i-j}=ES_{j-k}-ES_{i-j}-D_{i-j}=ES_{j-k}-EF_{i-j} \tag{4-9}$$

一个网络图中，工作总时差与自由时差存在如下关系。

$$TF_{i-j}=\min\{TF_{j-k}+FF_{i-j}\} \tag{4-10}$$

4）节点的时间参数

网络图中节点的时间参数有节点最早时间、节点最迟时间。

（1）节点最早时间是指该节点前面工作全部完成，后面工作最早可能开始的时间，用 ET_i 表示。节点最早时间应从网络图的起点节点开始，沿着箭线方向，依次逐项计算。一般规定网络图起点节点的最早时间为零，即 $ET_i=0(i=1)$。

其他节点最早时间计算公式为

$$ET_j = \max\{ET_i + D_{i-j}\} \tag{4-11}$$

（2）节点最迟时间是指在不影响终点节点的最迟时间前提下，该节点最迟必须完成的时间，用 LT_i 表示，一般规定网络图终点节点的最迟时间等于网络图的计划工期，即 $LT_n = T_p$。

节点最迟时间应从网络图的终点节点开始，逆着箭线方向，依次逐项计算。节点 i 最迟时间的计算公式为

$$LT_i = \min\{LT_j - D_{i-j}\} \tag{4-12}$$

5）双代号网络图时间参数的计算

双代号网络图时间参数的计算有许多方法，常用的方法为工作计算法和节点计算法，时间参数一般在图上直接进行计算。

按工作计算法计算时间参数应在各项工作的持续时间确定之后进行，虚工作可视同工作进行计算，其持续时间为 0。时间参数标注形式如图 4.22、图 4.23 所示。

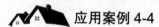

图 4.22　时间参数标注形式（工作计算法）　　图 4.23　时间参数标注形式（节点计算法）

应用案例 4-4

以图 4.24 为例，分别用工作计算法和节点计算法计算时间参数，用双箭线标出关键线路。

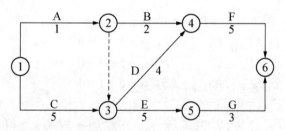

图 4.24　某项目双代号网络图

【案例解析】

（1）根据计算公式详细计算相关参数。

① 最早开始时间（ES_{i-j}）和最早完成时间（EF_{i-j}）的计算。计算规则是"顺线累加，逢圈取大"，具体计算如下。

最早开始时间　　　　　　　　　　　　最早完成时间

$ES_{1-2} = 0$　　　　　　　　　　　　　$EF_{1-2} = ES_{1-2} + D_{1-2} = 0 + 1 = 1$

$ES_{1-3} = 0$　　　　　　　　　　　　　$EF_{1-3} = ES_{1-3} + D_{1-3} = 0 + 5 = 5$

$ES_{2-3} = EF_{1-2} = 1$　　　　　　　　$EF_{2-3} = ES_{2-3} + D_{2-3} = 1 + 0 = 1$

$ES_{2-4} = EF_{1-2} = 1$　　　　　　　　$EF_{2-4} = ES_{2-4} + D_{2-4} = 1 + 2 = 3$

$ES_{3-4} = \max\{EF_{2-3}, EF_{1-3}\} = \max\{1, 5\} = 5$ $EF_{3-4} = ES_{3-4} + D_{3-4} = 5 + 4 = 9$

$ES_{3-5} = \max\{EF_{2-3}, EF_{1-3}\} = \max\{1, 5\} = 5$ $EF_{3-5} = ES_{3-5} + D_{3-5} = 5 + 5 = 10$

$ES_{4-6} = \max\{EF_{2-4}, EF_{3-4}\} = \max\{3, 9\} = 9$ $EF_{4-6} = ES_{4-6} + D_{4-6} = 9 + 5 = 14$

$ES_{5-6} = EF_{3-5} = 10$ $EF_{5-6} = ES_{5-6} + D_{5-6} = 10 + 3 = 13$

② 最迟完成时间（LF_{i-j}）和最迟开始时间（LS_{i-j}）的计算。计算规则是"逆线累减，逢圈取小"，具体计算如下。

$$T_p = T_c = 14$$

最迟完成时间

$LF_{5-6} = T_p = 14$

$LF_{4-6} = T_p = 14$

$LF_{3-5} = LS_{5-6} = 11$

$LF_{2-4} = LS_{4-6} = 9$

$LF_{3-4} = LS_{4-6} = 9$

$LF_{2-3} = \min\{LS_{3-5}, LS_{3-4}\} = 5$

$LF_{1-3} = \min\{LS_{3-5}, LS_{3-4}\} = 5$

$LF_{1-2} = \min\{LS_{2-3}, LS_{2-4}\} = 5$

最迟开始时间

$LS_{5-6} = LF_{5-6} - D_{5-6} = 14 - 3 = 11$

$LS_{4-6} = LF_{4-6} - D_{4-6} = 14 - 5 = 9$

$LS_{3-5} = LF_{3-5} - D_{3-5} = 11 - 5 = 6$

$LS_{2-4} = LF_{2-4} - D_{2-4} = 9 - 2 = 7$

$LS_{3-4} = LF_{3-4} - D_{3-4} = 9 - 4 = 5$

$LS_{2-3} = LF_{2-3} - D_{2-3} = 5 - 0 = 5$

$LS_{1-3} = LF_{1-3} - D_{1-3} = 5 - 5 = 0$

$LS_{1-2} = LF_{1-2} - D_{1-2} = 5 - 1 = 4$

③ 计算总时差（TF_{i-j}）。

$TF_{i-j} = LS_{i-j} - ES_{i-j}$

$TF_{1-2} = 4 - 0 = 4$ $TF_{1-3} = 0 - 0 = 0$

$TF_{2-3} = 5 - 1 = 4$

$TF_{2-4} = 7 - 1 = 6$ $TF_{3-4} = 5 - 5 = 0$

$TF_{3-5} = 6 - 5 = 1$ $TF_{4-6} = 9 - 9 = 0$

$TF_{5-6} = 11 - 10 = 1$

④ 计算自由时差（FF_{i-j}）：$FF_{i-j} = \min\{ES_{j-k} - EF_{i-j}\}$。

$FF_{1-2} = \min\{ES_{2-3} - EF_{1-2}, ES_{2-4} - EF_{1-2}\} = 1 - 1 = 0$

$FF_{1-3} = \min\{ES_{3-4} - EF_{1-3}, ES_{3-5} - EF_{1-3}\} = 5 - 5 = 0$

$FF_{2-3} = \min\{ES_{3-4} - EF_{2-3}, ES_{3-5} - EF_{2-3}\} = 5 - 1 = 4$

$FF_{2-4} = ES_{4-6} - EF_{2-4} = 9 - 3 = 6$

$FF_{3-4} = ES_{4-6} - EF_{3-4} = 9 - 9 = 0$ $FF_{3-5} = ES_{5-6} - EF_{3-5} = 10 - 10 = 0$

$FF_{4-6} = T_p - EF_{4-6} = 14 - 14 = 0$ $FF_{5-6} = T_p - EF_{5-6} = 14 - 13 = 1$

⑤ 计算节点最早时间 ET_i 和节点最迟时间 LT_i。

节点最早时间

$ET_1 = 0$

$ET_2 = ET_1 + D_{1-2}$
     $= 0 + 1 = 1$

$ET_3 = \max\{ET_1 + D_{1-3}, ET_2 + D_{2-3}\}$
     $= \max\{0 + 5, 1 + 0\} = 5$

$ET_4 = \max\{ET_2 + D_{2-4}, ET_3 + D_{3-4}\}$
     $= \max\{1 + 2, 5 + 4\} = 9$

节点最迟时间

$LT_6 = 14$

$LT_5 = LT_6 - D_{5-6}$
     $= 14 - 3 = 11$

$LT_4 = LT_6 - D_{4-6}$
     $= 14 - 5 = 9$

$LT_3 = \min\{LT_5 - D_{3-5}, LT_4 - D_{3-4}\}$
     $= \min\{11 - 5, 9 - 4\} = 5$

$ET_5 = ET_3 + D_{3-5}$
    $= 5 + 5 = 10$
$ET_6 = \max\{ET_4 + D_{4-6}, ET_5 + D_{5-6}\}$
    $= \max\{9 + 5, 10 + 3\} = 14$

$LT_2 = \min\{LT_4 - D_{2-4}, LT_3 - D_{2-3}\}$
    $= \min\{9 - 2, 5 - 0\} = 5$
$LT_1 = \min\{LT_3 - D_{1-3}, LT_2 - D_{1-2}\}$
    $= \min\{5 - 5, 5 - 1\} = 0$

（2）使用工作计算法标注时间参数如图 4.25 所示，关键线路用双箭线表示。

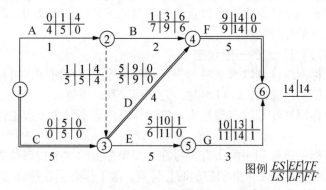

图 4.25　使用工作计算法标注时间参数

（3）使用节点计算法标注时间参数如图 4.26 所示，关键线路用双箭线表示。

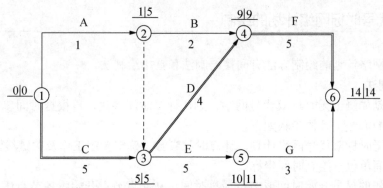

图 4.26　使用节点计算法标注时间参数

4.3　双代号时标网络计划

4.3.1　双代号时标网络计划概述

1. 双代号时标网络计划定义

双代号时标网络计划是以水平时间坐标为尺度表示工作时间的双代号网络计划。它综合横道图的时间坐标和网络计划的原理，既解决了横道图中各项工作逻辑关系不明确，时间参数无法计算的缺点,又解决了双代号网络图时间表达不直观的问题。目前双代号时标网络计划在工程施工中应用广泛。

2．双代号时标网络计划的特点

(1) 双代号时标网络计划中,箭线长度表示工作的持续时间。

(2) 双代号时标网络计划中,不会产生闭合回路。

(3) 双代号时标网络计划中,可以直接在计划的下方绘出劳动力、材料、机具等资源的动态曲线,来进行资源控制和分析。

3．双代号时标网络计划的一般规定

(1) 双代号时标网络计划以水平时间坐标为尺度表示工作时间,时标的时间单位应根据需要在网络计划编制之前确定,可为时、天、周、月、季等。

(2) 双代号时标网络计划以实箭线表示实工作,以虚箭线表示虚工作,以波形线表示工作的自由时差。

(3) 双代号时标网络计划中的所有符号在时间坐标上的水平投影位置,都必须与其时间参数相对应。节点中心必须对准相应的时标位置,虚工作必须以垂直方向的虚箭线表示,有自由时差时应用波形线表示。

(4) 双代号时标网络计划宜按最早时间编制。

4.3.2 双代号时标网络计划的绘制

双代号时标网络计划的绘制方法有间接绘制法和直接绘制法。

1．间接绘制法

间接绘制法是先画出无时标双代号网络计划,计算时间参数,再根据时间参数在时间坐标上进行绘制的方法。具体步骤如下。

(1) 先绘制无时标双代号网络计划,计算时间参数,确定关键工作及关键线路。

(2) 确定时间单位,绘制时间坐标。

(3) 根据工作的最早开始时间或节点最早时间,从起点节点开始将各节点逐个定位在时间坐标上。

(4) 依次在各节点间画出箭线。绘制时先画出关键线路和关键工作,再画出其他工作。箭线最好画成水平箭线或水平线段和竖直线段组成的折线箭线,以直接反映工作的持续时间。如箭线长度不够与该工作的结束节点直接相连时,用波形线补足,波形线的水平投影长度为工作的自由时差。

(5) 把自由时差为 0 的箭线从起点到终点连接起来,即为双代号时标网络计划的关键线路,用粗箭线或彩色箭线表示。

2．直接绘制法

直接绘制法是先画出无时标双代号网络计划,不计算其时间参数,直接在时间坐标上进行绘制的方法。具体步骤如下。

(1) 先绘制无时标双代号网络计划。

(2) 确定时间单位,绘制时间坐标。

(3) 将起点节点定位在时标网络计划的起始刻度线上。

（4）按工作的持续时间绘制起点节点的外向箭线。

（5）其他节点必须在其内向箭线绘出以后，定位在这些内向箭线中最早完成时间最大值的箭线末端。其他内向箭线长度不足以到达该节点时，以波形线补足，直至终点节点绘定。

应用案例 4-5

以图 4.27 为例，利用间接绘制法绘制某项目的双代号时标网络计划。

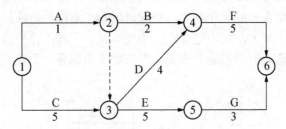

图 4.27　某项目双代号网络图

【案例解析】

（1）计算该双代号网络图节点的时间参数，直接利用应用案例 4-4 中的结果。

（2）绘制时间坐标。

（3）将节点①~⑥放置在时间坐标的时刻线上。

（4）连接箭线，如图 4.28 所示。

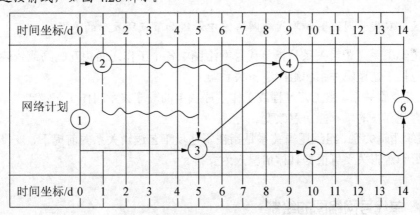

图 4.28　某项目双代号时标网络计划

4.4　单代号网络图

单代号网络图的绘制

4.4.1　单代号网络图的基本知识

单代号网络图的基本符号是箭线、工作和线路。

（1）箭线。单代号网络图中，箭线表示相邻工作之间的逻辑关系，箭线的水平投影方向应自左向右，表达工作的进行方向。

> **特别提示**
>
> 在单代号网络图中，虚工作用节点表示，不是用虚箭线表示的。

（2）工作。在单代号网络图中，用节点表示工作，一个节点表示一项工作，节点用圆圈或矩形表示，节点所表示的工作名称、持续时间和节点编号等应标注在圆圈或矩形内，节点编号顺序应该从小到大，可不连续，但不能重复；一项工作应该只有唯一的一个节点和相应的节点编号，箭尾的节点编号应小于箭头的节点编号。单代号网络图工作的表示方法如图4.29所示。

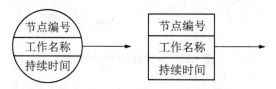

图4.29　单代号网络图工作的表示方法

（3）线路。线路在单代号网络图里的意思与在双代号网络图里相同。

观察思考

注意区别双代号网络图和单代号网络图中箭线和节点所表示的意思。

（4）逻辑关系。逻辑关系是指单代号网络图中各个工作之间相互制约或依赖的先后顺序关系，包括工艺逻辑关系和组织逻辑关系。

① 工艺逻辑关系。由工艺过程或工作程序决定的顺序关系叫作工艺逻辑关系，工艺逻辑关系是客观存在的，不能随意改变。

② 组织逻辑关系。组织逻辑关系是指在不违反工艺逻辑关系的前提下，安排工作的先后顺序，组织逻辑关系可根据具体情况人为安排。

4.4.2　单代号网络图的绘制

1. 绘图规则

（1）单代号网络图必须正确表达已定的逻辑关系。
（2）单代号网络图中严禁出现循环线路。
（3）单代号网络图中严禁出现节点编号相同的工作。
（4）单代号网络图中严禁出现双箭头的箭线或无箭头的线段。
（5）单代号网络图中，尽量避免箭线交叉。当交叉不可避免时，可采用过桥法或指向法绘制。

（6）单代号网络图中只能有一个起点节点和一个终点节点，当网络图中有多项起点节点或多项终点节点时，应设置起点虚工作节点 S_t 和终点虚工作节点 F_{in}。

例如，某工程只有 A、B 两项工作，它们同时开始同时结束，如图 4.30 所示。

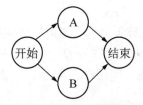

图 4.30　A、B 两项工作同时开始同时结束

2. 绘制步骤

单代号网络图的绘制步骤请参考双代号网络图的绘制步骤。

 应用案例 4-6

已知某施工项目工作间的逻辑关系见表 4-4，试绘制其单代号网络图。

表 4-4　某施工项目工作间的逻辑关系

工作名称	A	B	C	D	E	G	H	I
紧后工作	G	D、E	E	H、I	I	—	—	—
持续时间	6	4	2	2	6	5	3	5

【案例解析】

该项目单代号网络图如图 4.31 所示。

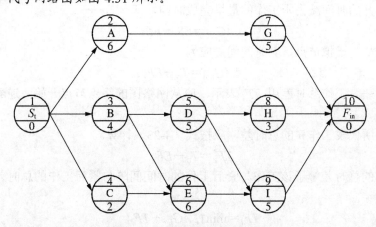

图 4.31　某项目单代号网络图

4.4.3　单代号网络图时间参数计算

1. 工作的时间参数

网络图中的工作的时间参数有：最早开始时间、最早完成时间、最迟完成时间、最迟开始时间、相邻两项工作的时间间隔、总时差及自由时差。

(1) 最早开始时间。用 ES_i 表示工作最早开始时间，应从网络图的起点节点开始，顺着箭线方向依次逐个计算。

起点节点的最早开始时间 ES_i 如无规定时，其值等于零，即

$$ES_i = 0 \quad (i=1) \tag{4-13}$$

其他工作的最早开始时间 ES_i 等于它的各紧前工作的最早完成时间的最大值，即

$$ES_i = \max\{ES_h + D_h\} = \max\{EF_h\} \tag{4-14}$$

(2) 最早完成时间。最早完成时间用 EF_i 表示，其值等于本工作最早开始时间与本工作持续时间之和，即

$$EF_i = ES_i + D_i \tag{4-15}$$

计算工期

$$T_c = EF_n \tag{4-16}$$

(3) 最迟完成时间。最迟完成时间用 LF_i 表示，计算时应从网络图的终点节点开始，逆着箭线方向依次逐项计算。

终点节点的工作 n 的最迟完成时间根据网络图的计划工期 T_p 确定，即

$$T_c = EF_n = ES_n + D_n \tag{4-17}$$

$$LF_n = T_P \text{（计划工期）} \tag{4-18}$$

其他工作的最迟完成时间等于其紧后工作最迟开始时间的最小值，即

$$LF_i = \min\{LS_j\} \tag{4-19}$$

(4) 最迟开始时间。最迟开始时间用 LS_i 表示，其值等于本工作最迟完成时间减去本工作的持续时间，即

$$LS_i = LF_i - D_i \tag{4-20}$$

(5) 相邻两项工作的时间间隔。相邻两项工作的时间间隔用 $LAG_{i,j}$ 表示，其值等于紧后工作的最早开始时间减去本工作的最早完成时间，即

$$LAG_{i,j} = ES_j - EF_i \tag{4-21}$$

终点节点如为虚拟节点，其时间间隔应为

$$LAG_{i,n} = T_p - EF_i \tag{4-22}$$

(6) 总时差。工作总时差用 TF_i 表示，应从网络图的终点节点开始，逆着箭线方向依次逐项计算。

终点节点所代表工作 n 的总时差，应按式（4-23）计算。

$$TF_n = T_p - EF_n \tag{4-23}$$

其他工作的总时差等于该工作与紧后工作的时间间隔与紧后工作的总时差之和的最小值，即

$$TF_i = \min\{LAG_{i,j} + TF_j\} \tag{4-24}$$

或

$$TF_i = LS_i - ES_i \tag{4-25}$$

$$TF_i = LF_i - EF_i \tag{4-26}$$

(7) 自由时差。工作自由时差用 FF_i 表示，等于本工作与紧后工作的时间间隔 $LAG_{i,j}$ 的最小值；或者等于紧后工作最早开始时间减去本工作最早完成时间的最小值。

终点节点代表的工作 n 的自由时差按式（4-27）计算。

$$FF_n = T_p - EF_n \qquad (4-27)$$

其他工作的自由时差反映本工作与紧后工作的时间间隔 $LAG_{i,j}$ 的最小值,即

$$FF_i = \min\{LAG_{i,j}\} \qquad (4-28)$$

或者

$$FF_i = \min\{ES_j - EF_i\} \qquad (4-29)$$

2. 单代号网络图时间参数标注形式

(1) 单代号网络图时间参数的计算应在确定各项工作持续时间之后进行。

(2) 单代号网络图时间参数标注形式如图 4.32 所示。

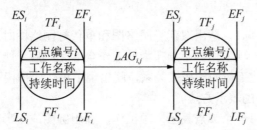

图 4.32 单代号网络图时间参数标注形式

应用案例 4-7

根据应用案例 4-6 中的已知条件,计算某项目的单代号网络图的时间参数。

【案例分析】

某项目单代号网络图的时间参数如图 4.33 所示。

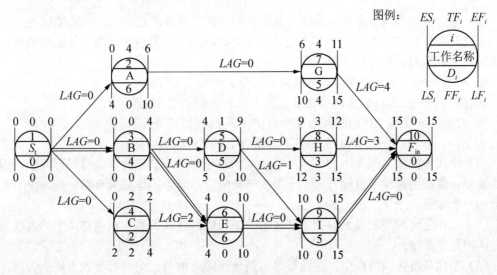

图 4.33 某单代号网络图的时间参数

知识链接

在单代号网络图中,全由关键工作组成,且关键工作间的时间间隔为 0 的线路才是关键线路。

4.5 单代号搭接网络图

4.5.1 单代号搭接网络图基本知识

1. 基本概念

在表达流水施工的进度计划时，运用双代号网络图和单代号网络图时各项工作均按照一定的逻辑关系进行，即任何一项工作都必须在紧前工作全部完成后才能开始，故工作间的搭接关系不能绘制，为了表达工作间的搭接关系，就出现了单代号搭接网络图。

2. 单代号搭接网络图工作的表示方法

（1）单代号搭接网络图中每一个节点表示一项工作，宜用圆圈或矩形表示。节点所表示的工作名称、持续时间和节点编号应标注在节点内，如图 4.34 所示。

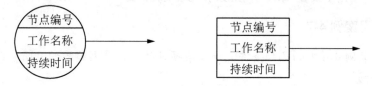

图 4.34 单代号搭接网络图工作的表示方法

（2）单代号搭接网络图中，箭线及其上面的时距符号表示相邻工作间的逻辑关系。

工作的搭接顺序关系是用本工作的开始或完成时间与其紧后工作的开始或完成时间之间的时距来表示的，具体有 4 类。

① $FTS_{i,j}$——工作 i 完成时间与其紧后工作 j 开始时间的时距。
② $FTF_{i,j}$——工作 i 完成时间与其紧后工作 j 完成时间的时距。
③ $STS_{i,j}$——工作 i 开始时间与其紧后工作 j 开始时间的时距。
④ $STF_{i,j}$——工作 i 开始时间与其紧后工作 j 完成时间的时距。

（3）单代号搭接网络图中的节点必须编号，编号标注在节点内，其号码可间断，但不允许重复。箭线的箭尾节点编号应小于箭头节点编号。一项工作必须有唯一的一个节点及相应的一个编号。

（4）工作之间的逻辑关系包括工艺逻辑关系和组织逻辑关系，在网络图中均表现为工作之间的先后顺序。

（5）单代号搭接网络图中，各条线路可用该线路上的节点编号自小到大依次表述，也可用工作名称依次表述。

（6）单代号搭接网络图工作的时间参数标注方法如图 4.35 所示。工作名称和持续时间标注在节点圆圈内，工作的时间参数（ES_i、EF_i、LS_i、LF_i、TF_i、FF_i）标注在圆圈的上下，而工作之间的时间参数（如 $STS_{i,j}$、$FTF_{i,j}$、$STF_{i,j}$、$FTS_{i,j}$ 和时间间隔 $LAG_{i,j}$）标注在联系箭线的上下方。

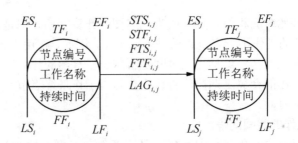

图 4.35 单代号搭接网络图工作的时间参数标注方法

3. 单代号搭接网络图的绘制

单代号搭接网络图的绘制与单代号网络图的绘图方法基本相同。

4.5.2 单代号搭接网络图时间参数的计算

单代号搭接网络图时间参数与前述单代号网络图和双代号网络图时间参数的计算原理基本相同,现进行具体说明。

1. 最早开始时间和最早完成时间

最早开始时间和最早完成时间的计算应从网络图的起点节点开始,顺着箭线方向依次进行。

(1) 在单代号搭接网络图中,若起点节点代表虚工作,则其最早开始时间和最早完成时间均为零,即

$$ES_s = EF_s = 0$$

(2) 凡与网络图起点节点相连的工作,其最早开始时间为零,即

$$ES_i = 0$$

(3) 凡与网络图起点节点相连的工作,其最早完成时间应等于其最早开始时间与持续时间之和。

(4) 其他工作的最早开始时间和最早完成时间应根据时距按下列公式计算。

① 相邻时距为 $FTS_{i,j}$ 时

$$ES_j = EF_i + FTS_{i,j} \tag{4-30}$$

② 相邻时距为 $STS_{i,j}$ 时

$$ES_j = ES_i + STS_{i,j} \tag{4-31}$$

③ 相邻时距为 $FTF_{i,j}$ 时

$$EF_j = EF_i + FTF_{i,j} \tag{4-32}$$

④ 相邻时距为 $STF_{i,j}$ 时

$$EF_j = ES_i + STF_{i,j} \tag{4-33}$$
$$EF_j = ES_j + D_j \tag{4-34}$$
$$ES_j = EF_j - D_j \tag{4-35}$$

(5) 终点节点所代表的工作,其最早开始时间按理应等于该工作紧前工作最早完成时间的最大值。

由于在单代号搭接网络图中,终点节点一般都表示虚工作(其持续时间为零),故其最

早完成时间与最早开始时间相等，且一般为网络图的计算工期。但是，由于在单代号搭接网络图中，决定工期的工作不一定是最后进行的工作，因此，在用上述方法完成计算之后，还应检查网络图中其他工作的最早完成时间是否超过已算出的计算工期。如其他工作的最早完成时间超过已算出的计算工期，应将该工作与虚工作（终点节点）用虚箭线相连，并重新计算其最迟完成时间。

2. 相邻两项工作的时间间隔

相邻两项工作 i 和 j 之间在满足时距之外，还有多余的时间间隔 $LAG_{i,j}$，按照下式进行计算。

$$LAG_{i,j}=\min\{ES_j-EF_i-FTS_{i,j},\ ES_j-ES_i-STS_{i,j},\ EF_j-EF_i-FTF_{i,j},\ EF_j-ES_i-STF_{i,j}\} \qquad (4\text{-}36)$$

3. 工作的时差

单代号搭接网络图同前述其他网络图一样，其工作的时差也有总时差和自由时差两种。

1）总时差

单代号搭接网络图中工作的总时差可以利用下列公式计算。

终点节点总时差 $\qquad TF_n=T_p-T_c \qquad (4\text{-}37)$

其他工作节点总时差 $\qquad TF_i=\min\{LAG_{i,j}+TF_j\} \qquad (4\text{-}38)$

2）自由时差

单代号搭接网络图中工作的自由时差可以利用下列公式计算。

终点节点自由时差 $\qquad FF_n=T_p-EF_n \qquad (4\text{-}39)$

其他工作节点自由时差 $\qquad FF_i=\min\{LAG_{i,j}\} \qquad (4\text{-}40)$

4. 最迟完成时间和最迟开始时间

最迟完成时间和最迟开始时间可以利用下列公式计算。

$$LF_i=EF_i+TF_i \qquad (4\text{-}41)$$

$$LS_i=ES_i+TF_i \qquad (4\text{-}42)$$

5. 确定关键线路

同前述单代号网络图一样，可以利用相邻两项工作的时间间隔来判定关键线路。即从单代号搭接网络图的终点节点开始，逆着箭线方向依次找出相邻两项工作的时间间隔为零的线路就是关键线路，关键线路上的工作即为关键工作，关键工作的总时差最小。

应用案例 4-8

根据给出的单代号搭接网络图，如图 4.36 所示，计算该网络图的时间参数。

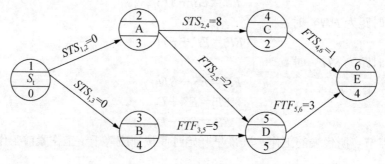

图 4.36 某工程单代号搭接网络图

第 4 章 网络计划技术

【案例解析】

根据计算公式详细计算过程如下所示。

（1）最早开始时间（ES）和最早完成时间（EF）的计算。

计算 ES_i 必须从起点节点开始沿箭线方向向终点节点进行，本例中起点节点为虚工作，故其工作的持续时间为零。未规定最早开始时间，故起点节点定为零。

工作最早开始时间

$ES_1 = 0$

$ES_2 = ES_1 + STS_{1,2} = 0 + 0 = 0$

$ES_3 = ES_1 + STS_{1,3} = 0 + 0 = 0$

$ES_4 = ES_2 + STS_{2,4} = 0 + 8 = 8$

$ES_5 = \max\{ES_2 + D_2 + FTS_{2,5}, ES_3 + D_3 + FTF_{3,5} - D_5\}$
$\quad\quad = \max\{0 + 3 + 2, 0 + 4 + 5 - 5\} = 5$

$ES_6 = \max\{ES_4 + D_4 + FTS_{4,6}, ES_5 + D_5 + FTF_{5,6} - D_6\}$
$\quad\quad = \max\{8 + 2 + 1,\ 5 + 5 + 3 - 4\} = 11$

工作最早完成时间

$EF_1 = ES_1 + D_1 = 0 + 0 = 0$

$EF_2 = ES_2 + D_2 = 0 + 3 = 3$

$EF_3 = ES_3 + D_3 = 0 + 4 = 4$

$EF_4 = ES_4 + D_4 = 8 + 2 = 10$

$EF_5 = ES_5 + D_5 = 5 + 5 = 10$

$EF_6 = ES_6 + D_6 = 11 + 4 = 15$

（2）计算相邻两项工作的时间间隔 $LAG_{i,j}$。

$LAG_{1,2} = ES_2 - ES_1 - STS_{1,2} = 0$

$LAG_{1,3} = ES_3 - ES_1 - STS_{1,3} = 0$

$LAG_{2,4} = ES_4 - ES_2 - STS_{2,4} = 8 - 0 - 8 = 0$

$LAG_{2,5} = ES_5 - EF_2 - FTS_{2,5} = 5 - 3 - 2 = 0$

$LAG_{3,5} = EF_5 - EF_3 - FTF_{3,5} = 10 - 4 - 5 = 1$

$LAG_{4,6} = ES_6 - EF_4 - FTS_{4,6} = 11 - 10 - 1 = 0$

$LAG_{5,6} = EF_6 - EF_5 - FTF_{5,6} = 15 - 10 - 3 = 2$

（3）计算工作总时差（TF_i）：$TF_i = \min\{LAG_{i,j} + TF_j\}$。

$T_p = T_c = 15$

$TF_6 = T_p - EF_6 = 15 - 15 = 0$

$TF_5 = TF_6 + LAG_{5,6} = 0 + 2 = 2$

$TF_4 = TF_6 + LAG_{4,6} = 0 + 0 = 0$

$TF_3 = TF_5 + LAG_{3,5} = 2 + 1 = 3$

$TF_2 = \min\{TF_4 + LAG_{2,4},\ TF_5 + LAG_{2,5}\} = \min\{0 + 0,\ 2 + 0\} = 0$

$TF_1 = \min\{TF_2 + LAG_{1,2},\ TF_3 + LAG_{1,3}\} = \min\{0 + 0,\ 3 + 0\} = 0$

（4）计算自由时差（FF_i）：$FF_i = \min\{LAG_{i,j}\}$。

$FF_1 = \min\{LAG_{1,2},\ LAG_{1,3}\} = 0$

$FF_3 = LAG_{3,5} = 1$

$FF_5 = LAG_{5,6} = 2$

$FF_2 = \min\{LAG_{2,4}, LAG_{2,5}\} = 0$

$FF_4 = LAG_{4,6} = 0$

$FF_6 = 0$

（5）计算最迟开始时间和最迟完成时间。

工作最迟开始时间

$LS_1 = ES_1 + TF_1 = 0$

$LS_2 = ES_2 + TF_2 = 0 + 0 = 0$

工作最迟完成时间

$LF_1 = LS_1 + D_1 = 0 + 0 = 0$

$LF_2 = LS_2 + D_2 = 0 + 3 = 3$

$LS_3 = ES_3 + TF_3 = 0 + 3 = 3$ $LF_3 = LS_3 + D_3 = 3 + 4 = 7$

$LS_4 = ES_4 + TF_4 = 8 + 0 = 8$ $LF_4 = LS_4 + D_4 = 8 + 2 = 10$

$LS_5 = ES_5 + TF_5 = 5 + 2 = 7$ $LF_5 = LS_5 + D_5 = 7 + 5 = 12$

$LS_6 = ES_6 + TF_6 = 11 + 0 = 11$ $LF_6 = LS_6 + D_6 = 11 + 4 = 15$

该工程单代号搭接网络图时间参数如图 4.37 所示。

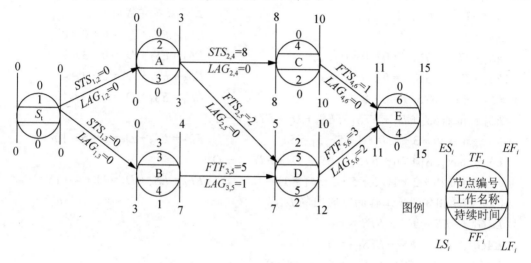

图 4.37 某工程单代号搭接网络图时间参数

4.6 网络计划的优化

网络计划的优化，是在满足既定约束条件下，按选定目标，通过不断改进网络计划寻求满意方案的过程。其目的就是在现有的资源条件下，均衡、合理地使用资源，通过改善网络计划，使工程根据要求按期完工，以较小的消耗取得最大的经济效益。网络计划的优化包括工期优化、工期-费用优化和资源优化，三者之间既有区别又有联系。

> **特别提示**
>
> 网络计划优化的目标应按计划的需要和条件选定，它包括工期目标、费用目标和资源目标。

4.6.1 工期优化

工期优化就是通过压缩关键工作的持续时间，以满足计划工期的目标。工期优化的步骤如下。

（1）计算并找出初始网络计划的计算工期、关键线路和关键工作。

（2）按要求计算工期应压缩的时间。
（3）确定各关键工作能缩短的持续时间。
（4）选择关键工作，压缩其持续时间，并重新计算网络计划的计算工期。优先选择压缩关键工作的持续时间，应考虑以下几个因素。
① 缩短持续时间对质量和安全影响不大的工作。
② 缩短有足够备用资源的工作。
③ 缩短持续时间所需增加的费用最少的工作。
当计算工期仍超过要求工期时，重复以上步骤，直到满足工期要求或工期不能再缩短。
当所有关键工作的持续时间都已达到其能缩短的极限而工期仍不能满足要求时，应对计划的原计算方案和组织方案进行调整或对要求工期重新审定。

知识链接

在工期优化的过程中，应注意在优化过程中出现多条关键线路时，必须把各条关键线路上的工作持续时间压缩为同一数值；否则，不能有效地将工期缩短。

应用案例 4-9

某工程网络图如图 4.38 所示，图中箭线上面括号外数字为工作正常持续时间，括号内数字为工作最短持续时间，要求工期为 100d。试对其进行网络计划优化。

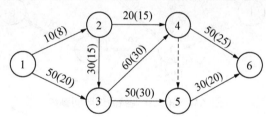

图 4.38 某工程网络图

【案例解析】

（1）计算并找出网络图的关键线路和关键工作。用工作正常持续时间计算节点的最早时间和最迟时间，如图 4.39 所示。其中关键线路为①—③—④—⑥，用双箭线表示。关键工作为①—③、③—④、④—⑥。

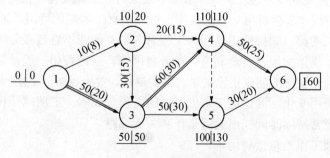

图 4.39 时间参数计算图

（2）计算需缩短工期。根据计算工期需缩短 60d，其中，根据图 4.39 所示，关键工作①—③可缩短 30d，但只能压缩 10d，否则就变成非关键工作；工作③—④可压缩 30d。重新计算网络计划工期，其中关键线路和关键工作如图 4.40 所示。

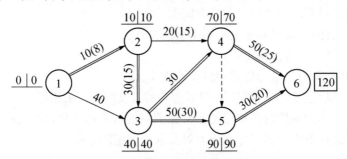

图 4.40　第一次调整后的时间参数

调整后的计算工期与要求工期相比，还需压缩 20d，选择工作③—⑤、④—⑥进行压缩，工作③—⑤用最短工作持续时间代替正常持续时间，工作④—⑥缩短 20d，重新计算网络计划工期，如图 4.41 所示。

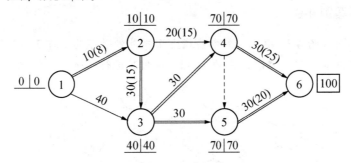

图 4.41　第二次调整后的时间参数

此时工期达到 100d，满足了要求工期规定，工期优化结束。

4.6.2　工期-费用优化

工期-费用优化又称成本优化，是寻求成本最低时的工期安排。工程施工的总费用包括直接费用和间接费用。直接费用是指工程施工过程中直接消耗的费用，如人工费、材料费、机械费、夜间施工费等；间接费用是指与工程有关、不能或不宜直接分摊给每道工序的费用，如管理费用、场地费用、资金利息、办公费用等。直接费用一般是随着工期的缩短而增加的；间接费用一般与工期成正比关系，工期越长，费用越多。工期-费用优化就是考虑工期变化带来的费用变化，通过迭加求出最低的工程总成本。工期-费用优化的步骤如下。

（1）按工作正常持续时间找出关键工作和关键线路。

（2）计算各项工作的直接费用率。

① 对双代号网络图，工作 $i-j$ 的直接费用率按式（4-43）计算。

$$\Delta C_{i-j} = \frac{CC_{i-j} - CN_{i-j}}{DN_{i-j} - DC_{i-j}} \tag{4-43}$$

式中：ΔC_{i-j}——工作 $i-j$ 的直接费用率；

CC_{i-j}——将工作 $i-j$ 持续时间缩短为最短持续时间后，完成该工作所需的直接费用；

CN_{i-j}——在正常条件下完成工作 $i-j$ 所需的直接费用；

DN_{i-j}——工作 $i-j$ 的正常持续时间；

DC_{i-j}——工作 $i-j$ 的最短持续时间。

② 对单代号网络图，工作 $i-j$ 的直接费用率按式（4-44）计算。

$$\Delta C_i = \frac{CC_i - CN_i}{DN_i - DC_i} \tag{4-44}$$

式中：ΔC_i——工作 i 的直接费用率；

CC_i——将工作 i 持续时间缩短为最短持续时间后，完成该工作所需的直接费用；

CN_i——在正常条件下完成工作 i 所需的直接费用；

DN_i——工作 i 的正常持续时间；

DC_i——工作 i 的最短持续时间。

（3）在网络图中找出直接费用率（或组合费用率）最低的一项关键工作或一组关键工作，作为缩短持续时间的对象。

（4）缩短一项关键工作或一组关键工作的持续时间，其缩短值必须符合不能把关键工作压缩成非关键工作和缩短后其持续时间不小于最短持续时间的原则。

（5）计算相应增加的总费用。

（6）考虑工期变化带来的间接费用及其他损益，在此基础上计算总费用。

（7）重复步骤（3）～（6），直到总费用最低。

4.6.3 资源优化

所谓资源，就是完成某工程项目所需的人、材料、机械、资金的统称。由于完成项目所需的资源量基本是不变的，所以资源优化主要是通过改变工作的时间，使资源按时间的分布符合优化的目标，具体有"资源有限-工期最短"及"工期固定-资源均衡"的优化方法。

1. "资源有限-工期最短"的优化

"资源有限-工期最短"的优化是通过均衡安排，在资源限制的条件下，使工期拖延最少的过程。在资源优化时，应逐日检查资源，当出现第 i 天资源需要量大于资源限量时，可通过对工作最早时间的调整进行资源均衡调整。

资源需要量是指网络计划中各项工作在某一单位时间内所需某种资源数量之和。

资源限量是指单位时间内可供使用的某种资源的最大数量。

"资源有限-工期最短"优化计划的调整步骤如下。

(1) 计算网络计划每个"时间单位"的资源需要量。

(2) 从计划开始日期起,逐个检查每个"时间单位"的资源需要量是否超过资源限量,如果在整个工期内每个"时间单位"的资源需要量均能满足资源限量的要求,网络计划优化就完成。否则必须进行计划调整。

(3) 分析超过资源限量的时段,计算$\Delta T_{m-n,\,i-j}$或计算$\Delta T_{m',\,i}$值,依据它确定新的安排顺序。

① 双代号网络计划应按下列公式计算。

$$\Delta T_{m-n,\,i-j} = EF_{m-n} - LS_{i-j} \tag{4-45}$$

$$\Delta T_{m'-n',\,i'-j'} = \min\{\Delta T_{m-n,\,i-j}\} \tag{4-46}$$

式中:$\Delta T_{m-n,\,i-j}$——在超过资源限量的时段中,工作$i-j$安排在工作$m-n$之后进行,工期所延长的时间;

$\Delta T_{m'-n',\,i'-j'}$——在各种安排顺序中,工期延长最小值。

② 单代号网络计划应按下列公式计算。

$$\Delta T_{m,\,i} = EF_m - LS_i \tag{4-47}$$

$$\Delta T_{m',\,i} = \min\{\Delta T_{m,\,i}\} \tag{4-48}$$

式中:$\Delta T_{m,\,i}$——在超过资源限量的时段中,工作i安排在工作m之后进行,工期所延长的时间;

$\Delta T_{m',\,i'}$——在各种安排顺序中,工期延长最小值。

(4) 当最早完成时间EF_{m-n}或EF_m最小值和最迟开始时间LS_{i-j}或LS_i最大值同属一个工作时,应找出最早完成时间$EF_{m'-n'}$或$EF_{m'}$值为次小,最迟开始时间$LS_{i'-j'}$或$LS_{i'}$为次大的工作,分别组成两个方案顺序,再从中选取工期较小者进行调整。

(5) 绘制调整后的网络计划,重复步骤(1)~(4),以工期最短者为最佳方案。

2. "工期固定-资源均衡"优化

"工期固定-资源均衡"优化是指调整计划安排,在工期不变的条件下,使资源需要量尽可能均衡的过程。该优化力求使每个"时间单位"的资源需要量接近于平均值,计算步骤如下。

(1) 计算网络计划每个"时间单位"的资源需要量。

(2) 确定削高峰目标,其值等于每个"时间单位"资源需要量的最大值减去一个单位资源量。

(3) 计算有关工作的时间差值。

① 双代号网络计划按式(4-49)计算。

$$\Delta T_{i-j} = TF_{i-j} - (T_h - ES_{i-j}) \tag{4-49}$$

② 单代号网络计划按式(4-50)计算。

$$\Delta T_i = TF_i - (T_h - ES_i) \tag{4-50}$$

应优先以时间差值最大的工作$i'-j'$或工作i'为调整对象,令

$$ES_{i'-j'} = T_h \tag{4-51}$$

或

$$ES_{i'} = T_h \tag{4-52}$$

（4）当峰值不能再减少时，即得到优化方案，否则重复以上步骤。

本 章 小 结

通过本章学习，了解网络计划技术原理，掌握网络计划的编制，进行网络计划时间参数计算，掌握网络计划优化方法及网络计划技术在工程中的应用。

习 题

一、选择题

1. 双代号网络图中的箭线表示（　　）。
   A．工作　　　　　　　　　　B．工作的开始
   C．工作的结束　　　　　　　D．无意义
2. 如果网络图中同时存在 n 条关键线路，则 n 条关键线路的持续时间之和（　　）。
   A．相同　　　　　　　　　　B．不相同
   C．有一条最长的　　　　　　D．以上都不对
3. 在双代号时标网络计划中，波形线表示（　　）。
   A．工作持续时间　　　　　　B．虚工作
   C．前后工作的时间间隔　　　D．总时差
4. 网络图中非关键线路上的工作（　　）。
   A．应全部是关键工作　　　　B．应全部是非关键工作
   C．可能有部分是关键工作　　D．不允许是虚工作
5. （　　）为零的工作肯定在关键线路上。
   A．自由时差　　B．总时差　　C．持续时间　　D．以上三者均不对
6. 当双代号网络图的计算工期等于计划工期时，关于关键工作的说法错误的是（　　）。
   A．关键工作的自由时差为零
   B．相邻两项关键工作之间的时间间隔为零
   C．关键工作的持续时间最长
   D．关键工作的最早开始时间与最迟开始时间相等
7. 网络计划工期-费用优化的目的是寻求（　　）。
   A．资源有限条件下的最短工期安排
   B．工程总费用最低时的工期安排
   C．满足要求工期的计划安排
   D．资源使用的合理安排
8. 在网络图中，工作 A 的总时差为 3d，A 共有三个紧后工作 B、C、D，工作 B 的最早开始时间和最迟开始时间分别为第 21d 和第 22d，工作 C 的最早完成时间和最迟完成时

间分别是第 23d 和第 25d，工作 D 的最早开始时间和最迟开始时间分别是第 21d 和第 23d，则工作 A 的自由时差为（　　）d。

  A．1   B．2   C．3   D．4

9．在网络图中，前后两项工作间的时间间隔与紧前工作自由时差的关系是（　　）。

  A．自由时差等于时间间隔 B．自由时差等于时间间隔的最小值

  C．自由时差大于时间间隔 D．自由时差小于时间间隔

10．在网络图中，工作 M 的最迟完成时间为第 25d，其持续时间为 6d。该工作有 3 项紧前工作，它们的最早完成时间分别为第 10d、第 12d 和第 13d，则工作 M 的总时差为（　　）d。

  A．6   B．9   C．12   D．15

二、计算题

1．根据表 4-5 中各施工过程之间的逻辑关系，绘制双代号网络图和单代号网络图，并进行节点编号。

表 4-5　网络资料表

工　作	A	B	C	D	E	F	G	H
紧前工作	—	—	A	B	B	C、D、E	C、E	F、G

2．根据表 4-6 中各施工过程之间的逻辑关系，绘制双代号网络图，并按工作计算法和节点计算法计算各时间参数，并标出关键线路。

表 4-6　网络资料表

工　作	A	B	C	D	E	F	G	H	I	J
持续时间	2	3	5	2	3	3	2	3	6	2
紧前工作	—	A	A	B	B	D	F	E、F	C、E、F	G、H

3．已知某工程网络图如图 4.42 所示，箭线下方括号外数字为工作的正常持续时间，括号内数字为工作的最短持续时间；箭线上方括号内数字为优选系数。要求工期为 12d，试对其进行工期优化。

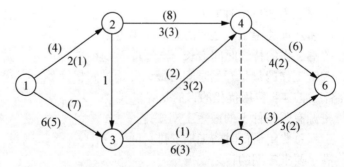

图 4.42　某工程网络图

第 5 章　单位工程施工组织设计

思维导图

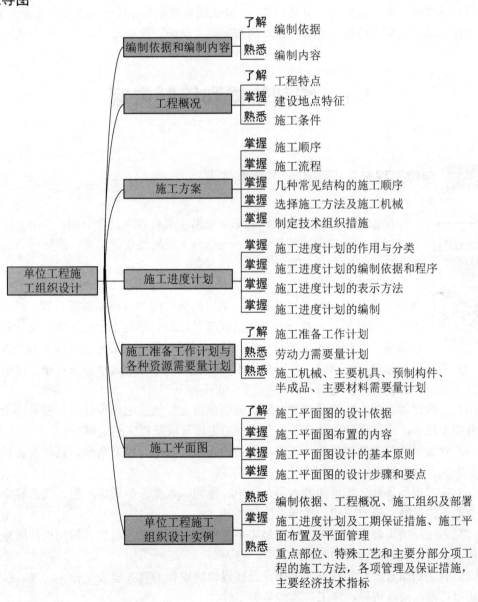

章节导读

施工组织设计是对施工活动实行科学管理的重要手段，它具有战略部署和战术安排的双重作用。它体现了实现基本建设计划和设计的要求，提供了各阶段的施工准备工作的内容，协调施工过程中各施工单位、各施工工种、各资源之间的相互关系。

通过施工组织设计，可以根据具体工程的特定条件，拟订施工方案、确定施工顺序、施工方法、技术组织措施；可以保证拟建项目按照预定工期完成；可以在开工前了解到所需资源的数量及使用的先后顺序，合理安排施工现场布置。

因此施工组织设计应从施工全局出发，充分反映客观实际，符合国家标准及合同要求，统筹安排施工活动有关的各个方面，合理的布置施工现场，确保文明施工、安全施工。

5.1 编制依据和编制内容

5.1.1 单位工程施工组织设计的编制依据

单位工程施工组织设计的编制依据主要有以下几个方面。

（1）招标文件或施工合同，包括对工程的造价、进度、质量等方面的要求，双方认可的协作事项和违约责任等。

（2）设计文件（如已进行图纸会审的，应有图纸会审记录），包括本工程的全部施工图纸及设计说明，采用的标准图和各类勘察资料等。对于较复杂的工业建筑、公共建筑及高层建筑等，编制单位工程施工组织设计时应了解设备、电器和管道等设计图纸内容，了解设备安装对土建施工的要求。

（3）施工组织总设计。当该工程属群体工程的组成部分时，其单位工程施工组织设计必须按照总设计的要求进行编制。

（4）工程预算、报价文件及有关定额。编制单位工程施工组织设计时，要有详细的分部、分项工程量，最好有分层、分段、分部位的工程量以及相应的定额。

（5）建设单位可提供的条件，包括可配备的人力、水电、临时房屋、机械设备和技术状况，职工食堂、浴室、宿舍等情况。

（6）施工现场条件，即场地的占用、地形、地貌、水文、地质、气温、气象等资料，现场交通运输道路、场地面积及生活设施条件等。

（7）本工程的资源配备情况，包括施工中需要的人力情况，材料、预制构件的来源和供应情况，施工机具和设备的配备及其生产能力。

（8）有关的国家规定和标准，即国家及建设地区现行的有关建设法律、法规、技术标准、质量标准、操作规程、施工验收规范等文件。

> **特别提示**
>
> 除依据上述因素以外，参考类似工程的施工组织设计实例也是一个很好的办法。

5.1.2 单位工程施工组织设计的编制内容

单位工程施工组织设计的内容，根据工程性质、规模、结构特点及技术繁简程度的不同，其内容和深广度要求也应有所不同，但内容必须具体、实用、简明扼要、有针对性，使其真正能起到指导现场施工的作用。

施工组织设计的内容是由应回答和解决的问题组成的，无论是单位工程还是群体工程，其基本内容都可以概括为以下几方面。

1. 工程概况

为了对工程有大致的了解，应先对拟建工程的概况及特点进行分析并加以简述，这样做可使编制者对症下药，也让使用者心中有数，同时使审批者对工程有概略认识。

工程概况包括拟建工程的性质、规模、建筑、结构特点，建设条件，施工条件，建设单位及上级的要求等。

2. 施工方案

施工方案的选择是施工单位在工程概况及特点分析的基础上，结合自身的人力、材料、机械、资金和可采用的施工方法等生产因素进行相应的优化组合，全面、具体地布置施工任务，再对拟建工程可能采用的几个方案进行技术经济的对比分析，选择最佳方案。其内容主要包括安排施工流向和施工顺序，确定施工方法和施工机械，制定保证成本、质量、安全的技术组织措施等。

3. 施工进度计划

施工进度计划是工程进度的依据，它反映了施工方案在时间上的安排。施工进度计划的内容包括划分施工过程，计算工程量，计算劳动量或机械量，确定工作天数及相应的作业人数或机械台数，编制进度计划表及检查与调整等。施工进度计划通常采用横道图或网络图作为表现形式。

4. 施工准备工作计划与各种资源需要量计划

施工准备工作计划主要是明确施工前应完成的施工准备工作的内容、起止期限、质量要求等。各种资源需要量计划主要包括资金、劳动力、施工机具、主要材料、半成品的需要量及加工供应计划。

5. 施工平面图

施工平面图是施工方案和施工进度计划在空间上的全面安排，主要包括各种主要材料、构件、半成品堆放安排，施工机具布置，各种必需的临时设施，以及道路、水电等安排与布置。

6．主要技术经济指标

主要技术经济指标是对确定的施工方案、施工进度计划及施工平面图的技术经济效益进行全面的评价。主要技术经济指标通常有施工工期、全员劳动生产率、资源利用系数、机械使用总台班量等。

5.2 工 程 概 况

工程概况是对拟建工程的工程特点、建设地点特征和施工条件等所做的一个简明扼要的介绍。

5.2.1 工程特点

1．工程建设概况

工程建设概况应说明拟建工程的建设单位，工程名称、性质、规模、用途、作用，资金来源及投资额，工期要求，设计单位、监理单位、施工单位，施工图纸情况，工程合同，主管部门有关文件及要求，组织施工的指导思想和具体原则要求等。

2．工程设计概况

1）建筑设计特点

建筑设计特点：主要说明拟建工程的平面形状、平面组合和使用功能划分，平面尺寸、建筑面积、层数、层高、总高，室内外装饰情况等，并可附平、立、剖面简图。

2）结构设计特点

结构设计特点：主要说明拟建工程的基础类型与构造、埋置深度、土方开挖及支护要求，主体结构类型及墙体、柱、梁板主要构件的截面尺寸和材料，新材料、新结构的应用要求，工程抗震设防程度。

3）设备安装设计特点

设备安装设计特点：主要说明拟建工程的建筑给排水、采暖、建筑电气、通信、通风与空调、消防、电梯安装等方面的设计参数和要求。

3．工程施工概况

工程施工概况应概括指出拟建工程的施工特点、施工重点与难点，以便在施工准备工作、施工方案、施工进度、资源配置及施工现场管理等方面制定相应的措施。

不同类型的建筑、不同条件下的工程，均有其不同的特点。如砖混结构住宅建筑的施工特点是砌筑和抹灰工程量大，水平与垂直运输量大；主体施工占整个工期35%左右，应尽量使砌筑与楼板混凝土工程流水施工；装修阶段占整个工期50%左右，工种交叉作业，应尽量组织立体交叉平行流水施工。而现浇钢筋混凝土结构高层建筑的施工特点是基坑、地下室支护结构工程量大、施工难度高，结构和施工机具设备的稳定性要求严，钢材加工量大,混凝土浇筑烦琐,脚手架、模板系统需进行设计,安全问题突出,应有高效率的垂直运输设备等。

5.2.2 建设地点特征

建设地点特征主要有:拟建工程的位置、地形,工程地质与水文地质条件,不同深度土壤结构分析;冬期冻结起止时间和冻结深度变化范围;地下水位、水质,气温;冬雨期施工起止时间,主导风力、风向;地震烈度;等等。

5.2.3 施工条件

施工条件为:施工现场的道路、水、电及场地平整情况,现场临时设施、场地使用范围及四周环境情况,当地交通运输、地材供应、预制构件加工能力,当地施工企业数量和水平,施工企业机械、设备、车辆的类型和型号及可供给程度,施工项目组织形式,施工单位内部承包方式及劳动力组织形式,类似工程的施工经历,等等。

> **特别提示**
> 对于工程概况,可以用文字分段落进行描述,也可以采用表格的形式进行说明。

应用案例 5-1

1. 工程建设概况(表 5-1)

表 5-1 工程建设概况

序号	项目		内容
1	工程名称		某学生公寓
2	工程业主		甲学院
3	设计单位		乙设计院
4	建筑面积		11859.29m^2
5	工程地点		某市工人路 12 号
6	结构形式		现浇钢筋混凝土框架结构
7	基础形式		条形基础
8	建筑用途	首层	活动室、宿舍
9		2~7 层	宿舍

2. 建筑设计特点（表5-2）

表5-2 建筑设计特点

序号	项目	内容			
1	建筑规模	面积/m²	占地：1840.73	标准层：1549.80	建筑面积：11859.29
		层数：7层	高度/m	首层：3.4	2～7层：3.0
2	檐高	23.95m			
3	屋面	喷刷带色的苯丙乳液保护层			
4	外墙面	贴白色、灰色亚光面砖			
5	内墙面	刷乳胶漆、贴釉面砖			
6	楼地面	地砖、花岗石			
7	顶棚	乳胶漆顶棚、纸面石膏板吊顶刷乳胶漆、硅钙板顶棚			
8	门窗	塑钢窗、塑钢门、木门			
9	防水	屋面采用聚氨酯防水涂膜			
10	保温	屋面采用60mm厚聚苯乙烯泡沫塑料板			
11	水暖	采暖	采用上供下回单管垂直系统，采用钢制翅片管型散热器		
		给水	由市政给水管网直接供给		
		消防	楼内设独立消火栓系统，与学生会堂合用消防泵		
		排水	首层采用单排，管材采用UPVC管		
12	电气	强电	照明、变配电设备		
		弱电	电视、电话、计算机网络		
		防雷	屋面及室外防雷接地		
		电气消防	消火栓、事故照明		

3. 结构设计特点（表5-3）

表5-3 结构设计特点

土质情况	持力层为砂质粉土、黏质粉土，局部粉质黏土		
地基承载力标准值	$F_{ka}=160kPa$		
基础类型	条形基础	结构形式	现浇钢筋混凝土框架结构
抗震设防烈度	8度	抗震等级	2级
混凝土强度等级	基础垫层：C15	其他：C30	
钢筋类别	热轧Ⅰ级、Ⅲ级	钢筋接头类别	焊接

5.3 施工方案

南水北调中线穿越黄河施工方案选择

5.3.1 施工顺序

施工顺序是指各分项工程或工序之间施工的先后顺序。施工顺序受自然条件和物质条件的制约，选择合理的施工顺序是确定施工方案、编制施工进度计划时应首先考虑的问题，它对于施工组织顺利进行，对于保证工程的进度、工程的质量，都有十分重要的作用。

施工顺序的科学合理，能够使施工过程在时间和空间上得到合理的安排。虽然施工顺序随工程性质、施工条件不同而变化，但经过合理安排还是可以找到可供遵循的规律。考虑施工顺序时应注意以下几点。

施工方案

1. 先准备、后施工，严格执行开工报告制度

单位工程开工前必须做好一系列准备工作，具备开工条件后还应写出开工报告，经上级审查批准后才能开工。在施工准备工作满足一定的施工条件后，工程方可开工，并且开工后应能够连续施工，以免造成混乱和浪费。整个建设项目开工前，应完成全场性的准备工作，如平整场地、路通、水通、电通等；同样各单位工程（或单项工程）和各分部分项工程，开工前其相应的准备工作也必须完成。施工准备工作实际上贯穿整个施工过程。

2. 遵守"先地下后地上""先主体后围护""先结构后装修""先土建后设备"的一般原则

（1）"先地下后地上"是指地上工程开始之前，尽量把管道和线路等地下设施、土方工程和基础工程完成或基本完成，为地上工程提供良好的施工场地，以免它们施工时对地上部分产生干扰。

> **特别提示**
>
> 如果采用"逆作法"施工，工程的地下部分会与地上部分同时施工。"逆作法"施工流程详见5.3.2节。

（2）"先主体后围护"主要是指在框架建筑、排架建筑等建筑中，采取先主体结构，后围护结构的总程序和安排。

（3）"先结构后装修"是一般的施工顺序。有时为了缩短工期，也可以部分搭接施工。

（4）"先土建后设备"是指不论是工业建筑还是民用建筑，一般来说，土建施工应先于水、暖、煤、电、卫等建筑设备的施工。

> **特别提示**
>
> "先土建后设备"主要针对民用建筑和工业建筑中的封闭式施工程序。

3. 做好土建施工与设备安装的程序安排

工业厂房施工比较复杂，除要完成一般土建工程施工外，还要同时完成工艺设备和电器、管道等安装工作。为了早日竣工投产，在考虑施工方案时应合理安排土建施工与设备安装之间的施工程序。一般土建施工与设备安装有以下3种施工程序。

1）封闭式施工

封闭式施工是土建主体结构完成之后，即可进行设备安装的施工程序，如一般机械工业厂房。对精密仪表厂房、要求恒温恒湿的车间等，应在土建装饰工程完成后才能进行设备安装。

（1）封闭式施工程序的优点如下。

① 有利于预制构件的现场预制、拼装和安装前的就位布置，适合选择各种类型的起重机械吊装和开行，从而加快主体结构的施工进度。

② 围护结构能及早完成，从而使设备基础施工能在室内进行，可以不受气候变化和风雨的影响，减少设备基础施工时的防雨、防寒等设施费用。

③ 可以利用厂房内桥式起重机为设备基础施工服务。

（2）封闭式施工缺点如下。

① 出现一些重复性的工作。如部分柱基础回填土的重复挖填和运输道路的重新铺设等。

② 设备基础施工条件较差，场地拥挤，其基坑开挖不便于采用挖土机施工。

③ 不能提前为设备安装提供工作面，因此工期较长。

2）敞开式施工

敞开式施工指先安装工艺设备，后建厂房的施工程序，如某些重型工业厂房、冶金车间、发电厂等。敞开式施工的优缺点与封闭式施工相反。

3）设备安装与土建施工同时进行

设备安装与土建施工同时进行指当土建施工为设备安装创造了必要的条件，同时又采取能够防止被砂浆、垃圾等污染的措施时，设备安装与土建施工可同行进行。如建造水泥厂时，经济上最适宜的施工程序是两者同时进行。

4．安排好最后收尾工作

收尾工作主要包括设备调试、生产或使用准备、交工验收等工作。做到前有准备，后有收尾，才是周密的程序。

5.3.2 施工流程

施工流程是指单位工程在平面或空间上施工的开始部位及其展开方向。对于单层的建筑物，如单层厂房，按其车间、工段或节间，分区分段地确定出平面上的施工流程；对于多层建筑物，除确定出每层平面上的施工流程外，还要确定竖向的施工流程。例如多层房屋内墙抹灰施工还应确定是采用自上而下的顺序，还是采用自下而上的顺序。施工流程涉及一系列施工活动的开展和进程，是组织施工的重要一环。

确定单位工程施工流程时，一般应考虑以下几个因素。

装配式建筑施工

（1）施工方法是确定施工流程的关键因素。比如一栋建筑物的基础部分，采用顺作法施工地下两层结构，其施工流程为：测量定位放线→底板施工→换拆第一道支撑→地下二层结构施工→换拆第二道支撑→±0.000 标高顶板施工→上部结构施工。若为了缩短工期采用逆作法，其施工流程为：测量定位放线→进行地下连续墙施工→进行钻孔灌注桩施工→±0.000 标高结构层施工→地下二层结构施工，同时进行地上一层结构施工→底板施工并做各层柱，完成地下室施工→完成上部结构。

又如在结构吊装工程中，采用分件吊装法时，其施工流程不同于综合吊装法的施工流程；同样，设计人员的要求不同，也使得其施工流程不同。

（2）对于工业建筑，车间的生产工艺过程往往是确定施工流程的基本因素。从生产工艺上考虑，先试生产的工段要先施工；或生产工艺上要影响其他工段试车投产的工段则应当先施工。

（3）根据建设单位的要求，生产或使用上要求急的工段或部位先施工。对于高层民用建筑，如饭店、宾馆等，可以在主体结构施工到一定层数后，即进行地面上若干层的设备安装与室内外装饰。

（4）确定施工流程时，要考虑单位工程各分部分项施工的繁简程度。一般来说，技术复杂、施工进度较慢、工期长的工段或部位，应先施工。比如高层建筑，应先施工主楼，后施工裙楼部分。

（5）当有高低层或高低跨并列时，柱的吊装应先从并列处开始；当柱基、设备基础有深浅时，一般应按先深后浅的方向施工。屋面防水层的施工，当有高低层（跨）时，应按先高后低的方向施工，一个屋面的防水层，则按由檐口到屋脊方向施工。

（6）施工场地的大小、道路布置和施工方案中采用的施工机械也是确定施工流程的重要因素。根据工程条件，选用施工机械（挖土机械和吊装机械），这些机械开行路线或布置位置便决定了基础挖土及结构吊装的施工流程。如土方工程，在边开挖边将余土外运时，则施工流程起点应确定在离道路远的部位，并应按由远及近的方向进行。

（7）划分施工层、施工段的部位，如伸缩缝、沉降缝、施工缝等可决定施工流程起点。

（8）多层砖混结构工程主体结构的施工流程，竖直方向上必须从下而上，水平方向上从哪边先开始都可以。对装饰抹灰来说，室外装饰要求从上而下，室内装饰可以从下而上，也可以从上而下，如图 5.1、图 5.2 所示。施工工期要求不同，施工流程也不同，如果工期要求很急，则室内装饰宜从下而上地进行。

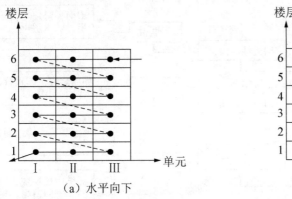
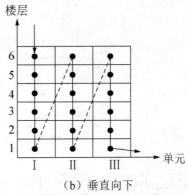

图 5.1 装饰抹灰（室内装饰工程）自上而下的施工流程

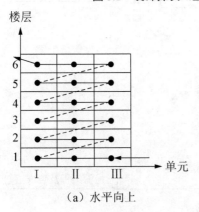
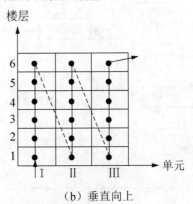

图 5.2 装饰抹灰（室内装饰工程）自下而上的施工流程

5.3.3 几种常见结构的施工顺序

1. 多层砖混结构建筑的施工顺序

多层砖混结构建筑的施工，一般可分为基础工程、主体工程、屋面工程及装饰工程和水、暖、电、卫等工程，前三项为土建工程，最后一项为安装工程。多层砖混结构建筑土建工程施工顺序示意图如图 5.3 所示。

1）基础工程的施工顺序

基础工程是指室内地坪（±0.000）以下的所有工程，它的施工顺序一般是：挖土→铺垫层→做钢筋混凝土基础→做墙基（素混凝土）→回填土；或挖土→铺垫层→做基础→砌墙基础→铺防潮层→做地圈梁→回填土。有地下障碍物、坟穴、防空洞时，需要事先处理；有地下室时，应在基础完成后，首先砌地下室墙，然后做防潮层，最后浇筑地下室顶板及回填土。要特别注意的是，挖土与铺垫层之间的施工要搭接紧凑，以防雨后积水或曝晒，影响地基的承载能力。同时，垫层施工后，应留有一定的技术间歇时间，使其达到一定的强度后才能进行下一步工序的施工。对于各种管沟的施工，应尽可能与基础同时进行、平行施工。在基础工程施工时，应注意预留孔洞。基础工程回填土，原则上应一次分层夯填完毕，为主体结构施工创造良好的条件。如遇回填土工程量大或工期紧迫的情况，回填土也可以与砌墙平行施工，但必须有保证回填土质量与施工安全的措施。

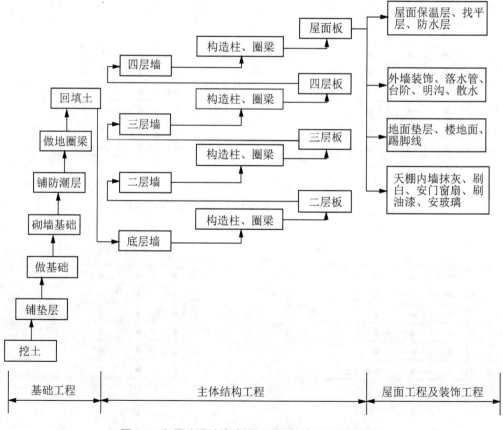

图 5.3 多层砖混结构建筑土建工程施工顺序示意图

2）主体结构工程的施工顺序

主体结构施工阶段的工作内容较多，当主体结构的楼板、圈梁、楼梯、构造柱等为现浇时，其施工顺序一般可归纳为立构造柱钢筋→砌墙→支构造柱模→浇构造柱混凝土→支梁、板、梯模→绑扎梁、板、梯钢筋→浇梁、板、梯混凝土；当楼板为预制构件时，则施工顺序一般为立构造柱钢筋→砌墙→支构造柱模→浇构造柱混凝土→圈梁施工→吊装楼板→灌缝（隔层）。

在主体结构施工阶段，应当重视楼梯间、厨房、厕所、盥洗室的施工。楼梯间是楼层之间的交通要道，厨房、厕所、盥洗室的工序多于其他房间，而且面积较小，如施工期间不紧密配合，及时为后续工序创造工作面，将影响施工进度，拖长工期。

在主体结构施工阶段，砌墙与现浇楼板（或铺板）是主导施工过程，要注意这两者在流水施工中的连续性，避免不必要的窝工现象发生。在组织砌墙工程流水施工时，不仅要在平面上划分施工段，而且要在垂直方向上划分施工层，按一个可砌高度为一个施工层，每完成一个施工段的一个施工层的砌筑，再转到下一个施工段砌筑同一施工层，就是按水平流向在同一施工层逐段流水作业。也可以在同一施工段内，由下向上依次完成各砌筑施工层后再流入下一施工段，这就是在一个施工段内采用垂直向上的流水方向的砌墙组织方法。还可以在同一结构层内各施工段间，采用对角线流向的阶段式的砌墙组织方法。砌墙组织的流水方向不同，安装楼板投入施工的时间间隔也不同。设计时，可根据可能条件，组织不同流向的砌墙作业，分析比较后确定。

3）屋面工程及装饰工程的施工顺序

由于南北方区域不同，故屋面工程选用的屋面材料不同，其施工顺序也不相同。卷材防水屋面的施工顺序为：抹找平层→铺隔气层及保温层→找平层→刷冷底子油结合层→做防水层及保护层。这里要注意的是刷冷底子油结合层一定要等到找平层干燥后进行。屋面工程的施工应尽量在主体结构工程完工后进行，这样可尽快为室内外的装修创造条件。

装饰工程按所装饰的部位又分为室内装饰及室外装饰。室内装饰和室外装饰施工顺序通常有先内后外、先外后内及内外同时进行 3 种。具体使用哪种施工顺序应视施工条件和气候而定。为了加快施工速度，多采用内外同时进行的施工顺序。

室内装饰对同一单元层来说有两种不同的施工流向，一种方案的施工顺序为地面和踢脚线抹灰→天棚抹灰→墙面抹灰。这种方案的优点是适应性强，可在结构施工时将地面工程穿插进去（用人不多，但大大加快了工程进度），地面和踢脚线施工质量好，便于收集落地灰，节省材料；缺点是地面要养护，工期较长，但如果在结构施工时先做好地面，这一缺点也就不存在了。另一种方案的施工顺序为天棚抹灰→墙面抹灰→踢脚线和地面抹灰。这种方案的优点是每一单元的工序集中，便于组织施工；缺点是地面清扫费工费时，一旦清理不净，影响楼面与预制楼板之间的黏结，地面容易发生空鼓。

室外装饰施工的先后顺序为外墙抹灰（包括饰面）→做散水→砌筑台阶。施工自上而下进行，并在安装落水管的同时拆除外脚手架。

4）水、暖、电、卫等工程的施工顺序

由于水、暖、电、卫等工程不是分为几个阶段单独施工的，而是与土建工程交叉施工的，所以必须与土建施工密切配合，尤其是要事先做好预埋管线工作。

在基础施工前，应先安设地下的上下水管道，在现浇钢筋混凝土楼板或支大模板的时候，要预留上下水管和暖气立管的孔洞、电线孔槽，此外还应预埋木砖和其他预埋料。室外的上下水管道可安排与结构同时进行施工。

在装饰工程施工前，应安设相应的下水管道、暖气立管、电气照明用的附墙暗管、接线盒等，但明线应在室内装饰完成后安装。

2．多、高层现浇钢筋混凝土框架结构建筑的施工顺序

多、高层现浇钢筋混凝土框架结构建筑的施工一般可分为±0.000以下基础工程、主体结构工程、围护工程、装饰工程4个阶段。多、高层现浇钢筋混凝土框架结构建筑的施工顺序示意图如图5.4所示。

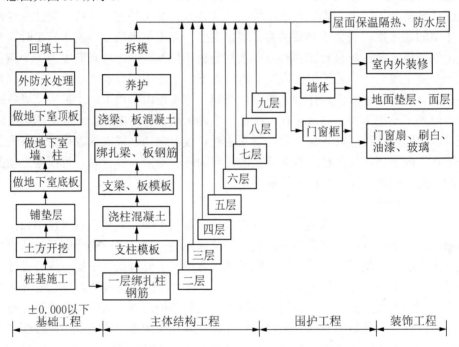

图5.4 多、高层现浇钢筋混凝土框架结构建筑的施工顺序示意图

1）基础工程的施工顺序

多、高层现浇钢筋混凝土框架结构建筑的基础工程（±0.000以下的工程），一般可分为有地下室和无地下室两种情况。

若有一层地下室且建在软土地基上时，其施工顺序是：桩基施工（包括围护桩）→土方开挖→铺垫层→做地下室底板→做地下室墙、柱→做地下室顶板→外防水处理→回填土。

若无地下室且建在软土地基上时，其施工顺序是：桩基施工→挖土→铺垫层→钢筋混凝土基础施工→回填土。

若无地下室且建在承载力较好的地基上时，其施工顺序一般是：挖土→垫层→钢筋混凝土基础施工→回填土。

与多层砖混结构房屋类似，在基础工程施工前要处理好洞穴、软弱地基等问题，要加强垫层、基础混凝土的养护，及时进行拆模，以尽早回填土，为上部结构施工创造条件。

2）主体结构工程的施工顺序

主体结构工程的施工主要包括柱、梁（主梁、次梁）、楼板的施工。由于柱、梁、楼板的施工工程量很大，所需的材料、劳力很多，而且对工程质量和工期起决定性作用，故需采用竖向上分层、平面上分段的流水施工方法。楼层混凝土浇筑的方式可分为整体浇筑和分别浇筑两种。若采用整体浇筑，其施工顺序为绑扎柱钢筋→支柱、梁、板模板→绑扎梁、板钢筋→浇柱、梁、板混凝土→养护→拆模；若采用分别浇筑，其施工顺序为绑扎柱钢筋→支柱模板→浇柱混凝土→支梁、板模板→绑扎梁、板钢筋→浇梁、板混凝土→养护→拆模。

> **特别提示**
>
> 要注意的是，在梁、板钢筋绑扎完毕后，应认真进行检查验收，然后才能进行混凝土的浇筑工作。

3）围护工程的施工顺序

围护工程包括墙体工程、门窗框安装和屋面工程。墙体工程包括砌筑用脚手架的搭拆，内、外墙砌筑等分项工程，不同的分项工程之间可组织平行、搭接、立体交叉流水施工。屋面工程和墙体工程应密切配合，如在主体工程结束之后，先进行屋面保温层、找平层施工，外墙砌筑到顶后，再进行屋面防水层的施工。脚手架应配合砌筑工程搭设，在室外装饰之后、做散水之前拆除。内墙的砌筑则应根据内墙的基础形式而定，有的需在地面工程完成后进行，有的则可在地面工程施工之前与外墙同时进行。

4）装饰工程的施工顺序

装饰工程的施工分为室内装饰和室外装饰。室内装饰包括天棚、墙面、楼地面、楼梯等抹灰，门窗扇安装，门窗油漆涂刷，玻璃安装等；室外装饰包括外墙抹灰、勒脚、散水、台阶、明沟等施工。其施工顺序与多层砖混结构建筑的施工顺序基本相同。

3．装配式钢筋混凝土单层工业厂房的施工顺序

单层工业厂房由于生产工艺的需要，在厂房类型、建筑平面、造型或结构构造上都与民用建筑有很大差别。单层工业厂房具有设备基础和各种管网，因此其施工要比民用建筑复杂。装配式钢筋混凝土单层工业厂房的施工一般可分为基础工程、预制工程、结构安装工程、围护工程、屋面及装饰工程等阶段，如图5.5所示。

有的单层工业厂房面积、规模较大，生产工艺要求复杂，厂房按生产工艺区分施工段。这种工业厂房施工顺序的确定，不仅要考虑土建施工及组织的要求，而且要研究生产工艺的要求。一般先安装先生产的施工段先施工，以便先交付使用，尽早发挥投资的经济效益，这是施工要遵循的基本原则之一。所以规模大、生产工艺复杂的工业厂房建筑施工，要分期分批进行，分期分批交付试生产，这是确定其施工顺序的总要求。下面介绍中小型工业厂房的施工内容及施工顺序。

1）基础工程的施工顺序

单层工业厂房的柱基础一般是现浇钢筋混凝土杯形基础，宜采用平面流水施工，施工顺序与现浇钢筋混凝土框架结构的独立基础施工顺序相同。

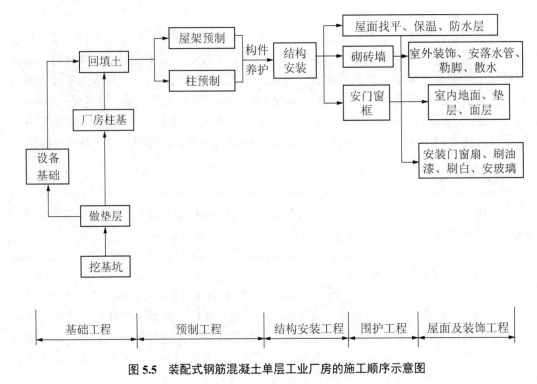

图 5.5 装配式钢筋混凝土单层工业厂房的施工顺序示意图

单层工业厂房不但有柱基础,一般还有设备基础。如果厂房设备基础较多,就必须对设备基础和设备安装的施工顺序进行分析研究,根据建设工期确定合理的施工顺序。如果设备基础埋置不深,柱基础的埋置深度大于设备基础的埋置深度,宜采取厂房柱基础先施工,待主体结构施工完毕后再进行设备基础施工的"封闭式"施工顺序;反之如果设备基础埋置较深,大于柱基础,可采用"敞开式"施工,即先进行设备基础施工,再进行柱基础施工,最后进行厂房吊装;若设备基础和柱基础相差不大,则两者可同时进行施工。通常这个阶段的施工顺序是:挖基坑→做垫层→厂房柱基和设备基础(绑扎钢筋→支模板→浇混凝土→养护→拆模板)→回填土。柱基施工从基坑开挖到柱基回填土应分段进行,与现场预制工程、结构吊装工程相结合。

2)预制工程的施工顺序

单层工业厂房预制构件较多,哪些构件在现场预制,哪些构件在预制厂加工,应根据具体条件作技术经济分析比较。一般来说,重量较大、运输不便的大型构件,可在现场拟建车间内部就地预制,如柱、托架梁、屋架以及吊车梁等;中、小型构件可在加工厂预制,如大型屋面板等标准构件;种类及规格繁多的异形构件,可在现场拟建车间外部集中预制,如门窗过梁等构件。

非预应力钢筋混凝土构件预制工程的施工顺序是:场地平整→支模板→绑扎钢筋→埋设预埋件→浇混凝土→养护→拆模板。预应力钢筋混凝土构件预制工程的施工顺序有两种:一种是先张法,一种是后张法。目前一般采用后张法施工,其施工顺序是:场地平整→支模板→绑扎钢筋(有时先绑扎钢筋后支模板)→预留孔道→浇混凝土→养护→拆模板→张拉预应力钢筋→锚固→灌浆。

预制工程的施工顺序与结构吊装方案有关,当采用分件吊装时有以下3种方案。

(1) 场地狭小、工期又允许时,构件制作可分别进行。先预制柱和吊车梁,待柱和梁安装完毕后再进行屋架预制。

(2) 场地宽敞时,可柱、梁制完后即进行屋架预制。

(3) 场地狭小工期又紧时,可将柱和梁等构件在拟建车间内就地预制,同时在外部进行屋架预制。

若采用综合吊装法,需要在吊装前将构件全部制作完成,根据场地具体情况,确定是全部在厂房内就地预制,还是分一部分在厂房外预制。

3) 结构安装工程的施工顺序

结构安装工程是单层工业厂房施工中的主导工程,其施工内容有柱、吊车梁、连系梁、地基梁、托架、屋架、天窗架、大型屋面板等构件的吊装、校正和固定。吊装前的准备工作包括检查混凝土构件强度、杯底抄平、柱基杯口弹线、吊装验算和加固及起重机械安装等。

结构安装工程的施工顺序取决于吊装方案。若采用分件吊装法时,其施工顺序一般是:第一次开行安装全部柱子,随后对柱校正与固定;待柱与柱基杯口接头混凝土强度达到设计强度等级的70%后,第二次吊装吊车梁、托架与连系梁;第三次吊装屋架构件。有时也可将第二、三次开行合并。若采用综合吊装法时,其施工顺序一般是:先安装第一节间的4根柱,迅速校正并临时固定,再安装吊车梁及屋架等构件,依次逐间安装,直至整个厂房安装完毕。结构安装流向通常与预制构件制作流向一致。如果车间为多跨或有高低跨时,结构安装流向应从高低跨并列处开始,以满足其施工工艺的要求。抗风柱的安装顺序一般有两种,一是吊装柱的同时先安装该跨一端的抗风柱,另一端则于屋盖安装完毕后进行;二是全部抗风柱的安装均待屋盖安装完毕后进行。

4) 围护工程的施工顺序

单层工业厂房围护工程的内容及施工顺序与现浇钢筋混凝土框架结构建筑围护工程的施工顺序基本相同。

5) 屋面及装饰工程的施工顺序

单层工业厂房装饰工程也分为室外装饰及室内装饰,其施工顺序与现浇钢筋混凝土框架结构建筑相同。

5.3.4 选择施工方法及施工机械

选择施工方法及施工机械是施工方案中的关键问题,直接影响施工进度、质量和安全,以及工程成本。必须根据建筑结构的特点、工程量的大小、工期长短、资源供应情况、施工现场情况和周围环境等因素,制订出几个可行方案,在此基础上进行技术经济分析比较,确定最优的施工方案。

1. 选择施工方法

在单位工程施工组织设计中,主要项目的施工方法是根据工程特点在具体施工条件下拟定的,其内容要求简明扼要。在选择施工方法时,比较重要

上海中心大厦施工

的分部分项工程,施工技术复杂或采用新技术、新工艺的项目,以及工人在操作上还不够熟练的项目,应制订详细而具体的施工方案,有时还必须单独编制施工组织设计。凡按常规做法施工和工人熟练掌握的项目,不必详细拟定,只要提出这些项目在本工程上一些特殊的要求就行了。选择施工方法通常应着重考虑的内容如下。

1)基础工程

挖基槽(坑)土方是基础工程的主要施工过程之一,其施工方法包括下述内容。

(1)挖土方法的确定。选择是采用人工挖土还是机械挖土,如采用机械挖土,则应选择挖土机的型号、数量,机械开挖的方向与路线,机械开挖时,人工如何配合修整槽(坑)底边坡。

(2)挖土顺序。根据基础施工流向及基础挖土中基底标高确定挖土顺序。

(3)挖土技术措施。根据基础平面尺寸及深度、土壤类别等条件,确定基坑是单个挖土还是按柱列轴线连通大开挖;是否留工作面及确定放坡系数;如基础尺寸不大也不深时,也可考虑按垫层平面尺寸直壁开挖,以便减少土方量、节约垫层支模;如可能出现地下水,应如何采取排水或降低地下水的技术措施;排除地面水的方法,以及沟渠、集水井的布置和所需设备;冬期与雨期的有关技术与组织措施等。

(4)运、填、夯实机械的型号和数量。在基础工程中的挖土、做垫层、扎筋、支模、浇筑混凝土、养护、拆模、回填土等工序应采用流水作业连续施工,也就是说,基础工程施工方法的选择,除技术方法外,还必须对组织方法即对施工段的划分作出合理的选择。

2)钢筋混凝土工程

钢筋混凝土工程应着重于模板工程的工具化和钢筋混凝土施工的机械化,其施工方法考虑的要点如下。

(1)模板的类型和支模方法。根据不同的结构类型、现场条件确定现浇和预制用的各种模板(如工具式钢模、木模、翻转模板、土胎模等),各种支承方法(如钢、木立柱,桁架等)和各种施工方法(如分节脱模、重叠支模、滑模、大模板等),并分别列出采用的项目、部位和数量,明确加工制作的分工,隔离剂的选用。

(2)钢筋加工、运输和安装方法。明确钢筋在加工厂或现场加工的要求(如成型程度是加工成单根、网片还是骨架),除锈、调直、切断、弯曲、成型方法,钢筋冷拉方法、焊接方法(如电弧焊、对焊、点焊、气压焊等)以及运输和安装方法,从而提出加工申请计划和机具设备需要量计划。

(3)混凝土搅拌和运输方法。确定混凝土是集中搅拌还是分散搅拌,其砂石筛洗、计量和后台上料的方法,混凝土的运输方法;选用搅拌机的型号,以及所需的掺合料、附加剂的品种数量;确定所需材料机具设备数量;确定混凝土的浇筑顺序、施工缝位置、分层高度、工作班制、振捣方法和养护制度;等等。

3)预制工程

单层工业厂房的柱和屋架等在现场预制的大型构件,应根据厂房的平面尺寸、柱与屋架数量及其尺寸、吊装路线,以及选用的起重吊装机械的型号、吊装方法等因素,确定柱与屋架现场预制平面布置图。构件现场预制平面布置图应按照吊装工程的布置原则确定,并在图上标出上下层叠浇时屋架与柱的编号,这与构件的翻转、就位次序与方式有密切的关系。在预应力屋架布置时,应考虑预应力筋孔的留设方法。

4）结构吊装工程

吊装机械的选择应考虑建筑物的外形尺寸，所吊装构件的外形尺寸、位置及重量，工程量与工期，现场条件，吊装工地拥挤的程度与吊装机械通向建筑工地的可能性，工地上可能获得的吊装机械类型等条件。对吊装机械的参数和技术特性加以比较，选出最适当的机械类型和所需的数量。确定吊装方法（分件吊装法、综合吊装法），安排吊装顺序、机械位置和行驶路线以及构件拼装方法及场地，构件的运输、装卸、堆放方法，以及所需机具设备（如平板拖车、载重汽车、卷扬机及架子车等）的型号、数量和对运输道路的要求。吊装工程的准备：杯底找平、杯口面弹出中心线、柱子就位、弹出柱面中心线等；起重机行走路线压实加固；各种吊具、临时加固设施、电焊机等符合要求；其他吊装有关的技术措施。

5）砌砖工程

砌砖工程主要是确定现场垂直、水平运输方式和脚手架类型。在砖混结构建筑中，还应就砌砖与吊装楼板如何组织流水作业施工作出安排，砌砖应与搭脚手架密切配合。选择垂直运输方式时，常采用吊装机械做一部分材料的运输；当吊装机械不能满足运输量的要求时，可采用井架等垂直运输设施，并确定其型号及数量、设置的位置。选择水平运输方式时，确定各种运输车（手推车、机动小翻斗车、架子车、构件安装小车等）的型号与数量。为提高运输效率，还应确定与上述设施配套使用的专用工具设备，如砖笼、混凝土及砂浆料斗等，并综合安排各种运输设施的任务和服务范围，如划分运送砖、砌块、构件、砂浆、混凝土的时间和工作班次，做到合理分工。

6）抹灰工程

确定抹灰工程的施工方法和要求，根据抹灰工程机械化施工方法，提出所需的机具设备（如灰浆的制备、喷灰机械、地面抹光及磨光机械等）的型号和数量，确定工艺流程和施工组织，组织流水施工。

2．选择施工机械

选择施工方法必须涉及施工机械的选择问题。机械化施工是改变建筑工业生产落后面貌、实现建筑工业化的基础。因此，施工机械的选择是施工方法选择的中心环节。选择施工机械时应着重考虑以下几方面。

（1）选择施工机械时，首先应根据工程特点，选择适宜主导工程的施工机械。如在选择装配式单层工业厂房结构安装用的起重机类型时，当工程量较大且集中时，可以采用生产效率较高的塔式起重机；当工程量较小或工程量虽大却相当分散时，则采用无轨自行式起重机较为经济。在选择起重机型号时，应使起重机在起重臂外伸长度一定的条件下，能适应起重量及安装高度的要求。

（2）各种辅助机械或运输工具应与主导机械的生产能力协调配套，以充分发挥主导机械的效率。如土方工程施工中采用汽车运土时，汽车的载重量应为挖土机斗容量的整数倍，汽车的数量应保证挖土机的连续工作。

（3）在同一工地上，应力求施工机械的种类和型号尽可能少一些，以利于机械管理。因此，工程量大且分散时，宜采用多用途机械施工，如挖土机既可用于挖土，又能用于装卸、起重和打桩。

（4）施工机械的选择还应考虑充分发挥施工单位现有机械的能力。当本单位的机械能力不能满足工程需要时，则应购置或租赁所需的新型机械或多用途机械。

特别提示

要综合考虑使用机械的各项费用（如运输费、折旧费、租赁费、对工期的延误而造成的损失费用等）后进行成本的分析和比较，从而决定是选择租赁机械还是采用本单位的机械，有时采用租赁成本更低。

5.3.5 制定技术组织措施

技术组织措施是指在技术和组织方面对保证工程质量、保证施工进度、降低工程成本和文明安全施工制定的一套管理方法。其主要包括技术、质量、安全施工、降低成本和现场文明施工措施等。

1．技术措施

对应用新材料、新结构、新工艺、新技术的项目，以及高耸、大跨度、重型构件、深基础、设备基础、水下和软弱地基的项目，均应编制相应的技术措施，其内容如下。

（1）平面、剖面示意图以及工程量一览表。

（2）施工方法的特殊要求和工艺流程。

（3）水下及冬、雨期施工措施。

（4）技术要求和质量安全注意事项。

（5）材料、构件和机具的特点、使用方法及需要量。

2．质量措施

保证质量的措施，可从以下几方面来考虑。

（1）确保定位放线、标高测量等准确无误的措施。

（2）确保地基承载力及各种基础、地下结构施工质量的措施。

（3）确保主体结构中关键部位施工质量的措施。

（4）确保屋面、装饰工程施工质量的措施。

（5）保证质量的组织措施，如人员培训、编制工艺卡及质量检查验收制度等。

3．安全施工措施

保证安全施工的措施，可从下述几方面来考虑。

（1）保证土石方边坡稳定的措施。

（2）脚手架、安全网的设置及各类洞口、临边防止人员坠落的措施。

（3）外用电梯、井架及塔式起重机等垂直运输机具的拉结要求和防倒塌措施。

（4）安全用电和机电设备防短路、防触电的措施。

（5）易燃易爆有毒作业场所的防火、防爆、防毒措施。

（6）季节性安全措施，如雨期的防洪、防雨，夏期的防暑降温，冬期的防滑、防火等措施。

（7）现场周围通行道路及居民的保护隔离措施。

（8）保证安全施工的组织措施，如安全宣传、教育及检查制度等。

4. 降低成本措施

应根据工程情况，按分部分项工程逐项提出相应的节约措施，计算有关技术经济指标，分别列出节约工料数量与金额数字，以便衡量降低成本效果。其内容包括以下几个方面。

（1）合理进行土方平衡，以节约土方运输及人工费用。
（2）综合利用吊装机械，减少吊次，以节约台班费。
（3）提高模板精度，采用整装整拆，加速模板周转，以节约木材或钢材。
（4）混凝土、砂浆中掺适量外加剂或掺合料（如粉煤灰、硼泥等），以节约水泥。
（5）采用先进的钢筋焊接技术（如气压焊）以节约钢筋。
（6）构件及半成品采用预制拼装、整体安装的方法，以节约人工费、机械费等。

5. 现场文明施工措施

现场文明施工措施一般包括以下内容。

（1）施工现场围栏与标牌设置，出入口交通安全，道路畅通，场地平整，安全与消防设施齐全。
（2）临时设施的规划与搭设，办公室、宿舍、更衣室、食堂、厕所的安排与环境卫生。
（3）各种材料、半成品、构件的堆放与管理。
（4）散碎材料、施工垃圾的运输及各种防止环境污染措施。
（5）成品保护及施工机械保养措施。

5.4 施工进度计划

单位工程施工进度计划是指控制工程施工进度和竣工期限等各项施工活动的实施计划，是在确定了施工方案的基础上，根据规定工期和各种资源的供应条件，按照施工过程的合理施工顺序及组织施工的原则而制订的，用网络图或者横道图的形式表示。

5.4.1 施工进度计划的作用与分类

1. 施工进度计划的作用

单位工程施工进度计划是施工组织设计的重要组成内容之一，是控制各分部分项工程施工进度的主要依据，也是编制月、季度施工作业计划及各项资源需要量计划的依据。它的主要作用如下。

（1）确定各主要分部分项工程名称及其施工顺序，确定各施工过程需要的延续时间，确定它们互相之间的衔接、穿插、平行搭接、协作配合等关系。
（2）指导现场施工安排，确保施工进度和施工任务如期完成。
（3）确定为完成任务所必需的劳动工种和总劳动量及各种机械、各种技术物资资源的需要量，为编制相关的施工计划做好准备、提供依据。

施工进度计划的编制

2. 施工进度计划的分类

单位工程施工进度计划根据施工项目划分的粗细程度可分为控制性施工

进度计划和指导性施工进度计划两类。

（1）单位工程控制性施工进度计划：以分部工程为施工项目划分对象，控制各分部工程的施工时间及它们之间互相配合、搭接关系的一种进度计划。它主要适用于工程结构比较复杂、规模较大、工期较长而需要跨年度施工的工程，例如大型工业厂房、大型公共建筑；还适用于规模不是很大或者结构不算复杂，但各种资源（劳动力、材料、机械等）尚未落实的项目；也适用于工程建筑、结构等可能发生变化的项目；等等。

（2）单位工程指导性施工进度计划：以分项工程或施工过程为施工项目划分对象，具体确定各个分项工程或主要施工过程施工所需要的时间以及相互之间搭接、配合的关系。它适用于任务具体而明确、施工条件落实、各项资源供应正常、施工工期不太长的工程。编制控制性施工进度计划的单位工程，当各分部工程或施工条件基本落实以后，在施工之前也应编制指导性施工计划。这时，可按各施工阶段分别具体地、比较详细地进行编制。

5.4.2 施工进度计划的编制依据和程序

1．施工进度计划的编制依据

编制单位工程施工进度计划，主要依据下列资料。

（1）经过审批的建筑总平面图和工程全套施工图、地形图，以及水文、地质、气象等资料。

（2）施工组织总设计对本单位工程的有关规定。

（3）建设单位或上级规定的开竣工日期。

（4）单位工程的施工方案，如施工程序、施工段划分、施工方法、技术组织措施等。

（5）工程预算文件可提供工程量数据，但要依据施工段、分层、施工方法等因素进行合并、调整、补充。

（6）劳动定额及机械台班定额。

（7）施工企业的劳动资源能力。

（8）其他有关的要求和资料，如工程合同等。

2．施工进度计划的编制程序

单位工程施工进度计划的编制程序如图 5.6 所示。

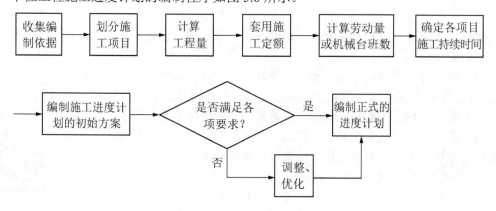

图 5.6　单位工程施工进度计划的编制程序

5.4.3 施工进度计划的表示方法

施工进度计划的表示方法有多种,最常用的为横道图和网络图,这里介绍横道图。横道图由两大部分组成,左侧部分是以分部分项工程为主的表格,包括相应分部分项工程内容及其工程量、定额(劳动效率)、劳动量或机械量等计算数据;表格右侧部分是以左侧表格计划数据设计出来的指示图表。它用线条形象地表现了各分部分项工程的施工进度,各个工程阶段的工期和总工期,并且综合反映了各个分部分项工程相互之间的关系。横道图的形式见表5-4。

表 5-4 横道图

序号	分部分项工程名称	工程量		定额	劳动量		机械量		每天工作班次	每天工人数	工作天数	进度日程	
		单位	数量		工种	数量	机械名称	台班数				×月	×月

5.4.4 施工进度计划的编制

根据施工进度计划的编制程序,其编制的主要步骤和方法如下。

1. 划分施工项目

编制施工进度计划时,首先应按照图纸和施工顺序将拟建单位工程的各个施工过程列出,并结合施工方法、施工条件、劳动组织等因素,加以适当调整,使之成为编制施工进度计划所需的施工项目。施工项目是包括一定工作内容的施工过程,是施工进度计划的基本组成单元。

单位工程施工进度计划的施工项目仅包括直接在建筑物上施工的现场施工过程,如砌筑、安装等,而对于构件制作和运输等施工过程,则不包括在内。但现场就地预制钢筋混凝土构件,不仅单独占有工期,且对其他施工过程的施工有影响,需要列入施工进度计划;若构件的运输需要与其他施工过程的施工密切配合,如楼板的随运随吊,这些运输过程也需列入施工进度计划。

在划分施工项目时,应注意以下几个问题。

(1)施工项目划分的粗细程度,应根据进度计划的需要来决定。对控制性施工进度计划,项目划分得粗一些,通常只列出分部工程,如砖混结构建筑的控制性施工进度计划,只列出基础工程、主体工程、屋面工程和装饰工程4个施工过程;而对指导性施工进度计划,项目的划分要细一些,应明确到分项工程或更具体,以满足指导施工作业的要求,如屋面工程应划分为找平层、隔气层、保温层、防水层等分项工程。

(2)施工过程的划分要结合所选择的施工方案。如结构安装工程，若采用分件吊装法，则施工过程的名称、数量、内容及其吊装顺序应按构件来确定；若采用综合吊装法，则施工过程应按施工单元（节间或区段）来确定。

(3)适当简化施工进度计划的内容，避免施工项目划分过细、重点不突出。因此，可考虑将某些穿插性分项工程合并到主要分项工程中去，如门窗框安装可并入砌筑工程；而对于在同一时间内由同一施工班组施工的过程可以合并，如工业厂房中的钢窗油漆、钢门油漆、钢支撑油漆、钢梯油漆等可合并为钢构件油漆一个施工过程；对于次要的、零星的分项工程，可合并为"其他工程"一项列入。

(4)水、暖、电、卫和设备安装智能系统等专业工程不必细分具体内容，由各专业施工队自行编制计划并负责组织施工，而在单位工程施工进度计划中只要反映出这些工程与土建工程的配合关系即可。

(5)所有施工项目应大致按施工顺序列成表格，编排序号，避免遗漏或重复，其名称可参考现行的施工定额手册上的项目名称。

2．计算工程量

工程量计算是一项十分烦琐的工作，应根据施工图纸、有关计算规则及相应的施工方法进行，而且往往是重复劳动。如设计概算、施工图预算、施工预算等文件中均需计算工程量，故在单位工程施工进度计划中不必再重复计算，只需直接套用施工预算的工程量，或根据施工预算中的工程量总数，按各施工层和施工段在施工图中所占的比例加以划分即可，因为进度计划中的工程量仅用来计算各种资源需要量，不作为计算工资或工程结算的依据，故不必精确计算。计算工程量应注意以下几个问题。

(1)各分部分项工程的工程量计算单位应与采用的施工定额中相应项目的单位一致，以便计算劳动量及材料需要量时可直接套用定额，不再进行换算。

(2)工程量计算应结合选定的施工方法和安全技术要求，使计算所得工程量与施工实际情况相符合。例如，挖土时是否放坡，是否加工作面，坡度大小与工作面尺寸是多少，是否使用支撑加固，开挖方式是单独开挖、条形开挖还是整片开挖，这些都直接影响到基础土方工程量的计算。

(3)结合施工组织要求，分区、分段、分层计算工程量，以便组织流水作业。若每层、每段上的工程量相等或相差不大时，可根据工程量的总数分别除以层数、段数，可得每层、每段上的工程量。

(4)如已编制预算文件，应合理利用预算文件中的工程量，以免重复计算。施工进度计划中的施工项目大多可直接采用预算文件中的工程量，可按施工过程的划分情况将预算文件中有关项目的工程量汇总。如"砌筑砖墙"一项的工程量，可首先分析它包括哪些内容，然后按其所包含的内容从预算的工程量中抄出并汇总求得。当施工进度计划中的有些施工项目与预算文件中的项目完全不同或局部有出入（如计量单位、计算规则、采用定额不同）时，则应根据施工中的实际情况加以修改、调整或重新计算。

3．套用施工定额

根据所划分的施工项目和施工方法，套用施工定额（当地实际采用的劳动定额及机械台班定额，或当地生产工人实际劳动生产效率），以确定劳动量和机械台班量。

 知识链接

施工定额有两种形式,即时间定额和产量定额。时间定额是指某种专业、某种技术等级的工人小组或个人在合理的技术组织条件下,完成合格的单位建筑产品所必需的工作时间,一般用符号 H_i 表示,它的单位有 d/m^3、d/m^2、d/m、d/t 等。因为时间定额以劳动工日数为单位,便于综合计算,故在劳动量统计中用得比较普遍。产量定额是指在合理的技术组织条件下,某种专业、某种技术等级的工人小组或个人在单位时间内所应完成合格的建筑产品的数量,一般用符号 S_i 表示,它的单位有 m^3/d、m^2/d、m/d、t/d 等。因为产量定额以建筑产品的数量来表示,具有形象化的特点,故在分配施工任务时用得比较普遍。时间定额和产量定额是互为倒数的关系,即

$$H_i = \frac{1}{S_i} \text{ 或 } S_i = \frac{1}{H_i} \tag{5-1}$$

套用国家或地方的定额,必须注意结合本单位工人的技术等级、实际施工操作水平、施工机械情况和施工现场条件等因素,确定完成定额的实际水平,使计算出来的劳动量、机械台班量符合实际需要,为准确编制施工进度计划打下基础。

有些采用新技术、新材料、新工艺或特殊施工方法的项目,施工定额中尚未编入,这时可参考类似项目的定额,经验资料,或按实际情况确定。

4. 计算劳动量与机械台班数

劳动量与机械台班数应根据各分部分项工程的工程量、施工方法和现行的施工定额,结合当时当地的具体情况加以确定(施工单位可在现行定额的基础上,结合本单位的实际情况,制定扩大的施工定额,作为计算生产资源需要量的依据)。所需的劳动量或机械台班数一般按下式计算。

$$P = \frac{Q}{S} \tag{5-2}$$

或

$$P = QH \tag{5-3}$$

式中:P——所需的劳动量(d)或机械台班量(台班);
  Q——工程量(m^3、m^2、t…);
  S——采用的产量定额(m^3/d 或台班、m^2/d 或台班、t/d 或台班…);
  H——采用的时间定额(d 或台班/m^3、d 或台班/m^2、d 或台班/t…)。

 应用案例 5-2

某砖混结构民用住宅的基槽挖方量为 $700m^3$,用人工挖土时,产量定额为 $3.5m^3/d$,由式(5-2)得所需劳动量为

$$P = \frac{Q}{S} = \frac{700}{3.5} = 200 \text{ (d)}$$

若用单斗挖土机开挖,其台班产量定额为 $120m^3$/台班,则机械台班需要量为

$$P = \frac{Q}{S} = \frac{700}{120} \approx 6 \text{(台班)}$$

定额使用中，可能遇到以下几种情况。

（1）计划中的一个项目包括了定额中的同一性质的不同类型的几个分项工程。这在查用定额时，定额对同一工种不一样，要用其综合产量定额（例如外墙砌砖的产量定额是 $0.85m^3/d$；内墙砌砖的则是 $0.94m^3/d$）。当同一工种不同类型分项工程的工程量相等时，综合产量定额为其绝对平均值，计算公式为

$$S=\frac{S_1+S_2+\cdots+S_n}{n} \tag{5-4}$$

当同一工种不同类型分项工程的工程量不相等时，综合产量定额为其加权平均值，计算公式为

$$S=\frac{\sum_{i=1}^{n}Q_i}{\sum_{i=1}^{n}P_i}=\frac{Q_1+Q_2+\cdots+Q_n}{\frac{Q_1}{S_1}+\frac{Q_2}{S_2}+\cdots+\frac{Q_n}{S_n}} \tag{5-5}$$

式中：S——综合产量定额；

Q_1、Q_2、$\cdots$、Q_n——同一工种不同类型分项工程的工程量；

S_1、S_2、$\cdots$、S_n——同一工种不同类型分项工程的产量定额。

也可用其所包括的各分项工程的工程量与其对应的分项工程产量定额（或时间定额）算出各自劳动量，然后求和，即为计划中项目的综合劳动量。

应用案例 5-3

门窗油漆项内木门及钢窗油漆两项合并，计算其综合产量定额。

设：Q_1=木门面积 $296.29m^2$；

S_1=木门油漆的产量定额 $8.22m^2/d$；

Q_2=钢窗面积 $463.92m^2$；

S_2=钢窗油漆的产量定额 $11.0m^2/d$。

综合产量定额 S 计算为

$$S=\frac{296.29+463.92}{\frac{296.29}{8.22}+\frac{463.92}{11.0}}\approx 9.72\ (m^2/d)$$

（2）施工计划中的新技术或特殊施工方法的工程项目无定额可查用时，可参考类似项目的定额，或经过实际测算确定其补充定额，然后套用。

（3）计划中"其他项目"所需劳动量，可视其内容和现场情况，按总劳动量的 10%～20%确定。

5．确定各项目施工持续时间

各项目的作业时间应根据劳动力和机械需要量、各工序每天可能出勤人数与机械数量等，并考虑工作面的大小来确定。可按式（5-6）计算。

$$t=\frac{P}{Rb} \tag{5-6}$$

式中：t——某项目的施工天数（d）；

P——某项目所需的机械台班数（台班）或劳动量（d）；

R——每班安排在某项目上的施工机械台数或劳动人数；

b——每天工作班数。

在确定各项目施工持续时间时，某些主要施工过程由于工作面限制，工人人数不能太多，而一班制又将影响工期时，可以采用两班制，尽量不采用三班制；大型机械的主要施工过程，为了充分发挥机械能力，可采用两班制，一般不采用三班制。

在利用上述公式计算时，应注意下列问题。

（1）对人工完成的施工过程，可先根据工作面可能容纳的人数并参照现有劳动组织的情况来确定每天出勤的工人人数，然后求出工作的持续时间。当工作的持续时间太长或太短时，则可增加或减少出勤人数，从而调整工作持续时间。

（2）机械施工可先凭经验假设主导机械的台数 n，然后从充分利用机械的生产能力出发求出工作的持续天数，再做调整。

（3）对于采用新工艺、新技术的项目，其产量定额和作业时间难以准确计算时，可根据过去的经验并按照实际的施工条件来进行估算。为提高其估算准确程度，可采用"三时估算法"，按式（5-7）算出的平均数 t 作为该项目的持续时间。

$$t=\frac{A+4C+B}{6} \tag{5-7}$$

式中：A——最长的估计持续时间；

B——最短的估计持续时间；

C——最大可能的估计持续时间。

在目前的市场经济条件下，施工的过程就是承包商履行合同的过程。通常项目经理部根据合同规定的工期（或《施工项目管理目标责任书》的要求工期），结合自身的施工经验，先确定各分部分项工程的施工时间，再按各分部分项工程需要的劳动量或机械台班数，确定每一分部分项工程的每个班组所需要的工人数或机械台班数。

6. 编制施工进度计划的初始方案

流水施工是组织施工、编制施工进度计划的主要方式，在第 3 章已做了详细介绍。编制施工进度计划时，必须考虑各分部分项工程的合理施工顺序，尽可能组织流水施工，力求主要工种的施工班组连续施工，其编制方法如下。

（1）对主要施工阶段组织流水施工。先安排主导施工过程的施工进度，使其尽可能连续施工，其他穿插施工过程尽可能与主导施工过程配合、穿插、搭接。如砖混结构房屋中的主体结构工程，其主导施工过程为砖墙砌筑和现浇钢筋混凝土楼板；现浇钢筋混凝土框架结构房屋中的主体结构工程，其主导施工过程为钢筋混凝土框架的支模、扎筋和浇混凝土。

（2）配合主要施工阶段，安排其他施工阶段的施工进度。

（3）按照工艺的合理性和施工过程相互配合、穿插、搭接的原则，将各施工阶段的流水作业图表搭接起来，即得到了单位工程施工进度计划的初始方案。

7. 施工进度计划的检查与调整

检查与调整的目的在于使施工进度计划的初始方案满足规定的目标，一般从以下几方面进行检查与调整。

（1）技术方面，各施工过程的施工工序是否正确，流水施工组织方法的应用是否正确，技术间歇是否合理。

（2）工期方面，初始方案的总工期是否满足合同工期要求。

（3）劳动力方面，主要工种工人是否连续施工，劳动力消耗是否均衡。劳动力消耗的均衡性是针对整个单位工程或各个工种而言，应力求每天出勤的工人人数不发生过大变动。

知识链接

劳动力消耗的均衡性指标可以采用劳动力均衡系数 K 来评估。

$$K = \frac{\text{高峰出工人数}}{\text{平均出工人数}}$$

式中的平均出工人数为出工人数被总工期除得之商。最理想的情况是 K 接近于 1。一般认为 K 在 2 以内为好，超过 2 为不正常。

（4）物资方面，主要机械、设备、材料等的利用是否均衡，施工机械是否充分利用。

主要机械通常是指混凝土搅拌机、灰浆搅拌机、自动式起重机和挖土机等。机械的利用情况是通过机械的利用程度来反映的。

初始方案经过检查，对不符合要求的部分需进行调整。调整方法一般有：增加或缩短某些施工过程的施工持续时间；在符合工艺关系的条件下，将某些施工过程的施工时间向前或向后移动。必要时，还可以改变施工方法。

应当指出，上述编制施工进度计划的步骤不是孤立的，而是互相依赖、互相联系的，有的可以同时进行。建筑施工是一个复杂的生产过程，受周围客观条件影响的因素很多，在施工过程中，由于劳动力和机械、材料等物资的供应及自然条件等因素的变动，使其经常不符合原计划的要求，因此人们不但要有周密的计划，而且必须善于使自己的主观认识随着施工过程的发展而转变，并在实际施工中不断修改和调整施工进度计划，以适应新的情况变化。同时在制订计划的时候要留有余地，以免当施工过程发生变化时，陷入被动的处境。

5.5 施工准备工作计划与各种资源需要量计划

单位工程施工进度计划编出后，即可着手编制施工准备工作计划和各种资源（劳动力及物资）需要量计划。这些计划也是施工组织设计的组成部分，是施工单位安排施工准备及各种资源（劳动力和物资）供应的主要依据。

5.5.1 施工准备工作计划

单位工程施工前,应编制施工准备工作计划(表 5-5),这也是施工组织设计的一项重要内容。为使准备工作有计划地进行,并便于检查、监督,各项准备工作应有明确的分工,由专人负责并规定期限。

表 5-5 施工准备工作计划

序号	准备工作项目	工作量		简要内容	负责单位或负责人	起止日期		备注
		单位	数量			日/月	日/月	

5.5.2 劳动力需要量计划

劳动力需要量计划(表 5-6)主要根据确定的施工进度计划提出,其方法是按进度表上每天所需人数分工种分别统计,得出每天所需工种及人数,按时间进度要求汇总。

表 5-6 劳动力需要量计划

序号	工种名称	总工日数	需要人数及时间										
			×月			×月			×月			×月		
			上旬	中旬	下旬	上旬	中旬	下旬	上旬	中旬	下旬	上旬	中旬	下旬

5.5.3 施工机械、主要机具需要量计划

施工机械、主要机具需要量计划(表 5-7)主要根据单位工程分部分项施工方案及施工进度计划要求,提出各种施工机械、主要机具的名称、类型型号、需要量及使用时间等。

表 5-7 施工机械、主要机具需要量计划

序号	施工机械、主要机具名称	类型型号	需要量		货源	使用起止日期	备注
			单位	数量			

5.5.4 预制构件、半成品需要量计划

预制构件、半成品包括钢筋混凝土构件、木构件、钢构件、混凝土制品等，其需要量计划见表 5-8。

表 5-8 预制构件、半成品需要量计划

序号	预制构件、半成品名称	规格	图号	需要量		使用部位	加工单位	供应日期	备注
				单位	数量				

5.5.5 主要材料需要量计划

主要材料需要量计划（表 5-9）主要根据工程量及预算定额统计、计算、汇总施工现场需要的各种主要材料用量。主要材料需要量计划是组织供应材料、拟定现场堆放场地及仓库面积需要量和运输计划的依据。编制时，应提出各种材料的名称、需要量、供应时间等要求。

表 5-9 主要材料需要量计划

序号	材料名称	需要量		供应时间	备注
		单位	数量		

5.6 施工平面图

施工平面图是施工过程空间组织的具体成果，也是根据施工过程空间组织的原则，对施工过程所需的工艺路线、施工设备、原材料堆放、动力供应、场内运输、半成品生产、仓库、料场、生活设施等进行空间的特别是平面的科学规划与设计，并以平面图的形式加以表达。施工平面图绘制的比例一般为1：500～1：200。

施工平面图是单位工程施工组织设计的重要组成部分，是进行施工现场布置的依据，也是施工准备工作的一项重要内容。施工现场布置直接影响到能否有组织、按计划地进行文明施工，节约并合理利用场地，减少临时设施费用等问题，所以，施工平面图的合理设计具有重要意义。施工平面图要根据拟建工程的规模、施工方案、施工进度及施工生产中的需要，结合现场的具体情况和条件，对施工现场作出规划、部署和具体安排。

不同的工程性质和不同的施工阶段，各有不同的施工特点和要求，对现场所需的各种施工设备，也有不同的内容和要求。因此，不同的施工阶段（如基础阶段施工和主体阶段施工）可能有不同的施工平面图。

5.6.1 施工平面图的设计依据

施工平面图的设计依据是：建筑总平面图、施工图纸、现场地形图、施工现场的现有条件（如水源、电源、建设单位能提供的原有房屋及其他生活设施的条件），各类材料和半成品的供应计划和运输方式、各类临时设施的布置要求（性质、形式、面积和尺寸）、各加工车间和场地的规模与设备数量等。

5.6.2 施工平面图布置的内容

（1）建筑总平面图上已建及拟建的永久性房屋、构筑物及地下管道的位置和尺寸。
（2）垂直起重运输机械的位置。
（3）搅拌站、仓库、材料和构件堆场、加工厂（间）的位置。
（4）运输道路的布置。
（5）临时设施的布置。
（6）水电管网的布置。
（7）测量控制桩，安全及防火、防汛设施的位置。

5.6.3 施工平面图设计的基本原则

（1）在满足施工条件下，布置要紧凑，尽可能地减少施工用地，应特别注意不占或少占农田。

（2）合理布置运输道路、加工厂、搅拌站、仓库等的位置，最大限度地减小场内材料运输距离，特别是减少场内二次搬运。

（3）力争减少临时设施的工程量，降低临时设施费用；尽可能利用施工现场附近的原有建筑物作为施工临时设施。

（4）便利于工人生产和生活，符合安全、消防、环境保护和劳动保护的要求。

5.6.4 施工平面图的设计步骤和要点

单位工程施工平面图的设计步骤如图 5.7 所示。

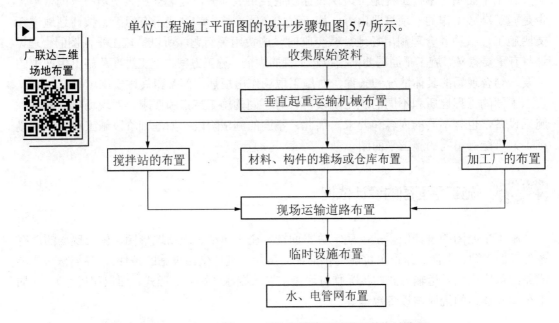

图 5.7 单位工程施工平面图的设计步骤

1. 确定垂直起重运输机械的位置

垂直起重运输机械的位置影响着仓库、料堆、砂浆、混凝土搅拌站的位置，以及场内道路和水、电管网的布置。

布置固定垂直起重运输机械（如井架、龙门架等）的位置时，须考虑建筑物的平面形状，施工段的划分，起重高度及材料、构件的重量，考虑机械的起重能力和服务范围；做到便于运输材料，便于组织分层分段流水施工，使运距最小。布置时应考虑以下几个方面。

（1）各施工段高度相近时应布置在施工段的分界线附近，高度相差较大时布置在高低分界线较高部位一侧，以使楼面上各施工段水平运输互不干扰。

（2）固定垂直起重运输机械的位置布置在有窗口之处为宜，以避免砌墙留槎和减少固定垂直起重运输机械拆除后的修补工作。

（3）固定垂直起重运输机械中卷扬机的位置不应距离起重机过近，以便司机的视线能看到整个升降过程。一般要求此距离大于建筑物的高度，距外脚手架 3m 以上。

塔式起重机是集起重、垂直提升、水平输送3种功能为一体的机械设备，按其在施工上使用架设的要求不同可分为固定式、轨行式、附着式、内爬式4种。

塔式起重机的布置位置主要根据建筑物的平面形状、尺寸，施工场地的条件及安装工艺来定，还要考虑起重机最大服务半径，使材料和构件获得最大的堆放场地并能直接运至任何施工地点，避免出现"死角"。当在塔式起重机的起重臂操作范围内有架空电线等通过时，应特别注意采取安全措施，并应尽可能避免交叉。

轨行式起重机的轨道一般沿建筑物的长向布置，其位置和尺寸取决于建筑物的平面形状和尺寸、构件自重、起重机的性能及四周施工场地的条件。通常轨道布置方式有3种，单侧布置、双侧布置和环形布置，如图5.8所示。当建筑物宽度较小、构件自重不大时，可采用单侧布置方式；当建筑物宽度较大，构件自重较大时，应采用双侧布置或环形布置方式。

当轨行式起重机轨道及路基在排水坡下边时，应在其上游设置挡水堤或截水沟将水排走，以免雨水冲坏轨道及路基。

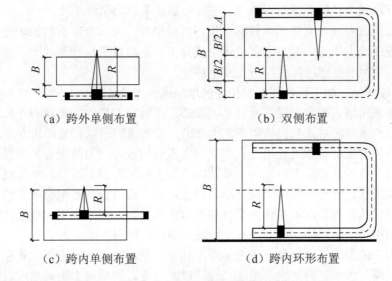

(a) 跨外单侧布置　　　　　　(b) 双侧布置

(c) 跨内单侧布置　　　　　　(d) 跨内环形布置

图 5.8　轨行式起重机布置方案

轨行式起重机轨道布置完成后，应绘制出起重机的服务范围。以轨道两端有效端点的轨道中点为圆心，以最大回转半径为半径画出两个半圆，连接两个半圆，即为轨行式起重机服务范围，如图5.9和图5.10所示。

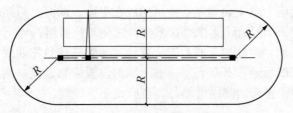

图 5.9　轨行式起重机服务范围示意图（一）

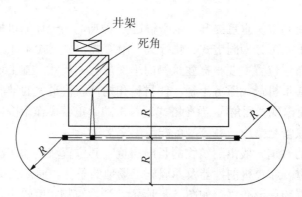

图 5.10 轨行式起重机服务范围示意图（二）

单层装配式工业厂房构件的吊装，一般采用履带式或轮胎式起重机，进行节间吊装，有时也利用塔式起重机配合天窗架、大型屋面板等构件吊装。采用履带式或轮胎式起重机吊装时，开行路线及停机位置主要取决于建筑物的平面布置、构件自重、吊装高度和吊装方法等，开行路线及停机位置是否合理，直接影响起重机的吊装速度。

施工平面图的布置，要考虑构件的制作、堆放位置，并适合起重机的运行与吊装，保证起重机按程序流水作业，减少起重机走空或窝工。在起重机运行路线上，地下、地上及空间的障碍物应提前处理或排除，防止发生事故。

2. 布置搅拌站、加工厂、材料和构件的堆场或仓库的位置

垂直运输采用塔式起重机时，搅拌站、加工厂、材料和构件的堆场或仓库的位置，应尽量靠近使用地点或在塔式起重机服务范围之内，并考虑到运输和装卸的方便。

搅拌站的位置应尽量靠近使用地点或靠近垂直运输设备，力争混合料由搅拌站到工作地点运距最短。有时在浇筑大型混凝土基础时，为了减少混凝土运输，可将混凝土搅拌站直接设在基础边缘，待基础混凝土浇完后再转移。砂、石堆场及水泥仓库应紧靠搅拌站布置，同时搅拌站的位置还应考虑使大宗材料的运输和装卸方便。利用大型搅拌站，集中生产混凝土，用罐车运至现场，可节约施工用地，提高机械利用率。

材料、构件的堆放应尽量靠近使用地点，并考虑到运输及卸料方便，底层以下用料可堆放在基础四周，但不宜离基坑、槽边太近，以防塌方。当采用固定式垂直运输设备时，材料、构件堆场应尽量靠近垂直运输设备，以缩短地面水平运距；当采用轨行式起重机时，材料、构件堆场以及搅拌站出料口等均应布置在轨行式起重机有效起吊服务范围之内；当采用无轨自行式起重机时，材料、构件堆场及搅拌站应沿着起重机的开行路线布置，且应在起重臂的最大起重半径范围之内。

构件的堆放位置应考虑安装顺序。先吊的放在上面、前面，后吊的放在下面。构件进场时间应与安装进度密切配合，力求直接就位，避免二次搬运。

加工厂（如木工棚、钢筋加工棚）的位置，宜布置在建筑物四周稍远位置，且应有一定的材料、构件的堆放场地；石灰仓库、淋灰池的位置应靠近搅拌站，并设在下风向；沥青堆放场及熬制锅的位置应远离易燃物品，也应设在下风向。

知识链接

各种材料、构件储存面积及储存方式见表 5-10。

表 5-10　各种材料、构件储存面积及储存方式

材料、构件种类	单位	每平方米储存量	有效利用系数	储存方式
水泥	t	2.0	0.65~0.7	库房
石灰	t	1.5~2.0	0.45~0.8	露天或库房
粗细砂	m³	2	0.7	露天
块石	m³	1	0.7	露天
碎卵石	m³	2.0~4.0	0.45~0.7	露天
石灰膏	t	1.8~2.5	0.45~0.7	库房
砖	千块	0.8	0.45~0.7	露天
耐火砖	t	2.0	0.65	棚
瓦	千块	0.3	0.7	露天
木材	m³	2.0	0.5	露天
胶合板	张	200~300	0.45~0.6	库房
钢筋	t	1.3	0.65	露天或棚
型钢	t	2.0~3.0	0.5~0.6	露天
金属管材	t	1.0	0.7	露天
白铁皮	t	4.0~4.5	0.5~0.65	库房
油毡	卷	15~22	0.35~0.45	库房
沥青	t	0.9~1.5	0.6~0.7	露天
汽油	t	0.45~0.7	0.45~0.6	地下库房
玻璃	箱	6~10	0.45~0.6	库房
油漆	桶或 t	5~100 或 0.3~0.6	0.45~0.6	库房
电气材料	t	0.5	0.4	库房
门扇	扇	12~15	0.6	库房
窗扇	扇	60~70	0.6	库房
门框	樘	12	0.6	库房或棚
窗框	樘	12	0.6	库房或棚
水暖零件	t	1.3	0.5	棚
小五金	t	1.2~1.5	0.5~0.6	库房
小型预制构件	m³	0.5~0.6	0.6~0.65	露天

3. 布置运输道路

场内道路的布置，主要是满足材料、构件的运输和消防的要求。这样就应使道路连通到各材料及构件堆放场地，并离它越近越好，以便装卸。消防对道路的要求，除消防车能直接开到消火栓处之外，还应使道路靠近建筑物、木料场，以便消防车能直接进行灭火抢救。

布置运输道路时还应注意下列几方面要求。

（1）尽量使道路布置成直线，以提高运输车辆的行车速度，并应使道路形成循环，以提高车辆的通过能力。

（2）应考虑下一期开工的建筑物位置和地下管线的布置。道路的布置要与后期施工结合起来考虑，以免临时改道或道路被切断影响运输。

（3）布置道路应尽量把临时道路与永久性道路相结合，即可先修永久性道路的路基，作为临时道路使用，尤其是需修建场外临时道路时，要着重考虑这一点，可节约大量投资。

在有条件的地方，可以把永久性道路路面也事先修建好，更有利于运输。

 知识链接

道路的布置还应满足一定的技术要求，如路面的宽度、最小转弯半径等，见表 5-11。

表 5-11 施工现场道路最小路面宽度及转弯半径

车辆、道路类别	路面宽度/m	最小转弯半径/m
汽车单行道	≥3.5	9
汽车双行道	≥6.0	9
平板拖车单行道	≥4.0	12
平板拖车双行道	≥8.0	12

4．布置临时设施

为服务建筑工程的施工，工地的临时设施应包括行政管理用房、料具仓库、加工间及生活用房等几大类。现场原有的房屋，在不妨碍施工的前提下，符合安全防火要求的，应加以保留利用；有时为了节省临时设施面积，可先建造小区建筑中的附属建筑的一部分，建好后先做施工临时用，待整个工程施工完毕后再行移交；如果所建的单位工程是处在一个大工地，有若干个幢号同时施工，则可统一布置临时设施。

通常办公室应靠近施工现场，设在工地出入口处。工人休息室应设在工人作业区，宿舍应布置在安全的上风口。生活性与生产性临时设施应有明显的划分，不要互相干扰。

 知识链接

临时设施面积可参考表 5-12。

表 5-12 临时设施面积参考表

序号	临时设施名称	单位	参考面积
1	办公室	m²/人	3.5
2	单层宿舍（双人床）	m²/人	2.6~2.8
3	食堂	m²/人	0.9
4	医务室	m²/人	0.06（总面积≥30m²）
5	浴室	m²/人	0.1
6	俱乐部	m²/人	0.1
7	门卫、收发室	m²/人	6~8

5．布置水、电管网

1）供水管网的布置

供水管道一般从建设单位的干管或自行布置的干管接到用水地点，同时应保证管网总长度最短。管径的大小和出水龙头的数目及设置，应视工程规模的大小通过计算确定。管道可埋于地下，也可铺于路上，根据当地的气候条件和使用期限的长短而定。

临时供水管道最好埋设在地面以下，以防汽车及其他机械在上面行走时压坏。严寒地区应埋设在冰冻线以下，明管部分应做保温处理。工地临时供水管道不要布置在第二期拟建建筑物或管线的位置上，以免开工时水源被切断，影响施工。

临时供水管网布置时，除要满足生产、生活要求外，还要满足消防用水的要求，并设法使管道铺设越短越好。

根据实践经验，一般面积在 5000～10000m² 的单位工程施工用水的总管用 ϕ100mm 管，支管用 ϕ38mm 或 ϕ25mm 管，ϕ100mm 管可用于消火栓的水量供给。

施工现场应设消防水池、水桶、灭火器等消防设施。单位工程施工中的防火，一般用建设单位的永久性消防设备。若为新建企业则根据全工地的施工总平面图考虑。

一般供水管网形式分为以下几种。

(1) 环形管网，管网为环形封闭形状。优点是能够保证可靠地供水，当管网某一处发生故障时，水仍能沿管网其他支管供水；缺点是管线长、造价高，管材耗量大。

(2) 枝形管网，管网由干线及支线两部分组成。管线长度短、造价低，但供水可靠性差。

(3) 混合式管网，主要用水区及干管采用环形管网，其他用水区采用枝形支线供水。这种混合式管网，兼备两种管网的优点，在大工地中采用较多。

> **特别提示**
>
> 一般单位工程的供水管网，可在干线上采用枝形管网形式。但干线如是全工地用的，最好采用环形管网形式。

知识链接

布置供水管网时应考虑消火栓的布置要求。

(1) 室外消火栓应沿道路设置，间距不应超过 120m，距房屋外墙为 1.5～5m，距道路应不大于 2m。现场每座消火栓的消防半径，以水龙带铺设长度计算，最大为 50m。

(2) 现场消火栓处昼夜要设有明显标志，配备足够的水龙带，周围 3m 以内，不准存放任何物品。室外消火栓给水管的直径，不小于 100mm。

(3) 高层建筑施工，应设置专用高压泵和消防竖管。消防高压泵应用非易燃材料建造，设在安全位置。

2) 供电管网的布置

施工现场用的变压器，应布置在现场边缘高压线接入处，四周设置铁丝网等围栏；变压器不宜布置在交通要道口；配电室应靠近变压器，便于管理。

现场架空线必须采用绝缘铜线或绝缘铝线。架空线必须架设在专用电杆上，并布置在道路一侧，严禁架设在树木、脚手架上。现场正式的架空线（工期超过半年的现场，须按正式线架设）与施工建筑物的水平距离不小于 10m，与地面的垂直距离不小于 6m，跨越建筑物或临时设施时，与其顶部的垂直距离不小于 2.5m，距树木不应小于 1m。电杆间距一般为 25～40m，分支线及引入线均应从杆上横担处连接。

施工现场临时用电线路布置一般有两种形式。

(1) 枝状系统，即按用电地点直接架设干线与支线。优点是省线材、造价低；缺点是线路内如发生故障断电，将影响其他用电设备的使用。因此，对需要连续供电的机械设备

（如水泵等），则应避免使用枝状系统。

（2）网状系统，即用一个变压器或两个变压器，在闭合线路上供电。在大型工地及起重机械（如塔式起重机）多的现场，最好用网状系统，可以保证供电。

以上是单位工程施工平面图设计的主要内容及要求。设计中，还应参考国家及各地区有关安全消防等方面的规定，如各类建筑物、材料堆放的安全防火间距等。此外，对较复杂的单位工程，应按不同的施工阶段分别设计施工平面图。

5.7 单位工程施工组织设计实例

5.7.1 编制依据

1．施工合同
合同名称：××××生产调度工业大楼建设工程施工合同
签订日期：××××年××月××日
承包范围：土建施工、总包管理

2．工程地质勘察报告
（略）

3．施工图纸目录
（略）

4．有关规范、标准、文献及规范目录
（略）

5.7.2 工程概况

1．建筑概况（表5-13）

表5-13 建筑概况

工程名称	××××生产调度工业大楼	工程地点	甲市×××路×××村
建设单位	××××	勘察单位	××××大学建筑设计研究院
设计单位	××××大学建筑设计研究院	监理单位	××××建筑工程监理有限公司
质量监督部门	×××市质监站	总包单位	×××××公司
合同工期	2021年10月28日至2023年8月10日	总投资额	
合同工程投资额	（人民币）××××元		
工程主要功能或用途	主要用于办公		

2. 设计概况（表 5-14）

表 5-14 设计概况

占地面积		14533m²	首层面积		2745.1m²	总建筑面积	42724.8m²
层数	地上	33 层	层高	首层	4.5 m	地上面积	40869.2m²
	地下	1 层		标准层	3.6 m	地下面积	1855.6m²
	—	—		地下	5.00 m	—	—
装饰	外墙	玻璃幕墙					
	楼地面	计算机及通信中心机房采用活动地板；调度室、局长室、副局长室、总工室、大会议厅采用素色碎花羊毛地毯；营业厅及办公室采用花岗石地面					
	墙面	卫生间、更衣室用面砖，首层门厅用干挂花岗岩，其他用乳胶漆					
	顶棚	乳胶漆					
	楼梯	花岗石地面					
	电梯厅	地面：花岗石		墙面：乳胶漆		顶棚：乳胶漆	
防水	地下	4mm 厚 APP 改性沥青防水卷材					
	屋面	3mm 厚 APP 改性沥青防水卷材；3mm 厚氯丁橡胶沥青防水涂料（二布八涂）					
	厕浴间	1.5mm 厚聚氨酯防水涂料					
	阳台	3mm 厚 APP 改性沥青防水卷材；3mm 厚氯丁橡胶沥青防水涂料（二布八涂）					
	雨篷	3mm 厚 APP 改性沥青防水卷材；3mm 厚氯丁橡胶沥青防水涂料（二布八涂）					
保温节能		膨胀珍珠岩					
其他需说明的事项：							

3. 结构概况（表 5-15）

表 5-15 结构概况

地基基础	埋深	8m		持力层	微风化岩层	标准承载力	1800kN	
	桩基	类型：钻孔灌注桩		桩长：24.5m		桩径：2000 mm	间距：7200mm	
	箱形基础	底板厚度：600mm			顶板厚度：180mm			
	条形基础							
	独立基础							
主体	结构形式	框剪						
	主要结构尺寸	梁：800mm（高）		板：150mm	柱：800mm×800mm	墙：400mm		
抗震设防等级		7 级			人防等级		6 级	
混凝土强度等级及抗渗要求		基础	C60	墙体	C35	其他	抗渗等级：S10	
		梁	C35	板	C35			
		柱	C50	楼梯	C35			
钢筋		类别：HPB300、HRB400						
特殊结构		（钢结构、网架、预应力）						
其他需说明的事项：								

4. 建筑设备安装概况

（略）

5．自然条件

1）气象条件（表 5-16）

表 5-16　气象条件

温度或湿度			降雨量	
类别	温度/℃	湿度/%	年平均降雨量/mm	1720
年平均温湿度	21.97	77	最大月平均降雨量/mm	287.4（6 月份）
最高温湿度	38.7	100	年平均降雨日数/日	151
最低温湿度	0.00	69	年雷暴日数/日	87.6
—	—	—	百年一遇最高洪水位/m	7.81
风向、风速				
	风向		频率/%	
常年主导风	北		15	
次主导风	东南		9	
	东		7	
常年平均风速/（m/s）	1.9			
最大风速/（m/s）	33.7			

2）场地工程地质条件及场地水文概况

（略）

3）周边道路及交通条件

场地已"七通一平"；四周场地已有围墙，作业场地较宽敞；交通便利，可通大型车辆。

4）场区及周边地下管线

施工用水管径为 $DN75mm$，建设单位在现场提供 500kW 的施工用电变压器，现场可提供 1 个施工用水接驳点和 1 个施工用电接驳点。

5）工程特点及难点

（1）工程特点。主楼建筑设计造型独特，在立面设有多个共享空中花园（中庭），将办公楼与生态花园有机地融为一体，使人置身于立体花园的工作环境之中，倍感心旷神怡。结构设计部分采用了无黏结预应力混凝土技术，满足了大跨度、大空间结构的要求，结构构件简洁，建筑立面富有动感。建筑高度高，总高度为 139.9m，加上屋顶桅杆总高度达 159.50m，建成后将成为甲市的标志性建筑，为甲市增加一道亮丽的风景线。中庭大梁跨度大，最大达 32.20m，架空高度高，最高达 28.80m。承台厚度大，最厚为 3.9m；梁柱截面尺寸大，梁最大截面为 900mm×2000mm，四边形柱最大截面为 1000mm×1750mm，圆柱最大截面为 $\phi1300mm$。结构构件混凝土强度等级高，竖向构件采用了 C50、C55、C60 等高强混凝土。

（2）工程难点。通过现场踏勘及对施工图纸、地质资料的分析，该工程在施工中主要有以下几方面的难点：软弱地基基坑支护施工，大体积混凝土施工，高性能混凝土的配制及施工，中庭大空间、大跨度结构施工，钢桅杆吊装，大面积无结构部位玻璃幕墙施工。

5.7.3 施工组织及部署

1．工程目标

（略）

2．项目施工管理组织机构

（略）

3．任务划分及总分包管理

（略）

4．施工流水段的划分及施工工艺流程

1）施工区域的划分

本工程在平面上分为主楼、副楼、连廊 3 个区域，分别独立组织施工。

2）总体施工程序

主楼区域施工的工程量大，是工程的关键线路，必须优先组织施工；副楼区域待主楼地下室结构完成、基坑回填后开始施工，以减小对主楼区域施工的影响；连廊区域的施工从技术角度出发，待主楼结构封顶后 15d 开始现场吊装。

主楼区域的施工程序为：竖向分层，每层一段，主体结构及室内粗装饰工程自下而上单向推进；室外装饰、室内精装修及安装工程则分段从上至下复式跟进。随着主体结构施工及时做好机电及幕墙的预埋预留工作，这样以主体结构为主线，当主体完工至第 6 层时，依次插入内外砌体、室内粗装饰、部分安装工程，与主体结构同步向上进行施工；主体封顶后进行屋顶桅杆的吊装，屋面工程基本完成后开始室外装饰、室内精装修和水、电、风、设备的安装工程，形成各主要分部分项工程在时间、空间上的紧凑搭接，缩短施工工期，使工程早日竣工。

3）主要分部分项工程施工程序

（1）土方开挖施工程序。

加筋水泥土挡墙施工→基坑降水→基坑大开挖至 -5.7m→基底清理，施工底板垫层→钻孔灌注桩施工，同时进行大承台支护桩施工→大承台土方开挖，同时进行钻孔灌注桩的检测→承台基底清理，施工承台垫层→承台砌砖模→承台、底板防水施工→进入承台及底板结构施工。

（2）钻孔灌注桩施工程序。

测量放线定位→钻孔并清孔→验孔→钢筋笼吊装入孔→桩芯混凝土浇筑。

（3）地下室底板防水工程施工程序。

底板混凝土垫层施工→水泥砂浆找平层施工→刷基层处理剂一遍→4mm 厚 APP 改性沥青防水卷材施工→30mm 厚 C20 细石混凝土保护层施工→养护，进入地下室底板结构施工。

（4）墙、柱、梁、板施工程序。

为保证墙、柱、梁、板的结构构件的模板及其支撑系统的整体性和稳定性，保证构件的轴线位置、截面尺寸的准确性及满足地下室防水的要求,施工中采取墙、柱、梁、板一次性支模,墙、柱、梁、板混凝土一次性连续浇筑的方法施工。墙、柱、梁、板的施工程序如图 5.11 所示。

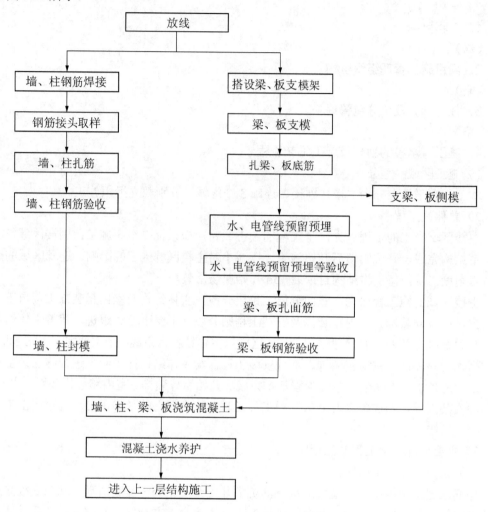

图 5.11 墙、柱、梁、板的施工程序

(5) 标准层结构工程施工程序。

由于电梯井外模采用清水大模板,因此墙、柱和梁、板混凝土将分开进行浇筑。待墙、柱混凝土浇筑完,大模板拆除且墙、柱施工缝处理后,进行梁、板结构施工。其施工程序如图 5.12 所示。

(6) 砌体工程及室内抹灰施工程序。

放线→砌筑施工→构造柱及圈梁扎筋→构造柱及圈梁支模→构造柱及圈梁浇筑混凝土→构造柱及圈梁拆模→过梁安装→门、窗框安装→顶棚、墙面清理→顶棚及墙面抹灰→楼地面找平。

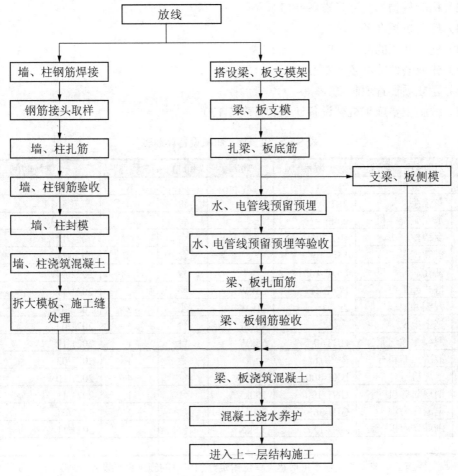

图 5.12 标准层结构工程施工程序

5．施工准备

1）施工技术准备

（1）气象、地形和水文地质的调查（略）。

（2）设计的结合工作（略）。

（3）编制施工组织设计（略）。

（4）编制施工图预算和施工预算（略）。

（5）设备及器具准备（略）。

（6）制订技术工作计划（略）。

2）现场准备

（1）场地控制网的测量，建立控制基准点（略）。

（2）组织机械设备进场（略）。

（3）组织建筑材料和构配件的进场（略）。

3）各种资源准备

（1）建筑材料的准备（略）。

(2) 构配件的加工订货准备（略）。
(3) 施工机械准备（略）。
(4) 施工队伍的准备（略）。
(5) 作业条件的准备（略）。
(6) 建立项目管理制度（略）。
(7) 编制主要施工机械设备计划表（表5-17）。

表5-17 主要施工机械设备计划表

序号	机械设备名称	型号	功率	单位	数量	进场时间
1	搅拌桩机	PH-7	—	台	4	开工前3d
2	灰浆泵	2BL50	—	台	4	开工前3d
3	水泥浆搅拌机	0.4m³	—	台	4	开工前3d
4	反铲挖掘机	HD-700	—	台	2	2021/11
5	自卸汽车	15t	—	台	8	2021/11
6	钻孔灌注桩机	DDZ-100	—	台	1	2022/04
7	塔式起重机	FO/23B	65kW	座	1	2021/11
8	型钢井架	2t	11kW	座	2	2022/07
9	施工电梯	宝达	45kW	台	1	2022/03
10	混凝土输送泵	HBT60	55kW	台	1	2021/12
11	混凝土布料杆	$R=21m$	—	套	1	2022/03
12	电焊机	BX1-400	25kVA	台	4	2021/10
13	钢筋对焊机	UN1-100	100kVA	台	1	2021/11
14	电渣压力焊	GIH-36	28kVA	台	2	2022/01
15	钢筋切断机	JJ40-1	5.5kN	台	3	2021/11
⋮	⋮	⋮	⋮	⋮	⋮	⋮

注：此主要施工机械设备计划不包括建设单位指定分包单位的施工机械设备。

(8) 编制主要劳动力需要量计划，见表5-18和图5.13。

表5-18 主要劳动力需要量计划表

单位：人

序号	工种	2021年			2022年												2023年							
		10	11	12	1	2	3	4	5	6	7	8	9	10	11	12	1	2	3	4	5	6	7	8
1	钢筋工	0	0	80	80	80	80	80	80	80	80	80	60	40	0	0	0	0	0	0	0	0	0	0
2	木工	0	0	0	0	160	160	160	160	160	160	160	120	80	0	0	0	0	0	0	0	0	0	0
3	混凝土工	0	0	40	40	40	40	40	40	40	40	40	30	20	10	10	10	10	10	10	10	10	10	0
4	瓦工	0	0	0	30	0	50	0	50	0	50	0	0	0	0	0	0	0	0	0	0	0	0	0
5	抹灰工	0	0	0	0	0	120	120	120	120	120	120	120	120	120	120	120	120	120	120	120	100	80	80
6	装修工	0	0	0	0	0	0	0	0	0	0	0	100	100	100	100	100	100	100	100	80	80	60	60
7	油漆工	0	0	0	0	0	0	0	0	0	80	100	100	100	100	100	100	100	80	60	60	60	60	60
8	架子工	0	0	0	0	30	30	30	30	30	30	30	30	30	30	30	30	30	30	30	30	30	20	20
9	电焊工	4	6	8	10	12	12	12	12	12	12	12	6	6	6	6	6	6	6	4	4	4	4	4
10	机操工	20	20	20	12	12	16	16	16	16	16	16	16	16	16	16	16	16	16	10	6	6	6	6

续表

序号	工种	2021年			2022年												2023年							
		10	11	12	1	2	3	4	5	6	7	8	9	10	11	12	1	2	3	4	5	6	7	8
11	塔式起重机工	0	0	12	12	12	12	12	12	12	12	12	12	12	12	12	12	12	12	12	12	0	0	0
12	司机	20	20	20	15	3	3	3	3	3	3	3	3	3	3	3	3	3	3	3	3	3	3	3
13	防水工	0	0	30	0	0	30	0	0	0	0	0	40	40	40	40	40	40	0	0	0	0	0	0
14	测量工	4	4	4	4	4	4	4	4	4	4	4	4	4	4	4	4	4	4	4	4	4	4	4
15	电工	3	3	6	10	10	10	10	10	10	10	10	10	20	20	20	20	20	20	20	15	10	10	10
16	管工	3	3	3	2	2	2	2	2	2	2	2	2	2	2	2	2	2	2	2	2	2	2	2
17	钳工	0	0	0	0	0	6	6	6	6	6	6	6	6	6	6	6	6	6	6	6	6	6	6
18	调试工	0	0	0	0	0	0	4	4	4	6	4	4	4	4	4	4	4	4	4	4	4	4	4
19	普工	50	80	80	60	50	50	50	50	50	50	50	50	50	50	50	50	50	50	50	50	50	50	50
	合计	104	136	302	275	415	455	595	595	599	599	599	665	635	521	521	521	521	481	479	418	369	317	307

注：以上劳动力需要量计划不包括建设单位指定分包单位的劳动力。

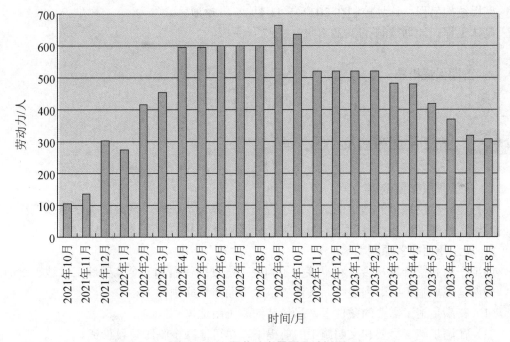

图 5.13　主要劳动力需要量计划图

（9）制订主要材料进场计划（略）。

5.7.4　施工进度计划及工期保证措施

1．工期目标及主要工期控制点

计划在 652d 内完成全部施工任务并竣工验收，即 2021 年 10 月 28 日开工，则计划在 2023 年 08 月 10 日竣工。

1）主楼

桩基工程：计划控制在 2022 年 01 月 19 日完成。

地下室承台、底板工程：计划控制在 2022 年 03 月 07 日完成。

地下室结构工程：计划控制在 2022 年 03 月 19 日完成。

主楼地上结构工程：计划控制在 2022 年 10 月 21 日封顶。

屋顶桅杆安装工程：计划控制在 2022 年 11 月 28 日完成。

砌体工程：计划控制在 2022 年 11 月 08 日完成。

门窗框安装工程：计划控制在 2022 年 11 月 17 日完成。

室内抹灰工程：计划控制在 2022 年 12 年 05 日完成。

……

2）副楼

静压桩基工程：计划控制在 2022 年 06 月 17 日完成。

承台、地梁工程：计划控制在 2022 年 07 月 02 日完成。

副楼结构工程：计划控制在 2022 年 11 月 26 日封顶。

砌体工程：计划控制在 2022 年 12 月 27 日完成。

……

2．工期保证措施

（略）

5.7.5 施工平面布置及平面管理

1．施工平面布置依据

根据建设单位提供的施工图纸，该工程施工现场场地比较开阔，根据文明施工样板工地的要求，将施工现场按办公、生活、生产三区独立分开的方法进行布局。

2．施工平面布置原则

施工平面布置合理与否，将直接关系到施工进度的快慢和安全文明施工管理水平的高低。为保证现场施工的顺利进行，具体的施工平面布置原则如下。

（1）在满足施工需要的条件下，尽量节约施工用地。

（2）在满足施工需要和文明施工的前提下，尽可能减少临时建设投资。

（3）在保证场内交通运输畅通和满足施工对材料要求的前提下，最大限度地减少场内运输，特别是减少场内二次搬运。

（4）在平面交通上，要尽量避免土建、安装及生产单位之间相互干扰。

（5）施工平面布置要符合施工现场的卫生及安全技术要求和防火规范。

3．施工平面布置内容

施工现场场地比较开阔，有利于实现办公、生活、生产三区的独立分开。为达到文明施工样板工地的要求，遵循上述布置原则对施工平面布置如下。

1）主要机械设备布置

为了充分利用塔式起重机的垂直运输能力，决定将塔式起重机布置在主楼北侧，使其工作半径尽可能覆盖到主、副楼的大部分区域。

2）办公区域布置

拟建的生产调度工业大楼主楼和副楼将整个现场分为两个区域，为了实现将办公区域与生活、生产区域隔开，将场地西南段作为办公区域是最好的选择，并在场地东南角留设办公人员主要出入口——1#大门。办公区域内布置单层临时建筑作为建设单位及监理、施工现场总包管理及分包管理的办公室。办公场地中央依照文明施工样板工地标准规划一座篮球场。

3）生活区域布置

利用场地内的临时道路将生活区域与生产区域隔开，场地南面作为生活区域。生活区域内布置可供500左右人员居住的宿舍。在场地的西面围墙上留设两个出入口，分别表示为2#大门和3#大门。

4）生产区域布置

充分考虑到塔式起重机的工作半径，在塔式起重机能覆盖的区域内布置原材料堆场、半成品堆场以及安装材料堆场等。生产区域的布置详见施工总平面图，如图5.14所示。

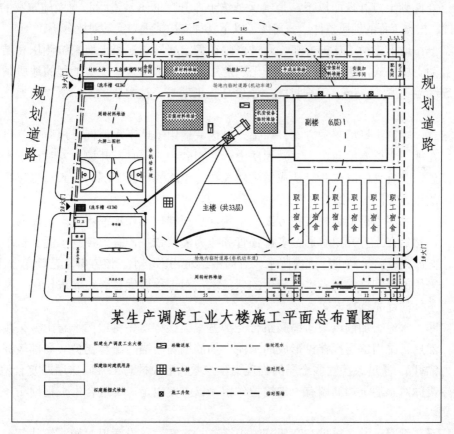

图5.14 施工总平面图

5）施工临时用水、用电布置

（1）施工临时用水、用电分别由建设单位现场提供的水源和电源（变电箱）接出。

（2）临时用电沿围墙周边布置。
（3）临时用水沿道路一侧敷设。
4. 施工平面管理
（略）

5.7.6 重点部位及特殊工艺施工方法

1. 重点部位施工方案的选择

1）基坑支护方案的选择

本工程基坑开挖深度约 4.8~8.1m，根据建设单位提供的地质勘探报告和现场勘探情况，本工程地质情况较差，地下水含量也较丰富，基坑挖方范围的土层包括：杂填土、粉质黏土、淤泥、冲积砂、淤泥质土。基底持力层主要位于淤泥层、冲积砂层和淤泥质土层，其中冲积砂有易液化的特性。采取有效的基坑挡土支护和隔水帷幕，并有效地将基坑内的地下水位降低到土方开挖面以下，是确保基坑土方开挖的正常进行和周围建筑物的安全的必要条件，根据工程的地质条件，公司做了以下几种支护挡水方案的对比分析。

方案一：地下连续墙支护方案。通过嵌固在稳定岩层的混凝土墙来抗侧压和挡水，属于一种被动支护方式，对松散软弱土体无超前加固及支护措施。按本工程的地质条件，预计地下连续墙深度达 25m，工程量大、造价高、工期长、技术要求高，所以该方法不适合本工程。

方案二：喷锚土钉墙支护方案。喷锚土钉墙只适用于地下水位低、地质条件良好的硬塑土体，在地下水位高的回填土、淤泥质土、冲积砂中应用时，开挖土方时地下水会造成管涌和流砂，基坑外做降水井会造成周边建筑物、道路的地面下沉，引起周围建筑物的安全问题，故该方案同样不适合本工程。

方案三：水泥土桩墙锚杆支护方案。采用深层搅拌桩制作加筋水泥土，超前主动治理加固软土，然后在土方开挖时通过多排锚管和压力灌浆锚拉，有效控制水泥土桩墙的位移和变形，支护完成后只需进行坑内降水，对周围建筑物影响小。该方案工艺简单、无污染、工期快，采用的专利技术属省推广应用的新技术，对工程评优有一定促进作用，是适合本工程地质条件的优先选择方案。

方案四：水泥土加筋墙与喷锚网组合支护方案。该方案先将顶部一层土方采用放坡素喷支护，然后再采用深层搅拌桩形成的水泥土加筋墙与喷锚网组合支护（局部较深部位增设预应力锚杆），通过改善软弱土层的物理力学参数，形成桩与土共同作用的复合地基，同时锚管注浆体对水泥土加筋墙有一定锚拉作用，该方案也是一种适合本工程地质条件的较理想方案。

方案五：混凝土灌注排桩与高压旋喷组合支护方案。该方案拟对挖深较浅部分采用高压旋喷加筋墙作重力式挡土墙，挖深较大部分采用钻孔灌注桩、高压旋喷桩加预应力锚杆组合支护，能有效挡土和止水，同时因支护体系的自身刚度较大，锚杆数量少，与坑内土方开挖相互影响较小，可适当缩短工期，也是一种比较理想的方案。

公司认为方案三、方案四、方案五均适合本工程地质条件，并分别做了详细设计，本着"安全第一、经济合理、施工方便、技术先进"的原则，最终选用了方案三。

2）大体积混凝土施工方案的选择（略）

3）中庭大跨度无黏结预应力混凝土梁施工方案的选择（略）

4）高性能混凝土施工方案的选择（略）

5）屋顶桅杆施工方案的选择（略）

6）模板配置方案的选择（略）

7）大型施工机械的选择（略）

2. 深基坑支护及降水施工方法

1）水泥土桩墙锚杆支护方案（略）

2）塔式起重机基础方案（略）

3）基坑内承台边坡支护方案（略）

4）基坑内降水方案（略）

5）基坑监测方法及要求（略）

3. 地下室底板大体积混凝土施工方法

1）大体积混凝土的特点（略）

2）施工要点（略）

3）施工准备（略）

4）混凝土的振捣方法及要求（略）

5）混凝土中心最高温度和预计最大温差计算（略）

6）混凝土浇筑后的养护措施（略）

7）电脑测温措施（略）

4. 地库防水工程（略）

5. 清水大模板设计与施工方法（略）

6. 主楼中庭大跨度无黏结预应力结构施工方法（略）

7. 外爬架施工方法（略）

8. 钢结构部分施工方法（略）

9. 钢筋连接新技术施工（略）

10. 楼地面一次性机械抹光施工工艺（略）

5.7.7 主要分部分项工程的施工方法

1. 土方开挖的施工方法

1）现场具备的作业条件

（1）场地勘探情况。通过现场勘察和建设单位提供的地质勘察报告，现场场地较平整，围墙及供水、供电均已基本完成；场地面层杂填土主要由砖块、碎石、水泥块和砂性土组成，局部地段有混凝土地面。

(2) 主楼地质情况。本工程自然地面相对标高约-0.90m，底板垫层标高-5.70m，承台最低标高-9.0m，集水井最低标高-9.10m。据地质勘察报告，基坑在地质剖面上处于第四系冲积土层内，基坑边坡土质组成为杂填土、淤泥、淤泥质土、冲积砂，水位埋深为地表下 0.2~0.6m，地下水含量也较为丰富。

(3) 基坑支护降水情况。依据本工程地质情况，必须先完成基坑支护及止水帷幕，并采用深井将坑内地下水抽排到开挖面以下后才能正常开展土方开挖，具体基坑支护及降水方案详见本书 5.7.6 节。

2) 土方开挖相关内容的确定

(1) 土方开挖方法。该工程的土方开挖量约为 $1.2×10^4 m^3$，开挖深度为 4.8~8.2m，根据施工部署，拟分两次开挖土方：第一次开挖至底板垫层标高-5.70m，以便封闭底板垫层并施工钻孔灌注桩，第一次土方开挖计划工期 16d。第二次开挖在钻孔灌注桩完成后进行，开挖承台土方并施工承台底垫层，第二次土方开挖计划工期 10d。基坑内钻孔灌注桩与承台土方用坑内的挖土机转运出基坑，并随即在地面装车运出场外。第一层土方开挖路线将采取"沟端开挖法"，从北向南后退开挖，往其侧面将土装汽车运走。为防止在土方开挖过程中垫层以下的土体受到扰动，导致地基承载力下降，挖土机开挖时，距基底设计标高留100mm，然后人工开挖至设计标高。如地基受坑内积水的影响，为减少浸泡降低土的承载力，在施工混凝土垫层前应视实际情况在基底先铺一层碎石或粗砂，然后在其上浇混凝土垫层。开挖过程中如遇孤石、混凝土地板等，采用风炮机进行破碎。基坑支护锚杆施工及后续钻孔灌注桩施工均应与土方工程穿插，对先开挖出的工作面，应及时插入钻孔灌注桩工程的施工。

(2) 主要机械的确定。为保证按期完成挖土任务，并配合好基坑支护锚杆的施工，在第一次土方开挖阶段选用一台 HD-700 型的反铲挖掘机挖土，自卸运输汽车 8 辆运土；第二次土方开挖阶段选用两台 HD-700 型的反铲挖掘机，其中一台在基坑内挖土和转运土方（土方挖运完成后用 50t 吊车吊出坑外），另一台在地面装车。

特别提示

实际开挖时再根据弃土远近等因素调整挖土机及运输车辆的实际数量。

(3) 基坑内外排水沟的设置。土方开挖阶段的排水沟在基坑内和基坑外分别设置。基坑外排水沟沿基坑支护外侧 1~2m 布设，排水沟尺寸为 300mm×500mm，砖砌并内抹砂浆，排水沟沉沙井与市政下水道连通。

基坑内紧随土方开挖在四周设 300mm×500mm 的排水沟，排水沟距基坑下边线 0.5~1.0m，并在基坑四角设 1000mm×1000mm×1000mm 的集水井，排水沟随挖随设。

第一次土方开挖完成后，将四周的排水沟全部疏通，使排水沟坡向集水井，集水井内的积水由潜水泵抽至地面排水沟。

第二次土方开挖后，承台部分必须设置集水井，并设置潜水泵将集水抽至地面排水沟。

> **特别提示**
>
> 施工过程中应安排专人管理抽水设备,经常检查排水沟,确保排水沟的畅通,并应做好基坑边坡及邻近建筑物的沉降、位移观测,发现变化异常时及时分析,进行补救。

3) 土方开挖与锚杆施工的配合

支护方案决定以后土方开挖与锚杆施工的配合,如支护体系采用锚杆时,基坑周边6~8m土方应分层、分段开挖,分层次数与锚杆排数相同,分段长度15~20m,以配合锚杆施工,每层土方应挖到锚杆以下500mm,严禁超挖。

选定水泥土桩墙锚杆支护方案(方案三),支护结构设置有4~7排斜向地锚。

2. 测量方法(略)
3. 钻孔灌注桩施工方法(略)
4. 静压预应力管桩施工方法(略)
5. 模板工程施工方法(略)
6. 钢筋工程施工方法

1) 钢筋加工要求

钢筋应有出厂质量证明书、试验报告单,钢筋表面或每捆(盘)钢筋均应有标志,钢筋进场时应查对标志,进行外观检查,并按现行国家有关标准的规定抽取试样作力学性能试验,合格后方可使用。钢筋均在现场设置的钢筋加工车间制作,钢筋必须经过检验合格,弯曲和锈蚀的钢筋必须经调直、除锈后方可开始下料。

钢筋的加工制作必须严格按翻样单进行,加工后的钢筋半成品应按区段部位堆放,且要挂牌,并做好钢筋半成品的验收工作,绑扎前必须对钢筋的钢号、直径、形状、尺寸和数量等进行检查,如有错漏应及时纠正增补。

现场的钢筋垂直及水平运输由塔式起重机配合人工进行。

2) 钢筋的连接方式

框架柱、剪力墙暗柱内 $d \geq 22mm$ 的竖向钢筋的接长采用直螺纹连接,$d < 22mm$ 的竖向钢筋的接长采用电渣压力焊连接。梁内 $d \geq 22mm$ 的纵向钢筋的接长采用直螺纹连接和闪光对焊连接综合使用,$d < 22mm$ 的纵向钢筋采用单面搭接焊连接(搭接焊缝长度$\geq 10d$)。底板钢筋采用直螺纹连接和单面搭接焊连接综合使用。剪力墙内水平钢筋、楼板钢筋的接长采用绑扎搭接或闪光对焊连接(绑扎搭接长度必须满足施工规范及设计说明的要求)。

3) 多层钢筋网片的支撑

承台范围内的多层钢筋网片拟采用角钢支撑,选用∟63mm×6mm角钢作支撑横梁(单向间距2000mm),∟50mm×5mm角钢作立杆和拉结横梁,纵横间距按不大于2000mm设置。底板面筋及中间层的冷扎变形钢筋网片采用钢筋马凳作支撑,钢筋马凳采用ϕ20mm钢筋焊接而成,纵横间距按不大于1.0m设置。配有双层钢筋的楼板采用支撑马凳,纵横间距按不大于1.0m设置,并用扎丝固定在板筋上。

4）钢筋的绑扎方法及要求

钢筋绑扎好后应按设计的保护层厚度用带铅丝的砂浆垫块垫起，以确保钢筋的混凝土保护层厚度。承台、底板钢筋保护层厚度为 25mm，剪力墙、柱、梁的受力钢筋和地下室壁板水平分布筋混凝土保护层厚为 25mm，剪力墙水平筋、楼面板的钢筋、梁箍筋的保护层厚度为 15mm。

在钢筋绑扎过程中要注意各钢筋的位置正确，楼面板面筋从梁面筋上穿过，必须严格控制各层钢筋间的间距，既要保证其最小净距满足规范要求（不小于其直径且不小于 25mm），又要保证构件的截面尺寸正确（梁内多排钢筋间用 ϕ25mm 钢筋作垫铁，间距按 1000mm 设置）。

板和墙的钢筋网靠近外围的两行钢筋的相交点必须扎牢，中间部分的交叉点可间隔交错扎牢，但必须保证受力钢筋不产生位置偏移，双向受力的钢筋交叉点应全部扎牢。为确保柱、剪力墙竖向钢筋位置准确，浇筑楼板混凝土前，应在楼面上绑扎 3 道水平钢筋，并用钢筋等支撑将墙、柱筋校准位置后固定牢固，以防竖向钢筋偏位。

梁中通长筋在任一搭接长度区段内，有接头的钢筋截面面积与钢筋总截面面积之比应满足设计及规范要求，上部通长筋应在跨中搭接，下部通长筋在支座处搭接，有接头的钢筋截面面积与钢筋总截面面积之比在受压区不得超过 50%、在受拉区不得超过 25%。

墙内竖向钢筋在主楼－1～4 层及顶层必须分两层错开接头位置，在其余层可以在同一部位连接，墙内水平分布筋沿高度每隔一根内外排错开搭接。

框架柱筋及剪力墙暗柱内纵筋连接，当每边的钢筋少于 4 根时，可在同一截面设置接头，多于 4 根时，分两次接长，每边多于 8 根时分 3 次接长，相邻接头间距不小于最小锚固长度 L_{aE} 且不得小于 500mm，接头最低点宜在楼板面以上 750mm 处。

配双层钢筋的楼板，同一截面的有接头的钢筋面积不应超过该截面钢筋总面积的 25%。钢筋的搭接长度和锚固长度按设计和有关施工规范的要求留置。

开洞楼板洞宽小于 300mm 时，板筋可绕过洞边，不需切断受力筋，洞宽大于等于 300mm 时应另加附加钢筋，图中未标明时洞边附加钢筋为 $2\phi12$mm，锚入洞边 450mm。

在主次梁和柱相交的节点处，为防止板超厚，钢筋在加工过程中必须保证其形状、几何尺寸的准确，该直的钢筋必须校直，不得弯曲，梁柱交叉的箍筋可以适当缩小，避免此处钢筋超高。

所有与钢筋混凝土墙平行连接的框架梁及墙肢间连梁，梁的钢筋均应伸入墙内（锚固长度 L_{aE} 不少于 600mm），在中间楼层时梁筋伸入墙内不设箍筋，在顶层时梁筋伸入墙内的长度内应设置间距为 150mm 的箍筋（箍筋直径与梁箍筋相同）。

框架梁梁端箍筋加密的长度应不小于 1.5h（h 为梁截面高度），框架柱箍筋加密范围为梁面以上和梁底以下大于或等于各柱边长，且大于或等于 1/6 柱净高，且不小于 500mm，梁柱节点区应保证柱箍筋。

5）钢筋接头质量要求

凡采用电渣压力焊、搭接焊、闪光对焊连接的钢筋接头，均应按规定要求取样试验，其质量必须符合《钢筋焊接及验收规程》（JGJ 18—2012）中的有关规定，试验方法应符合国家现行标准《钢筋焊接接头试验方法标准》（JGJ/T 27—2014）中的有关规定。接头位置必须符合图纸、图纸会审纪要以及《混凝土结构工程施工质量验收规范》(GB 50204—2015)中的要求。

7．混凝土工程施工方法

该工程结构混凝土强度等级为 C25～C60，全部采用商品混凝土，混凝土的浇筑采用混凝土输送泵进行泵送（附带一座布料杆），并用塔式起重机辅助混凝土的垂直运输，因本工程混凝土工程量大、性能要求高（强度、和易性要求高），必须从原材料控制、半成品生产、运输、浇捣、养护的全过程予以严格控制，方能确保混凝土工程质量，达到设计要求强度和内实外光的要求。

1）商品混凝土质量控制要求

（1）原材料的质量控制。

① 水泥：水泥品种与强度等级的选用应根据设计、施工要求以及工程所处环境确定，并按规定进行抽检。

② 砂：采用中砂，细度模数宜大于 2.6，含泥量（质量比）不应大于 2.0%，泥块含量（质量比）不应大于 1.0%，定期抽检各项技术指标。

③ 碎石：选用 10～20mm 碎石，最大粒径不大于 31.5mm，针片状颗粒含量不宜大于 5.0%，含泥量（质量比）不应大于 1.0%，泥块含量（质量比）不应大于 0.5%。

④ 粉煤灰：选用二级及以上优质粉煤灰，并定期抽检。

⑤ 外加剂：选用高效缓凝减水剂，并按规定进行抽检。

⑥ 水：选用洁净的饮用自来水。

（2）混凝土搅拌站的选定。在本市选定两家有相应资质、技术先进、信誉好的搅拌站，公司安排专人负责管理与协调，确保供应本工程的商品混凝土符合要求。

（3）混凝土的配合比设计。

由公司试验室先确定多种配合比，经试拌后确定施工配合比，应确保砂率为 35%～45%，搅拌站混凝土出厂坍落度不超过 220mm，现场泵送坍落度 140～180mm，初凝时间不低于 6h。

（4）混凝土生产质量管理。

① 原材料计量控制误差范围：水泥±1%，粗细骨料±2%，水、外加剂±1%，掺合料±2%。

② 按出厂混凝土的坍落度在 180～220mm 控制加水量，外加剂采用后掺法，严格控制用水量。

③ 混凝土拌合物自加入外加剂后继续搅拌，搅拌时间不少于 150s，混凝土出机温度控制在 15～30℃。

（5）泵送混凝土的质量要求如下。碎石的最大粒径与输送管内径之比不宜大于 1∶3，选用 1～3cm 粒径的碎石；砂选用中粗砂，通过 0.315mm 筛孔的砂不少于 15%。搅拌站混凝土出厂坍落度为 180～220mm，现场泵送坍落度宜为 140～180mm。最小水泥用量为 300kg/m^3。混凝土内宜掺适量的泵送剂、减水剂，防水混凝土可掺加防水剂等外加剂。严格按设计配合比拌制。根据原材料的变化应随时调整混凝土的配合比，如随砂、石含水率的变化，调整砂、石用量及水的用量。

（6）C50 及以上高强度混凝土质量要求。试验室根据原材料情况进行多种配合比试配试验，经对比分析后确定最优的施工配合比，要求初凝时间不低于 6h。

公司安排专门的技术人员进驻搅拌站监督计量，并随时抽检原材料的有关技术指标，调整生产配合比。根据搅拌站到工地的实际运输时间，进行坍落度损失试验，在满足现场泵送的要求下，严格控制混凝土的出厂坍落度。

混凝土搅拌运输车到达现场后，必须在卸料前高速搅拌 5～10min，当坍落度及和易性满足要求后再卸料，现场试验员必须对每车混凝土测定坍落度，不合要求的不能卸料或采用后掺法调整混凝土的和易性（具体掺量由试验室书面明确），严禁随意加水。

加强浇筑施工与供料的组织与协调，确保高强度混凝土从搅拌出机到现场卸完料不超过 2h。

2）混凝土浇捣方法及要求

混凝土运输到现场后要取样测定坍落度，符合要求后随即用混凝土输送泵连续泵送浇灌混凝土，混凝土在泵送浇灌的同时用高频振捣棒加强各部位振捣，防止漏振。

主楼地下室和副楼柱、墙、梁、板混凝土采取一次性浇筑，主楼地上工程采取先浇筑剪力墙、楼梯混凝土，浇筑到板底（梁位置留设梁窝）位置，处理梁窝后支设梁、板模，浇筑梁、板及柱混凝土。混凝土浇筑顺序为从西侧向东侧依次循序浇捣，一般不再留置施工缝，如由于特殊情况（如停电、暴雨等），其施工缝按规范可以留置在次梁跨中 1/3 的范围内，并留成垂直缝。竖向构件应分层下料、分层振捣，分层厚度不大于 0.5m，用插入式振动器振捣时上下层应搭接不少于 50mm。混凝土振捣除楼板采用平板式振动器外，其余结构均采用插入式振动器，每一振点的振捣延续时间，应使表面呈现浮浆且不再浮落为止。插入式振动器的移动间距不宜大于其作用半径的 1.5 倍，振动器与模板的距离，不应大于其作用半径的 1/2，并应尽量避免碰撞钢筋、模板，且要注意"快插慢拔，不漏点"。平板式振动器移动间距应保证振动器的平板能覆盖已振实部分的边缘。柱和墙混凝土浇筑采用导管下料，使混凝土倾落的自由高度小于 2m，确保混凝土不离析。

3）混凝土施工缝的处理

在施工缝处继续浇筑混凝土时，已浇混凝土的强度（抗压）不应小于 1.2MPa；在已硬化的混凝土表面上，应细致凿毛，以清除水泥薄膜和松动的石子以及软弱混凝土层，并充分湿润和冲洗干净，但不得积水；在浇混凝土前，首先在施工缝处铺一层水泥浆或与混凝土成分相同的水泥砂浆（厚 10～15mm），并细致捣实，使新旧混凝土紧密结合。

4）混凝土找平及养护方法

底板、顶板混凝土浇筑前，在墙、柱竖向钢筋上测设出标高控制线，用平板式振动器振捣后，采用机械抹光施工工艺一次性抹光，并使用一台水准仪随时复测整平，保证板混凝土面的平整。

混凝土在浇捣完毕后 12h 之内应进行覆盖和浇水养护，各不同部位的养护方法和养护时间要求如下：地库底板、顶板采用灌水养护，养护时间不少于 14d；竖向构件在拆模后随即涂刷养护液进行保水养护；楼板采用洒水湿润养护，养护时间不少于 7d；屋面板采用覆盖薄膜并洒水养护，养护时间不少于 14d。

5）柱梁接头处不同强度等级混凝土浇捣的处理方法

本工程墙、柱、梁、板均采用了不同强度等级的混凝土，浇筑混凝土时必须保证墙、柱、梁、板节点区为高等级混凝土，具体措施如下。

（1）将高等级混凝土浇筑范围扩大至墙柱四周各加宽 50cm 的部位，在这一个部位，采用支模专用"快易收口网"封堵，并固定在钢筋上，该模板既避免了混凝土随意流淌，又能保证模板两侧混凝土结合良好。

（2）墙、柱、梁、板一次性浇筑混凝土时，按照梁板混凝土浇筑顺序和速度，先用输送泵将竖向构件混凝土浇筑到梁底以下 50mm，浇筑梁板混凝土时，用塔式起重机进行节点区高等级混凝土的浇筑，保证在高等级混凝土初凝前梁板部位混凝土连续浇筑。

（3）剪力墙和梁板分开浇筑混凝土时，同样用塔式起重机进行节点区高等级混凝土的浇筑，并保证在高等级混凝土初凝前梁板部位混凝土连续浇筑。

6）预留预埋施工

水、电、通风、空调、机电设备及其他构配件的预埋部分必须在钢筋绑扎过程中全部预埋完，并保证钢筋的位置、间距的正确。垂直管线随着砌块砌筑预埋在墙孔洞内，开关匣、接线匣、插座匣等需用 C15 细石混凝土或 1∶2 水泥砂浆在砌块预留的孔洞内嵌填牢固，并填实缝隙。

5.7.8 各项管理及保证措施

1．工程质量目标（略）
2．质量保证措施（略）
3．计量管理（略）
4．成品保护（略）
5．安全生产（略）
6．文明施工及环境保护措施（略）

5.7.9 主要经济技术指标

1．工期指标（略）
2．劳动生产率指标（略）
3．分部分项工程优良率指标（表 5-19）

表 5-19　分部分项工程优良率指标

序　号	分部分项工程名称	一次交验质量目标
1	地基与基础工程	优良
2	主体工程	优良
3	地面与楼面工程	优良
4	门窗工程	优良

续表

序　号	分部分项工程名称	一次交验质量目标
5	装饰工程	优良
6	屋面工程	优良
7	幕墙工程	优良
8	水暖安装工程	优良
9	电气安装工程	优良
10	通风与空调工程	优良
11	电梯安装工程	优良
12	人防、消防工程	优良
13	分部分项工程优良率	100%
14	单位工程	鲁班奖

4. 降低成本指标（表 5-20）

表 5-20　降低成本指标

序　号	项目名称	成本降低率	备　注
1	钢材	2%	
2	水泥	0.6%	
3	木材	3%	

本 章 小 结

本章详细阐述了单位工程施工组织设计的具体内容，包括其编制依据和编制内容。重点介绍了编制内容中的工程概况、施工方案、施工进度计划、施工准备工作计划与各种资源需要量计划、施工平面图，并给出了一个实例。

本章的教学目标是使学生熟悉单位工程施工组织设计的编制方法，通过实例讲解实践中编制施工组织设计的一些具体内容。

习　题

一、单选题

1．施工组织设计的核心是（　　）。
　　A．施工方案　　　　　　　　B．施工进度计划
　　C．施工平面图　　　　　　　D．各种资源需要量计划

2．在单位工程施工平面图设计的步骤中，当收集好资料后，紧接着应进行（　　）的布置。
　　A．搅拌站　　　　　　　　　B．垂直起重运输机械

C. 加工厂 D. 现场运输道路

3. 对外墙进行装饰抹灰，其流程为（   ）。
   A. 自下而上   B. 自上而下
   C. 先自中而下，再自上而中   D. 以上都可以

4. 某学校的教学楼，其外墙面装饰分为干粘石、贴饰面砖、剁假石 3 种施工做法，其工程量分别是 684.5m^2、428.7m^2、208.3m^2，所采用的产量定额分别是 4.17m^2/工日、2.53m^2/工日、1.53m^2/工日，则加权平均产量定额为（   ）m^2/工日。
   A. 2.74   B. 2.81   C. 3.05   D. 3.22

二、多选题

1. 选择施工机械时应着重考虑（   ）。
   A. 首先根据工程特点，选择适宜主导工程的施工机械
   B. 各种辅助机械或运输工具应与主导机械的生产能力协调配套，以充分发挥主导机械的效率
   C. 在同一工地上，应针对每个施工过程采用最经济的机械，建筑机械的种类和型号多一些也没有关系
   D. 施工机械的选择还应考虑充分发挥施工单位现有机械的能力
   E. 在施工中发现施工单位缺少某些机械，立即进行采购，这样在以后的施工中将有备无患

2. 多、高层全现浇钢筋混凝土框架结构建筑的施工阶段一般可划分为（   ）。
   A. 基础工程   B. 预制工程
   C. 主体结构工程   D. 屋面工程及围护工程
   E. 装饰工程

3. 在单位工程施工组织设计中，常见的技术组织措施有（   ）。
   A. 质量保证措施   B. 降低成本等措施
   C. 文明生产措施   D. 安全施工措施
   E. 加强合同管理措施

三、简答题

1. 单位工程施工组织设计的内容有哪些？
2. 确定某一项目的施工持续时间有哪些方法？
3. 对施工进度计划的初始方案通常要检查哪些内容？如何进行调整？

在线答题

第6章 施工项目进度管理

思维导图

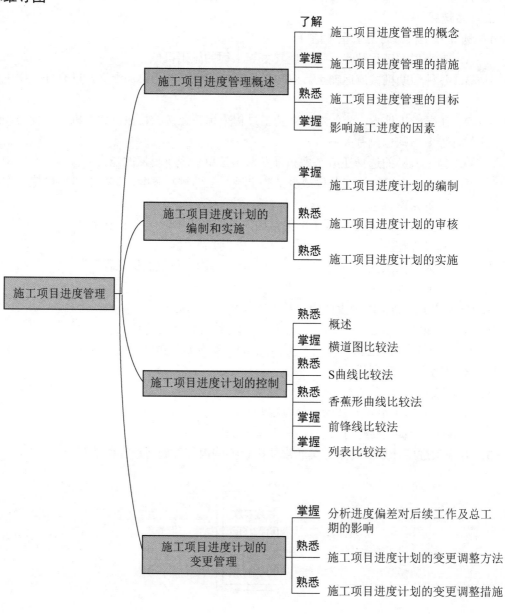

第6章 施工项目进度管理

章节导读

随着我国经济的迅猛发展，一栋栋建筑物拔地而起，在基建工程中，如何有效地控制工程的施工进度，并进行有效的施工管理就显得格外重要了。工程施工的进度目标能否顺利实现，不仅体现了施工单位项目管理水平的高低，而且对工程项目的经济效益也有很大影响。

但是目前工程项目，特别是大型重点建设项目，工期要求十分紧迫，施工方的工程进度压力非常大。如果不正常有效地施工，盲目赶工，难免会出现施工质量问题、安全问题，甚至会增加施工成本，因此要使工程项目保质、保量、按期完成，就应该进行科学的进度管理。

例如：小浪底水利枢纽工程的合同管理采用 FIDIC 条款，在进度管理上，设置专职进度管理工程师，采用 P3 软件进行目标、基线进度计划的编制和修改，审批施工方的施工进度计划和资源配置，积极处理对进度工期影响大的合同变更，控制施工进度的关键节点，对工程进度实现了有效的控制，使工程均按照计划按期或提前完成，保护了合同双方的合法权益。在进水口、导流洞施工进度已经滞后 12 个月的情况下，及时修改基线进度计划，改善施工方劳务组合，在 20 个月里完成了 31 个月的工程量，不仅追回了工期，而且把工期提前了一个月，为小浪底水利枢纽工程全面按期完工奠定了坚实的基础。

6.1 施工项目进度管理概述

6.1.1 施工项目进度管理的概念

1. 施工项目进度管理的定义

施工项目进度管理是为实现项目的进度目标而进行的计划、组织、指挥、协调和控制等活动。即在限定的工期内，确定进度目标，编制出最佳的施工进度计划，在执行进度计划的施工过程中，经常检查实际施工进度，并不断地用实际进度与计划进度相比较，确定实际进度是否与计划进度相符，若出现偏差，便分析产生的原因和对工期的影响程度，采取必要的调整措施，修改原计划，如此不断地循环，直至工程竣工验收。

施工项目进度管理概述

2. 施工项目进度管理程序

施工项目进度管理是一个动态的循环过程。它包括进度目标的确定，施工进度计划的编制和施工进度计划的跟踪、检查与调整，其程序如图 6.1 所示。

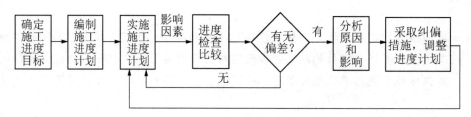

图 6.1 施工项目进度管理程序

6.1.2 施工项目进度管理的措施

施工项目进度管理的措施主要有组织措施、技术措施、经济措施、沟通协调措施。

1．组织措施

组织是目标能否实现的决定性因素，为实现项目的进度目标，应健全项目管理的组织体系；在项目组织结构中应由专门的工作部门和符合进度管理岗位资格的专人负责进度管理工作；进度管理的工作任务和相应的管理职能应在项目管理组织设计的任务分工表和管理职能分工表中标示并落实；应编制施工进度的工作流程，如确定施工进度计划系统的组成，各类进度计划的编制程序、审批程序和计划调整程序等；应进行有关进度管理会议的组织设计，以明确会议的类型，各类会议的主持人和参加单位及人员，各类会议的召开时间，各类会议文件的整理、分发和确认等。

2．技术措施

技术措施涉及对实现施工进度目标有利的设计技术和施工技术的选用。为了实现施工项目的进度目标，施工单位在进度控制中可采用以下两方面的技术措施。

（1）利用 BIM 信息技术优化施工方案，尤其是施工工艺流程，选择合理的施工方法和适用的施工机械。

（2）采用工程网络计划技术及信息技术辅助进度控制，实现施工项目进度动态控制。

3．经济措施

经济措施涉及编制与进度计划相适应的资源需求计划和采取加快施工进度的经济激励手段。经济措施是最常用的进度控制措施，施工单位可以采用如下经济措施。

（1）按照合同规定，争取工期提前奖励，延误工期的按约定罚款。

（2）加强索赔管理，及时申请工期延误带来的工期与费用索赔。

4．沟通协调措施

沟通协调措施包括与建设单位、设计单位、分包商、供应商及以上各方的内部活动过程之间的接口的沟通协调，确保进度工作界面的合理衔接，使协调工作符合提高效率和效益的需求。

6.1.3 施工项目进度管理的目标

1. 施工项目进度管理的总目标

施工项目进度管理的总目标指的是整个项目的进度目标。作为一个施工项目，总有一个时间限制，即施工项目的竣工时间。而施工项目的竣工时间就是施工阶段的进度目标。有了这个明确的目标以后，才能进行针对性的进度管理。

在确定施工项目进度目标时，应考虑的因素有：项目总进度计划对项目施工工期的要求、项目建设的特殊要求、已建成的同类或类似工程项目的施工期限、建设单位提供资金的保证程度、施工单位可能投入的施工力量、物资供应的保证程度、自然条件及运输条件等。

知识链接

"读书不觉已春深，一寸光阴一寸金。"出自唐代王贞白《白鹿洞二首·其一》，其中"一寸光阴一寸金"形容时间的宝贵，该诗句成为劝勉世人珍惜光阴的千古流传的至理名言。在施工项目管理中总进度目标是非常关键的，确定合理的总进度目标，是施工项目顺利进行的保证。

2. 施工项目进度目标体系

施工项目进度管理的总目标确定后，还应对其进行层层分解，形成相互制约、相互关联的目标体系。施工项目的进度目标是从总的方面对项目建设提出工期要求，但在施工活动中，是通过对最基础的分部分项工程进行进度管理，来保证各单位工程、单项工程或阶段工程进度管理的目标完成，进而实现施工项目进度管理总目标的完成。

施工阶段进度目标可根据施工阶段、施工单位、专业工种和时间进行分解。

1）按施工阶段分解

根据工程特点，将施工过程分为几个施工阶段，如基础施工、主体施工、屋面施工、装饰施工。根据项目总进度计划，以总进度计划中表示这些施工阶段起止的节点进行控制，明确提出若干个阶段目标，并对每个施工阶段的施工条件和问题进行更加具体的分析研究和综合平衡，制订各阶段的施工计划，以阶段目标的实现来保证总目标的实现。

2）按施工单位分解

若项目由多个施工单位参加施工，则要以项目总进度计划为依据，确定各单位的分包目标，并通过分包合同落实各单位的分包责任，以各分包目标的实现来保证总目标的实现。

3）按专业工种分解

只有控制好每个施工过程完成的质量和时间，才能保证各分部分项工程进度的实现。因此，既要对同专业、同工种的任务进行综合平衡，又要强调不同专业工种间的衔接配合，明确相互间的交接日期。

4）按时间分解

项目总进度计划根据时间可分解成逐年、逐季、逐月的进度计划。

6.1.4 影响施工进度的因素

工程项目施工是一个复杂的运作过程，涉及面广，影响因素多，任何一个方面出现问题，都可能对工程项目的施工进度产生影响。为此，应分析了解这些影响因素，并尽可能加以控制，通过有效的进度管理来弥补和减少这些因素产生的影响。影响施工进度的主要因素有以下几方面。

1．参与单位和部门的影响

影响项目施工进度的单位和部门众多，包括建设单位、设计单位、总承包单位，以及施工单位上级主管部门、政府有关部门、银行信贷单位、资源物资供应部门等。只有做好有关单位的组织协调工作，才能有效地控制项目施工进度。

2．项目施工技术因素

项目施工技术因素主要有：低估项目施工技术上的难度；采取的技术措施不当；没有考虑某些设计或施工问题的解决方法；对项目设计意图和技术要求没有全部领会；在应用新技术、新材料或新结构方面缺乏经验，盲目施工导致出现工程质量缺陷；等等。

3．施工组织管理因素

施工组织管理因素主要有：施工平面布置不合理，劳动力和机械设备的选配不当，流水施工组织不合理，等等。

4．项目投资因素

项目投资因素是指因资金不能保证而影响项目施工进度。

5．项目设计变更因素

项目设计变更因素主要有：建设单位改变项目设计功能，项目设计图样错误或变更，等等。

6．不利条件和不可预见因素

在项目施工中，可能遇到洪水、地下水、地下断层、溶洞或地面深陷等不利的地质条件，也可能出现恶劣的气候条件、自然灾害、工程事故、政治事件、工人罢工或战争等不可预见的事件，这些因素都将影响项目施工进度。

知识链接

工程进度的推迟一般分为工程延误和工程延期两种，其责任及处理方法不同。由承包单位自身的原因造成的进度拖延，称为工程延误；由承包单位以外的原因造成进度拖延，称为工程延期。

如果是工程延误，则所造成的一切损失由承包单位承担。如果是工程延期，则承包单位不仅有权要求延长工期，而且还有权向业主提出赔偿费用的要求以弥补由此造成的额外损失。

 观察思考

思考以上 6 种影响施工进度的因素出现时应分别由谁承担责任，如果施工单位提出索赔，索赔能否成立。

6.2 施工项目进度计划的编制和实施

6.2.1 施工项目进度计划的编制

1．施工项目进度计划的分类

施工项目进度计划是在确定工程施工目标工期的基础上，根据相应的工程量，对各项施工过程的施工顺序、起止时间和相互衔接关系以及所需的劳动力和各种技术物资的供应所做的具体策划和统筹安排。

施工项目进度计划的实施

根据不同的划分标准，施工项目进度计划可以分为不同的种类，它们组成了一个相互关联、相互制约的计划系统。按不同的计划功能，施工项目进度计划可以分为控制性进度计划和实施性进度计划；按不同的计划周期，施工项目进度计划可以分为 5 年建设进度计划与年度、季度、月度和旬计划。

2．施工项目进度计划的表达方式

施工项目进度计划的表达方式有多种，如里程碑表、工作量表、横道图、网络图。在实际工程施工中，主要使用横道图和网络图。

1）横道图

横道图是结合时间坐标线，用一系列水平线段来分别表示各施工过程的施工起止时间和先后顺序的图表。这种表达方式简单明了、直观易懂，但是也存在一些问题，如工序（工作）之间的逻辑关系不易表达清楚；适用于手工编制；没有严谨的时间参数计算，不能确定关键线路与时差；计划调整只能用手工方式进行，工作量较大；难以适应大的进度计划系统。横道图通常只用于小型项目或大型项目的子项目上，或用于计算资源需要量和概要预示进度。图 6.2 所示为某项目施工进度计划的横道图。

2）网络图

网络图是指由箭线和节点组成，用来表示工作流程的有向、有序的网状图形。这种表达方式具有以下优点：能正确地反映工序（工作）之间的逻辑关系；可以进行各种时间参数计算，确定关键工作、关键线路与时差；可以用计算机对复杂的计划进行计算、调整与优化。网络图的种类很多，较常用的是双代号网络图。双代号网络图是以箭线及其两端节点的编号表示工作的网络图。图 6.3 所示为某项目施工进度计划的网络图。

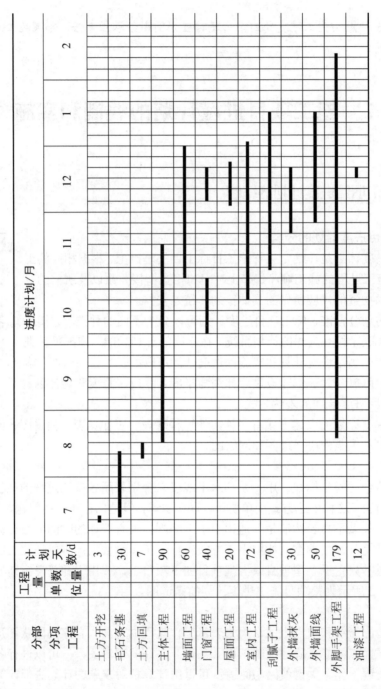

图 6.2 某项目施工进度计划的横道图

第6章 施工项目进度管理

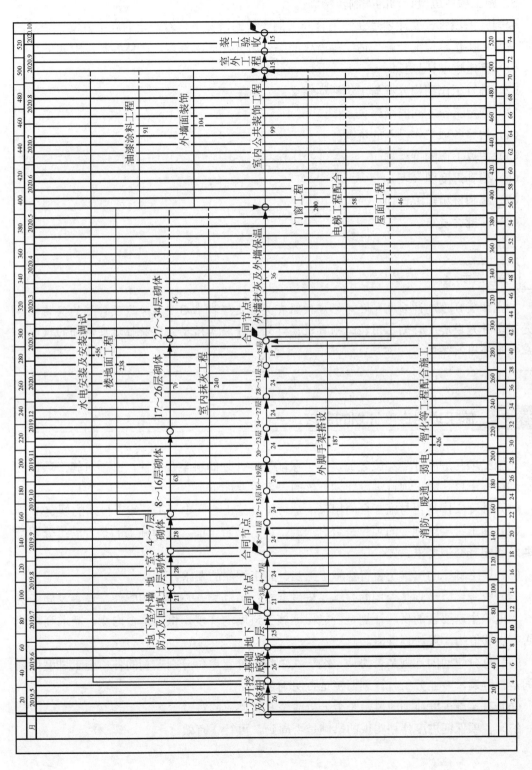

图 6.3 某项目施工进度计划的网络图

3. 施工项目进度计划的编制步骤

编制施工项目进度计划是在满足合同工期要求的情况下，对选定的施工方案、资源的供应情况、协作单位配合施工情况等所作的综合研究和周密部署，具体编制步骤如下。

（1）确定进度计划目标；

（2）进行工作结构分解与工作活动定义；

（3）确定工作之间的顺序关系；

（4）估算各项工作投入的资源；

（5）估算工作的持续时间；

（6）编制进度图（表）；

（7）编制资源需求计划；

（8）审批并发布。

> **特别提示**
>
> 施工项目进度计划编制之后，应按照有关规定经批准后实施。进度计划的实施就是落实并完成进度计划，用施工项目进度计划指导施工活动。实施性进度计划的编制应优先采用网络计划。

6.2.2　施工项目进度计划的审核

在施工项目进度计划实施之前，为了保证进度计划的科学合理性，必须对施工项目进度计划进行审核。施工项目进度计划审核的内容主要如下。

（1）进度安排是否与施工合同相符，是否符合施工合同中开工、竣工日期的规定。

（2）施工进度计划中的项目是否有遗漏，内容是否全面，分期施工的是否满足分期交工要求和配套交工要求。

（3）施工顺序的安排是否符合施工工艺、施工程序的要求。

（4）资源供应计划是否均衡并满足进度要求。劳动力、材料、构配件、设备及施工机具、水电等生产要素的供应计划是否能保证施工进度的实现，供应是否均衡，需求高峰期是否有足够能力实现计划供应。

（5）总分包间的计划是否协调、统一。总包、分包单位分别编制的各项施工进度计划之间是否协调，专业分工与计划衔接是否明确合理。

（6）对实施进度计划的风险是否分析清楚并有相应的对策。

（7）各项保证进度计划实现的措施是否周到、可行、有效。

6.2.3 施工项目进度计划的实施

施工项目进度计划的实施就是落实施工进度计划，按施工进度计划开展施工活动并完成施工项目进度计划的安排。施工项目进度计划逐步实施的过程就是项目施工逐步完成的过程。为保证项目各施工活动按施工项目进度计划所确定的顺序和时间进行，以及保证各阶段进度目标和总进度目标的实现，应做好下面的工作。

（1）检查各层次的计划，并进一步编制月（旬）作业计划。施工项目的施工总进度计划、单位工程施工进度计划、分部分项工程施工进度计划，都是为实现项目总目标而编制的，其中高层次计划是低层次计划编制和控制的依据，低层次计划是高层次计划的深入和具体化。在贯彻执行时，要检查各层次计划间是否紧密配合、协调一致。计划目标是否层层分解、互相衔接，检查在施工顺序、空间及时间安排、资源供应等方面有无矛盾，以组成一个可靠的计划体系。

为实施施工项目进度计划，项目经理部将规定的任务与现场实际施工条件和施工的实际进度相结合，在施工开始前和实施中不断编制本月（旬）的作业计划，从而使施工进度计划更具体、更切合实际、更适应不断变化的现场情况和更可行。在月（旬）作业计划中要明确本月（旬）应完成的施工任务、完成计划所需的各种资源量，提高劳动生产率、保证质量和节约的措施。

作业计划的编制，要进行不同项目间同时施工的平衡协调；确定对施工项目进度计划分期实施的方案；施工项目要分解为工序，以满足指导作业的要求，并明确进度日程。

（2）综合平衡，做好主要资源的优化配置。施工项目不是孤立完成的，它必须将人、财、物（材料、机具、设备等）诸资源在特定地点有机结合才能完成。同时，项目对诸资源的需要又是错落起伏的，因此，施工企业应在各项目进度计划的基础上进行综合平衡，编制企业的年度、季度、月旬计划，将各项资源在项目间动态组合，优化配置，以满足项目在不同时间对诸资源的需求，从而保证施工项目进度计划的顺利实施。

（3）层层签订承包合同，并签发施工任务书。按前面已检查过的各层次计划，以承包合同和施工任务书的形式，分别向分包单位、承包队和施工班组下达施工进度任务，其中，总承包单位与分包单位、施工企业与项目经理部、项目经理部与各承包队和职能部门、承包队与各施工班组间应分别签订承包合同，按计划目标明确规定合同工期、相互承担的经济责任、权限和利益。

另外，要将月（旬）作业计划中的每项具体任务通过签发施工任务书的方式向施工班组下达。施工任务书是一份计划文件，也是一份核算文件，又是原始记录。它把作业计划下达到施工班组，并将计划执行与技术管理、质量管理、成本核算、原始记录、资源管理等融合为一体。施工任务书一般由工长根据计划要求、工程数量、定额标准、工艺标准、技术要求、质量标准、节约措施、安全措施等进行编制。任务书下达给施工班组时，由工长进行交底。交底内容为任务、操作规程、施工方法、质量、安全、定额、节约措施、材料使用、施工计划、奖罚要求等，做到任务明确，报酬预知，责任到人。施工班组接到任务书后，应做好分工，安排完成，执行中要保质量、保进度、保安全、保节约、保工效提高。任务完成后，施工班组自检，在确认已经完成后，向工长报请验收。工长验收时查数量、查质量、查安全、查用工、查节约，然后回收施工任务书，交施工队登记结算。

（4）全面实行层层计划交底，保证全体人员共同参与计划实施。在施工进度计划实施前，必须根据任务进度文件的要求进行层层交底落实，使相关人员都明确各项计划的目标、任务、实施方案、预控措施、开始日期、结束日期、有关保证条件、协作配合要求等，使项目管理层和作业层能协调一致工作，从而保证施工生产按计划、有步骤、连续均衡地进行。

（5）做好施工记录，掌握现场实际情况。在计划任务完成的过程中，各级施工进度计划的执行者都要跟踪做好施工记录。在施工中，如实记载每项工作的开始日期、工作进程和完成日期，记录每日完成数量、施工现场发生的情况和干扰因素的排除情况，可为施工项目进度计划实施的检查、分析、调整、总结提供真实、准确的原始资料。

（6）做好施工中的调度工作。施工中的调度是指在施工过程中针对出现的不平衡和不协调进行调整，以不断组织新的平衡，建立和维护正常的施工秩序。它是施工组织中各阶段、环节、专业和工种的互相配合、进度协调的指挥核心，也是保证施工进度计划顺利实施的重要手段。其主要任务是监督和检查计划实施情况，定期组织调度会，协调各方协作配合关系，采取措施，消除施工中出现的各种矛盾，加强薄弱环节，实现动态平衡，保证作业计划及进度控制目标的实现。

调度工作必须以作业计划与现场实际情况为依据，从施工全局出发，按规章制度办事，必须做到及时、准确、果断灵活。

（7）预测干扰因素，采取预控措施。在项目实施前和实施过程中，应经常根据所掌握的各种数据资料，对可能致使项目实施结果偏离进度计划的各种干扰因素进行预测，并分析这些干扰因素所带来的风险程度的大小，预先采取一些有效的控制措施，将可能出现的偏离尽可能消灭于萌芽状态。

6.3 施工项目进度计划的控制

6.3.1 概述

施工项目进度偏差分析方法

在施工项目的实施过程中，为了进行施工进度管理，进度管理人员应经常性地、定期地跟踪、检查施工实际进度情况，主要是收集施工项目进度材料，进行统计整理和对比分析，确定实际进度与计划进度之间的关系。其主要工作包括以下内容。

1. 跟踪检查施工实际进度

跟踪检查施工实际进度是分析施工进度、调整施工进度的前提。其目的是收集实际施工进度的有关数据。跟踪检查的时间、方式、内容和收集数据的质量，将直接影响控制工作的质量和效果。

进度计划应按统计周期的规定进行定期检查，并应根据需要进行不定期检查。进度计划的定期检查包括规定的年、季、月、旬、周、日检查，不定期检查指根据需要由检查人（或组织）确定的专题（项）检查。检查内容应包括工程量的完成情况、工作时间的执行情况、资源使用及与进度的匹配情况、上次检查提出问题的整改情况，以及检查者确定的其他检查内容。检查和收集资料一般采用经常、定期地收集进度报表，定期召开进度工作汇报会，或派驻现场代表检查进度的实际执行情况等方式进行。

2．整理统计检查数据

收集到的施工项目实际进度数据，要进行必要的整理，按施工项目进度管理的工作内容进行整理统计，形成与计划进度具有可比性的数据。一般可以按实物工程量、工作量、劳动消耗量和累计百分比整理和统计实际检查的数据，以便与相应的计划完成量对比。

3．将实际进度与计划进度进行对比分析

将收集的资料整理和统计成具有可比性的数据后，将施工项目实际进度与计划进度进行比较。通常采用的比较方法有横道图比较法、S曲线比较法、香蕉形曲线比较法、前锋线比较法等。通过比较得出实际进度与计划进度相一致、超前和拖后3种情况。

4．施工项目进度检查结果的处理

对施工项目进度检查的结果要形成进度报告，把检查比较的结果及有关施工进度现状和发展趋势提供给项目经理及各级业务职能负责人。进度控制报告一般由计划负责人或进度管理人员与其他项目管理人员协作编写。报告时间一般与进度检查时间相一致，也可按月、旬、周等间隔时间进行编写上报。进度控制报告的内容包括：进度执行情况的综合描述，实际进度与计划进度的对比资料，进度计划的实施问题及原因分析，进度执行情况对质量、安全和成本等的影响情况，采取的措施和对未来计划进度的预测。进度控制报告可以单独编制，也可以根据需要与质量、成本、安全和其他报告合并编制，提出综合报告。

6.3.2 横道图比较法

横道图比较法是把项目施工中检查实际进度所收集的信息，整理后直接用横道线并列标于原计划的横道线处，进行直观比较的一种方法。这种方法简明直观，编制方法简单，使用方便，是人们常用的方法。某钢筋混凝土基础工程，分3段组织流水施工时，将其施工的实际进度与计划进度比较，如图6.4所示。

从比较中可以看出，第10d末进行施工进度检查时，基槽挖土施工应在检查的前一天全部完成，但实际进度仅完成了7d的工程量，约占计划总工程量的77.8%，尚未完成而拖后的工程量约占计划总工程量的22.2%；混凝土垫层施工也应全部完成，但实际进度仅完成了2d的工程量，约占计划总工程量的66.7%，尚未完成而拖后的工程量约占计划总工程量的33.3%；绑扎钢筋施工按计划进度要求应完成5d的工程量，但实际进度仅完成了4d的工程量，约占计划完成量的80%（约为绑扎钢筋总工程量的44.4%），尚未完成而拖后的工程量约占计划完成量的20%（约为绑扎钢筋总工程量的11.1%）。

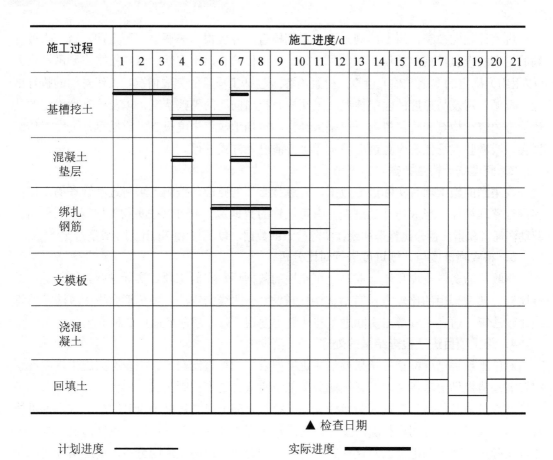

图 6.4 实际进度与计划进度比较（横道图比较法）

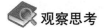观察思考

假如在第 15d 末进行检查时，基槽挖土、混凝土垫层、绑扎钢筋全部完工，支模板完成了 4d 的工程量，浇混凝土完成了 2d 的工程量，回填土完成了 1d 的工程量，横道图中实际进度应如何绘制？

6.3.3　S 曲线比较法

S 曲线比较法是在一个以横坐标表示进度时间，纵坐标表示累计完成任务量的坐标体系上，首先按计划时间和任务量绘制一条累计完成任务量的曲线（即 S 曲线），然后将施工进度中各检查时间的实际完成任务量也绘在此坐标上，并与 S 曲线进行比较的一种方法。

对于大多数工程项目来说，从施工全过程来看，其单位时间完成的任务量，通常是中间多而两头少，即任务的完成开始阶段较少，随着时间的增加而逐渐增多，在施工中的某一时期达到高峰后又逐渐减少直至项目完成，其变化过程可用图 6.5（a）表示。而随着时间进展累计完成的任务量便形成一条中间陡而两头平缓的 S 形变化曲线，故称 S 曲线，如图 6.5（b）所示。

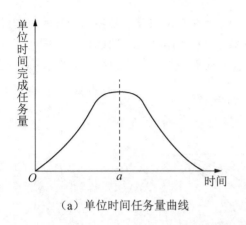
(a) 单位时间任务量曲线

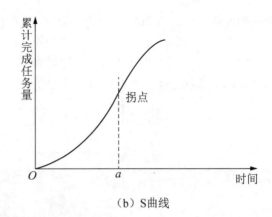
(b) S 曲线

图 6.5 时间与完成任务量关系曲线

S 曲线比较法是在图上直观地对施工项目实际进度与计划进度进行比较。一般情况下，计划进度控制人员在计划实施前绘制出 S 曲线，在项目施工过程中，按规定时间将检查的实际完成情况绘制在同一张图上，可得出实际进度 S 曲线，比较两条 S 曲线可以得到以下信息。

（1）项目实际进度与计划进度比较。当实际工程进展点落在计划 S 曲线左侧，则表示此时实际进度比计划进度超前；若落在其右侧，则表示拖后；若刚好落在其上，则表示二者一致。

（2）项目实际进度比计划进度超前或拖后的时间如图 6.6 所示，ΔT_a 表示 T_a 时刻实际进度超前的时间；ΔT_b 表示 T_b 时刻实际进度拖后的时间。

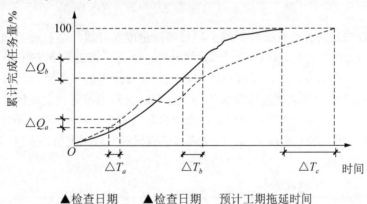

▲检查日期　　▲检查日期　　预计工期拖延时间

图 6.6 S 曲线比较法

（3）项目实际进度比计划进度超额或拖欠的任务量如图 6.6 所示，ΔQ_a 表示 T_a 时刻超额完成的任务量；ΔQ_b 表示在 T_b 时刻，拖欠的任务量。

（4）预测工程进度。后期工程按原计划速度进行，则工期拖延预测值为 ΔT_c。

6.3.4 香蕉形曲线比较法

香蕉形曲线实际上是两条 S 曲线组合成的闭合曲线，如图 6.7 所示。其一是以各项工作的最早开始时间安排进度所绘制的 S 曲线，简称 ES 曲线；其二是以各项工作的最迟开始时间安排进度所绘制的 S 曲线，简称 LS 曲线。由于两条 S 曲线都是相同的开始点和结束点，因此两条曲线是封闭的。除此之外，ES 曲线上各点均落在 LS 曲线相应时间对应点的左侧，由于这两条曲线形成一个形如香蕉的曲线，故称其为香蕉形曲线。只要实际进度曲线在两条曲线之间，就不影响总的进度。

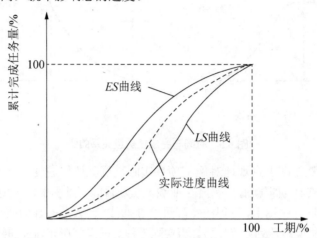

图 6.7　香蕉形曲线比较

6.3.5　前锋线比较法

前锋线比较法是通过检查某时刻施工项目实际进度前锋线，进行施工项目实际进度与计划进度比较的方法，它主要适用于时标网络计划。所谓前锋线是指在原时标网络计划上，从检查时刻的时标点出发，用点画线依次将各项工作实际进展位置点连接而成的折线，如图 6.8 所示。前锋线比较法就是按前锋线与工作箭线交点的位置判定施工实际进度与计划进度的偏差。凡前锋线与工作箭线的交点在检查日期的右方，表示提前完成计划进度；若交点在检查日期的左方，表示进度拖后；若交点与检查日期重合，表明该工作实际进度与计划进度一致。

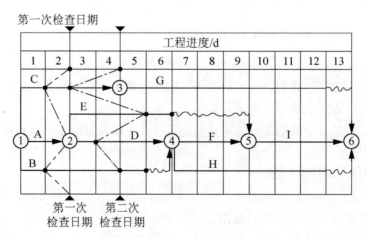

图 6.8　某施工项目进度前锋线

6.3.6 列表比较法

当采用无时标网络计划时,也可以采用列表比较法来检查进度情况。该方法是将记录检查时正在进行的工作名称和检查计划时尚需作业天数列于表内,然后在表上计算有关参数,再依据原有总时差和尚有总时差判断实际进度与计划进度的差别,以及分析对后期工作及总工期的影响程度,见表6-1。

表 6-1 列表比较法

工作代号①	工作名称②	检查计划时尚需作业天数③	到计划最迟完成时尚有天数④	原有总时差⑤	尚有总时差⑥	情况判断⑦

应用案例

某混凝土工程的施工实际进度与计划进度比较,如图6.9所示。从比较中可以看出,在第8d末进行施工进度检查时,支模板工作已经完成;绑扎钢筋的工作按计划进度应当完成,而实际施工进度只完成了83%的任务,已经拖后了17%;浇混凝土工作已完成了40%的任务,施工实际进度与计划进度一致。

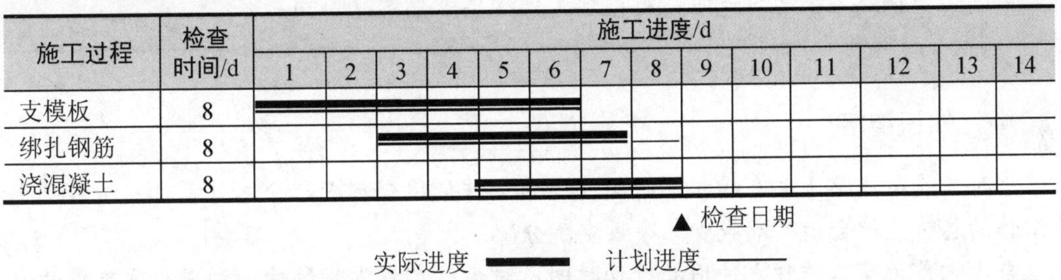

施工过程	检查时间/d	施工进度/d												
		1	2	3	4	5	6	7	8	9	10	11	12	13	14
支模板	8														
绑扎钢筋	8														
浇混凝土	8														

▲检查日期

实际进度 —— 计划进度 ——

图 6.9 某混凝土工程实际进度与计划进度比较

6.4 施工项目进度计划的变更管理

项目管理机构应根据进度管理报告提供的信息,纠正进度计划执行中的偏差,对进度计划进行变更调整。在实际工作中常常将实际数据与计划目标对照,分析计划执行情况,采取纠偏措施,以确保各项目标实现。

6.4.1 分析进度偏差对后续工作及总工期的影响

当实际进度与计划进度比较,判断出现偏差时,首先应分析该偏差对后续工作和总工

施工进度偏差的调整

期的影响程度，然后才能决定是否调整以及调整的方法与措施。具体分析步骤如下。

（1）分析出现进度偏差的工作是否为关键工作。若出现偏差的工作为关键工作，则无论偏差大小，都将影响后续工作按计划施工，并使工程总工期拖后，必须采取相应措施调整后期施工计划，以便确保计划工期；若出现偏差的工作为非关键工作，则需要进一步根据偏差值与总时差和自由时差进行比较分析，才能确定对后续工作和总工期的影响程度。

（2）分析进度偏差时间是否大于总时差。若某项工作的进度偏差时间大于该工作的总时差，则将影响后续工作和总工期，必须采取措施进行调整；若进度偏差时间小于或等于该工作的总时差，则不会影响工程总工期，但是否影响后续工作，尚需分析此偏差与自由时差的大小关系才能确定。

（3）分析进度偏差时间是否大于自由时差。若某项工作的进度偏差时间大于该工作的自由时差，说明此偏差必然对后续工作产生影响，应该如何调整，应根据后续工作的允许影响程度而定；若进度偏差时间小于或等于该工作的自由时差，则对后续工作毫无影响，不必调整。

特别提示

分析偏差主要是利用网络计划中总时差和自由时差的概念进行判断。当偏差大于该工作的自由时差，而小于总时差时，对后续工作的最早开始时间有影响，对总工期无影响；当偏差大于总时差时，对后续工作和总工期都有影响。

 **知识链接**

总时差是某线路上共有的机动时间，当该工作使用全部或部分总时差时，该线路上其他工作的总时差就会消失或减少，导致重新分配。

自由时差为某工作独立使用的机动时间，对后续工作没有影响，利用某项工作的自由时差，不会影响紧后工作的机动时间。

观察思考

思考总时差与自由时差的本质。

6.4.2 施工项目进度计划的变更调整方法

在对实施的进度计划分析的基础上，应确定调整原计划的方法，一般主要有以下几种。

1. 改变某些工作间的逻辑关系

若检查的实际施工进度产生的偏差影响了总工期，在工作之间的逻辑关系允许改变的条件下，可以改变关键线路和超过计划工期的非关键线路上的有关工作之间的逻辑关系，达到缩短工期的目的。用这种方法调整的效果是很显著的。例如，把依次进行的有关工作改成平行的或相互搭接的，以及分成几个施工段进行流水施工等，都可以达到缩短工期的目的。

2．缩短某些工作的持续时间

缩短某些工作的持续时间，使施工进度加快，不改变工作之间的逻辑关系，进而保证计划工期的实现。那些被压缩持续时间的工作是由实际施工进度的拖延而引起总工期增长的关键线路和某些非关键线路上的工作，同时又是可压缩持续时间的工作。这种方法实际上就是采用网络计划优化的方法，这里不再赘述。

3．资源供应的调整

如果资源供应发生异常（供应满足不了需要），应采用资源优化方法对计划进行调整，或采取应急措施，使其对工期影响最小化。

4．增减工程量

增减工程量主要是指改变施工方案、施工方法，从而导致工程量的增加或减少。

5．起止时间的改变

起止时间的改变应在相应工作时差范围内进行。每次调整必须重新计算时间参数，观察该项调整对整个施工计划的影响。调整时可采用下列方法：①将工作在其最早开始时间和其最迟完成时间范围内移动；②延长工作的持续时间；③缩短工作的持续时间。

6.4.3 施工项目进度计划的变更调整措施

施工项目进度计划变更调整的具体措施包括以下方面。

1．组织措施

（1）增加工作面，组织更多的施工队伍。
（2）增加每天的施工时间（如采用三班制等）。
（3）增加劳动力和施工机械的数量。
（4）将依次施工关系改为平行施工关系。
（5）将依次施工关系改为流水施工关系。
（6）将流水施工关系改为平行施工关系。

2．技术措施

（1）改进施工工艺和施工技术，缩短工艺技术间歇时间。
（2）采用更先进的施工方法，以减少施工过程的数量（如将现浇框架方案改为预制装配方案）。
（3）采用更先进的施工机械。

3．经济措施

（1）实行包干奖励。
（2）提高奖金数额。
（3）对所采取的技术措施给予相应的经济补偿。

4. 沟通协调措施

（1）改善外部配合条件。

（2）改善劳动条件。

（3）实施强有力的调度等。

综合应用案例

【案例背景】

某施工项目网络计划如图 6.10 所示，在第 5d 检查时，发现 A 工作已完成，B 工作已进行 1d，C 工作已进行 2d，D 工作尚未开始。

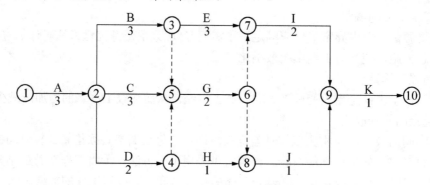

图 6.10　某施工项目网络计划

（1）绘制实际进度前锋线，记录实际进度执行情况。

（2）实际进度与计划进度对比分析，填写网络计划检查结果分析表。

（3）据检查结果绘制未调整前的双代号时标网络计划。

（4）要求按原工期目标完成，不允许拖延工期，试绘制调整后的双代号时标网络计划。

【案例解析】

（1）绘制实际进度前锋线，如图 6.11 所示。

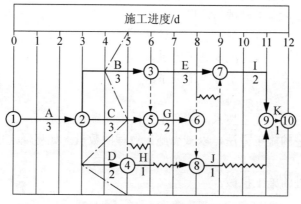

图 6.11　实际进度前锋线

所谓前锋线是指在原时标网络计划上，从检查时刻的时标点出发，用点画线依次将各项工作实际进展位置点连接而成的折线。

（2）填写网络计划检查结果分析表，见表6-2。

表6-2　网络计划检查结果分析表

工作代号	工作名称	检查计划时尚需作业天数/d	到计划最迟完成时尚有天数/d	原有总时差/d	尚有总时差/d	情况判断/d
②—③	B	3－1＝2	6－5＝1	0	1－2＝－1	影响工期 1d
②—⑤	C	3－2＝1	7－5＝2	1	2－1＝1	正常
②—④	D	2－0＝2	7－5＝2	2	2－2＝0	正常

检查计划时尚需作业天数＝工作持续时间－工作已进行时间

到计划最迟完成时尚有天数＝工作最迟完成时间－检查时间

尚有总时差＝到计划最迟完成时尚有天数－检查计划时尚需作业天数

（3）绘制检查后、未调整前的双代号时标网络计划，如图6.12所示。

（4）绘制调整后的双代号时标网络计划，如图6.13所示。

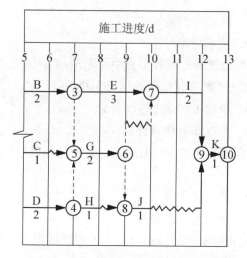

图6.12　检查后、未调整前的双代号时标网络计划

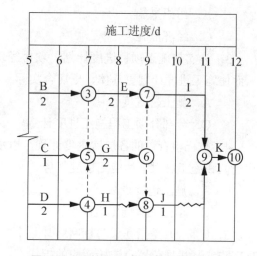

图6.13　调整后的双代号时标网络计划

本章小结

首先本章介绍了施工项目进度管理的概念，使读者了解进度管理的定义。进度管理过程是一个动态的循环过程，施工项目进度管理的措施主要有组织措施、技术措施、经济措施和沟通协调措施。同时也介绍了进度管理的目标和影响施工进度的因素。

其次本章讲述了施工项目进度计划的编制和实施。在进度计划实施之前要先对进度计划进行审核。

最后本章还讲述了施工项目进度计划的控制。在施工项目的实施过程中，首先跟踪检查施工实际进度,其次整理统计检查数据,再次将实际进度与计划进度进行对比分析,最后进行施工项目进度检查结果的处理。通常采用的比较方法有横道图比较法、S 曲线比较法、香蕉形曲线比较法、前锋线比较法、列表比较法等。

进行施工项目进度计划的变更管理时,应先分析进度偏差产生的影响,再确定施工项目进度计划的调整方法。

习 题

一、选择题

1. 施工项目进度管理过程是一个（　　）的循环过程。
   A．反复　　　　B．动态　　　　C．经常　　　　D．主动
2. 编制施工项目进度计划的工作流程是一种（　　）。
   A．组织措施　　　　　　　　B．沟通协调措施
   C．经济措施　　　　　　　　D．技术措施
3. 为实施施工项目进度计划,项目经理部在施工开始前和实施中不断编制（　　）,从而使施工进度计划更具体、更切合实际、更适应不断变化的现场情况和更可行。
   A．施工总进度计划　　　　　B．单位工程施工进度计划
   C．分部分项工程施工进度计划　D．月（旬）作业计划
4. 按已检查过的各层次进度计划,以承包合同和（　　）的形式,分别向分包单位、承包队和施工班组下达施工进度任务。
   A．施工进度目标　　　　　　B．施工任务书
   C．单位工程施工组织设计　　D．施工组织总设计
5. （　　）是指在原时标网络计划上,从检查时刻的时标点出发,用点画线依次将各项工作实际进展位置点连接而成的折线。
   A．横道线　　　B．工作箭线　　C．前锋线　　D．S 曲线

二、简答题

1. 影响施工进度的因素有哪些?
2. 如何实施施工项目进度计划?
3. 如何检查施工项目进度计划?
4. 施工项目进度计划的调整方法有哪些?

三、案例题

背景:某施工项目的网络计划如图 6.14 所示,图中箭线之下括弧外的数字为正常持续时间,括弧内的数字是最短持续时间,箭线之上是每天的费用。当工程进行到第 95d 进行检查时,节点⑤之前的工作全部完成,工程延误了 15d。

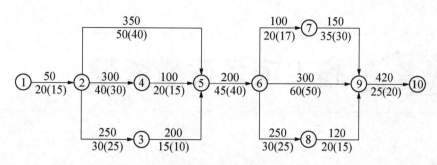

图 6.14　待调整的网络计划

问题：要在以后的时间进行赶工，确保按原工期目标完成，使工期不拖延。那么怎样赶工才能使增加的费用最少？

【分析】

赶工的对象：压缩有压缩潜力的、增加的赶工费最少的关键工作。要在节点⑤后的关键工作上寻找调整对象。

第一步：在⑤—⑥、⑥—⑨和⑨—⑩工作中挑选赶工费用最少的工作，首先压缩工作⑤—⑥，利用其可压缩 5d，增加费用 5×200＝1000（元），至此工期压缩了 5d。

第二步：在⑥—⑨和⑨—⑩中挑选⑥—⑨工作压缩 5d，因为与⑥—⑨平行进行的工作中，最小总时差为 5d，增加费用 5×300＝1500（元）。此时，⑥—⑦—⑨也成了关键线路。

第三步：同时压缩⑥—⑦、⑥—⑨，但压缩量⑥—⑦最小，只有 3d 潜力，故只能压缩 3d，增加费用 3×(300＋100)＝1200（元）。

第四步：压缩工作⑨—⑩，压缩 2d，至此，拖延的时间可全部赶回来，增加的费用为 2×420＝840（元）。

累计共压缩 5＋5＋3＋2＝15（d），累计增加费用为 1000＋1500＋1200＋840＝4540（元）。

第 7 章　施工项目质量管理

思维导图

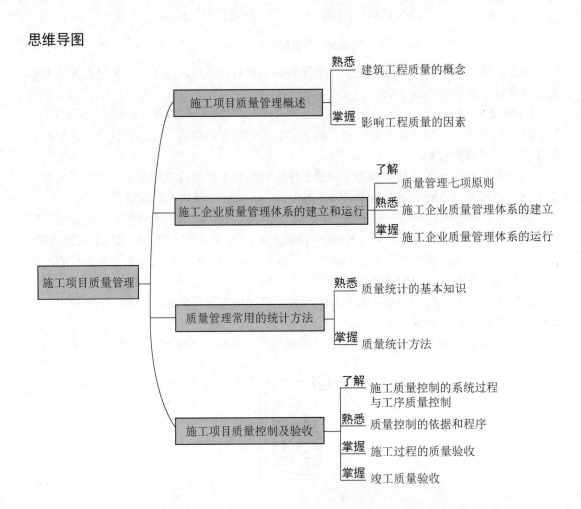

第 7 章　施工项目质量管理

章节导读

随着社会经济的发展和施工技术的进步,现代工程建设呈现规模不断扩大、技术复杂程度高等特点,大规模的单体工程和综合性建筑比比皆是,而一旦出现工程质量方面的问题,所造成的损失也往往是巨大的。重庆市綦江彩虹桥是一座长140m,主拱净跨120m的中承式拱形桥,于1994年11月动工,1996年2月完工正式投入使用。1999年1月4日,整座大桥突然垮塌,桥上群众和武警战士全部坠入綦江中,经奋力抢救,14人受伤,40人遇难死亡。图7.1所示为垮塌前和垮塌后的彩虹桥。

经调查,事故直接原因是:吊杆锁锚问题,主拱钢绞线锁锚方法错误;主拱钢管焊接问题,主拱钢管在工厂加工中,对接焊缝普遍存在裂纹、未焊透、未熔合、气孔、夹渣等严重缺陷,质量达不到施工及验收规范规定的二级焊缝验收标准;钢管混凝土问题,钢管内混凝土强度未达到设计要求,局部有漏灌现象,在主拱肋板处甚至出现1m多长的空洞;设计有问题,设计粗糙。

事故间接原因是:建设过程严重违反基本建设程序,未进行设计审查,未进行施工招投标,未办理建筑施工许可手续,未进行工程竣工验收;工程总承包关系混乱,总承包单位在履行职责上严重失职;施工管理混乱,设计变更随意,手续不全,技术管理薄弱,责任不落实,关键工序及重要部位的施工质量无人把关;材料及构配件进场管理失控,不按规定进行试验检测,外协单位加工的主拱钢管未经焊接质量检测合格就交付施工方使用;质监部门未严格审查项目建设条件就受理质监委托,且未认真履行职责,对项目未经验收就交付使用的错误做法未有效制止;工程档案资料管理混乱,无专人管理;未经验收,强行使用。

对于一个建设项目来说,百年大计,质量第一。建设活动及其产品与人民的生活密切相关,党的二十大报告提出,我国社会主要矛盾是人民日益增长的美好生活需要和不平衡不充分的发展之间的矛盾,打造优质的建设项目,对于满足人民群众对美好生活多样化的需求至关重要。

图 7.1　垮塌前和垮塌后的彩虹桥

7.1 施工项目质量管理概述

7.1.1 建筑工程质量的概念

建筑工程的一系列活动要以人民的实际需求为出发点，以提供满足人民需求的产品为落脚点。为了更好满足人民日益增长的美好生活需要，必须重视建筑工程的质量。建筑工程质量是指工程适合一定用途，满足使用者要求，符合国家法律法规、技术标准、设计文件、合同等规定的特性综合。建筑工程质量主要包括工程性能、工程寿命、可靠性、安全性、经济性以及与环境的协调性6个方面。

（1）工程性能。工程性能即适用性，是指产品或工程满足使用要求所具备的各种功能，具体表现为力学性能、结构性能、使用性能和外观性能。

（2）工程寿命。工程寿命即耐久性，是指工程在规定的条件下，能正常发挥其规定功能的合理使用时间。

（3）可靠性。可靠性是指工程在规定的时间内和规定的使用条件下，完成规定功能的能力大小程度。如工业与民用建筑的屋顶，在规定的年限内和使用的环境下，不发生裂缝、渗漏等质量问题。

（4）安全性。安全性是指工程在使用过程中保证结构安全，保证人身和环境免受危害的程度，如结构安全、抗震、耐火等能力。

（5）经济性。经济性是指工程寿命周期费用（包括建设成本和使用成本）的大小。

（6）与环境的协调性。与环境的协调性是指工程与周围的环境相协调，满足可持续发展的要求。

可以通过量化评定或定性分析，把反映工程质量特性的技术参数明确规定下来，通过有关部门形成技术文件，作为工程质量施工和验收的规范，这就是通常所说的质量标准。施工单位的施工质量，既要满足施工验收规范和质量评价标准的要求，又要满足建设单位、设计单位提出的合理要求。

7.1.2 影响工程质量的因素

影响工程质量的因素很多，但归纳起来主要有5个方面，即人员素质、工程材料、机具设备、施工方法和环境条件。

1）人员素质

人是影响工程质量的第一要素，人的主观能动性活动直接影响建筑产品的质量。人是生产经营活动的主体，也是工程项目建设的决策者、管理者、操作者，工程项目建设的全过程，如项目的规划、决策、勘察、设计和施工，都是通过人来完成的。人员的素质直接和间接地对规划、决策、勘察、设计和施工的质量产生影响，而规划是否合理、决策是否正确、勘察是否准确、设计是否符合所需要的质量功能，以及施工能否满足合同、规范、技术标准的要求等，都将对工程质量产生不同程度的影响，所以人员素质是影响工程质量的一个重要因素。行业实行经营资质管理和各类专业从业人员持证上岗制度是保证人员素质的重要管理措施。

2）工程材料

工程材料泛指构成工程实体的各类建筑材料、构配件、半成品等，它是工程建设的物质条件，是工程质量的基础。工程材料选用是否合理、产品是否合格、材质是否经过检验、保管使用是否得当等，都将直接影响建设工程的结构刚度和强度，影响工程外表及观感，影响工程的使用功能和使用安全。

3）机具设备

机具设备可分为两类：一是指组成工程实体及配套的工艺设备和各类机具，如电梯、通风设备等，它们构成了建筑设备安装工程或工业设备安装工程；二是指施工过程中使用的各类机具设备，即施工机具设备，如大型垂直与水平运输设备、各类操作工具等。机具设备对工程质量也有重要的影响，工程用机具设备的质量优劣，直接影响工程的使用功能质量。施工机具设备的类型是否符合工程施工特点，性能是否先进稳定，操作是否方便安全等，都会影响工程项目的质量。

4）施工方法

施工方法是指施工现场采用的施工方案，包括技术方案和组织方案。前者如施工工艺和作业方法，后者如施工区段空间划分及施工流向顺序、劳动组织等。在工程施工中，施工工艺是否先进，作业方法是否正确，施工区段空间划分是否合理等都将对工程质量产生重大的影响。大力推广新技术、新工艺、新方法，不断提高工艺技术水平，是保证工程质量稳定提高的重要因素。

5）环境条件

环境条件是指对工程质量起重要作用的环境因素，包括工程技术环境（如工程地质、水文、气象等），工程作业环境（如施工现场作业面大小、防护设施、通风照明和通信条件等），工程管理环境（如组织体制、管理制度等），周边环境［如工程周边的地下管线、建（构）筑物等］。环境条件往往对工程质量产生特定的影响。加强环境管理，改进作业环境，把握好技术环境，辅以必要的措施，是质量控制的重要保证。

图 7.2～图 7.4 所示为现场质量问题。

GB 50203—2011 第3.0.11条

3.0.11 设计要求的洞口、沟槽、管道应于砌筑时正确留出或预埋，未经设计同意，不得打凿墙体和墙体上开凿水平沟槽。宽度超过300mm的洞口上部，应设置钢筋混凝土过梁

于地下室发现3处机电房砌体因通风管道安装而打凿开洞，部分洞口宽度达2400mm，未设置过梁，其顶部砌块有开裂下坠隐患，不符合GB 50203—2011第3.0.11条的要求

图 7.2 现场质量问题（一）

砌体构造柱、过梁配筋与设计要求不符。
现场配筋：2根或3根纵筋，小于设计要求的4根纵筋

图 7.3 现场质量问题（二）

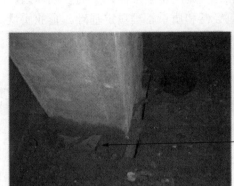

图7.4 现场质量问题（三）

特别提示

随着经济社会的不断发展，人民对衣食住行的需求不断变化，从"有的住"到"住得好"体现出人民生活质量水平的提高，反映出社会的不断进步。然而，工程质量标准并不是一成不变的，随着科学技术的进步、生产条件和环境的改善、生产和生活水平的提高，质量标准也将会不断修改和提高。另外，工程的等级不同、用户的需求层次不同，对工程质量的要求也不同。作为一名工程人员，要树立以人民为中心的发展思想，打造优质工程，在不断满足人民需求上下功夫。

知识链接

一般认为按民用建筑的主体结构确定的建筑耐久年限分为四级：一级100年以上，适用于重要的建筑和高层建筑（指10层以上住宅建筑、总高度超过24m的公共建筑及综合性建筑）；二级耐久年限为50~100年，适用于一般建筑；三级耐久年限为25~50年，适用于次要建筑；四级为15年以下，适用于临时性建筑。

观察与思考

试结合工程实例来谈谈应达到什么样的标准才是质量合格的工程项目。

7.2 施工企业质量管理体系的建立和运行

良好的行为结果是由制度体系来保障的，对于建设工程来说，工程活动的开展离不开相应的质量管理体系。施工企业质量管理体系是企业为实施质量管理而建立的管理体系，该体系通过质量认证机构的认证，为企业的工程承包经营和质量管理奠定基础。企业质量管理体系可以按照《质量管理体系 要求》（GB/T 19001—2016）进行建立和认证。

7.2.1 质量管理七项原则

质量管理七项原则是国际标准化组织颁布的 ISO 9000 族标准的编制基础，它的贯彻执行能促进企业质量管理水平的提高。质量管理七项原则的具体内容如下。

（1）以顾客为关注焦点。
（2）领导作用。
（3）全员参与。
（4）过程方法。
（5）改进。
（6）循证决策。
（7）关系管理。

知识延伸

南京明城墙，始建于 1366 年，距今 600 多年的历史，依然完整保存有 25.1km，是我国现存规模最大的古城墙，也是世界上最长、规模最大、保存原真性最好的古代城垣。这些明代的城砖上，大多数都刻有铭文，这是当时实施的"物勒工名"制度，是一种古代的质量追溯制度。图 7.5 所示为南京明城墙上的铭文。

图 7.5 南京明城墙上的铭文

7.2.2 施工企业质量管理体系的建立

施工企业质量管理体系的建立通常包括质量管理体系的策划与总体设计、质量管理体系文件的编制。

1. 质量管理体系的策划与总体设计

最高管理者为满足组织确定的质量目标要求及质量管理体系的总体要求,对质量管理体系进行策划和总体设计。通过对质量管理体系的策划,确定建立质量管理体系要采用的过程方法模式,从组织的实际出发进行体系的策划和实施,明确是否有需求并确保其合理性。

2. 质量管理体系文件的编制

施工企业应在满足标准要求、确保控制质量、提高组织全面管理水平的情况下,建立一套高效、简单、实用的质量管理体系文件。质量管理体系文件由以下内容组成。

1)质量方针和质量目标

该部分一般是企业管理的目标,一般以简明的文字来表述,应反映用户及社会对工程质量的要求及企业相应的质量水平和服务承诺,也是企业经营理念的反映。

2)质量手册

质量手册是组织质量管理工作的"基本法",是组织最重要的质量规范性文件,一切质量活动都应遵循质量手册。对组织外部,它既是符合标准要求的质量管理体系的存在,又能向顾客或认证机构清楚描述质量管理体系的状况。

各组织可以根据实际需要,对质量手册的内容作必要的删减。质量手册具体内容有企业的质量方针、质量目标;组织机构及质量职责;体系要素或基本控制程序;质量手册的评审、修改和控制的管理办法。

知识链接

某项目质量手册中管理职责的分解。

项目经理:对工程质量全面负责。

工程师:对质量技术负直接责任。

技术部:及时提供一般工序、特殊工序作业指导书,质量保证措施,施工方案;督促试验员对原材料、试块等及时送检;对可能发生的质量通病制定有效的预防措施。

工程部:对质量负直接责任,在各分部分项工程中,应督促相关工长进行技术交底,施工中应及时检查发现问题,立即整改,严格按图规范施工。

质安部:检查技术交底落实情况,跟班检查,发现问题立即责成有关人员进行整改,严格按规范进行验收,保证地基与基础、主体、装饰等工程质量优良。

物资部:提供合格的原材料及半成品,对需送检的物资应及时通知试验员进行取样送检。

3）质量管理程序

质量管理程序是质量管理体系的重要组成部分，是质量手册具体展开的有力支撑，是对质量管理体系的过程方法所开展的质量活动的描述。对每个质量管理程序来说，都应视需要明确何时、何地、何人、做什么、为什么、怎么做、应保留什么记录。

质量管理程序应至少包括 6 个程序文件：①文件控制程序；②质量记录控制程序；③内部质量审核程序；④不合格控制程序；⑤纠正措施程序；⑥预防措施程序。

4）质量记录

质量记录是阐明所取得的结果或所完成活动的证据文件。它是产品质量水平和企业质量管理体系中各项质量活动结果的客观反映，应如实加以记录，用于证明达到了合同所规定的质量要求。如果出现偏差，则质量记录应反映出针对不足之处采取了哪些纠正措施。

7.2.3　施工企业质量管理体系的运行

施工企业质量管理体系的运行是指在建立质量管理体系文件的基础上，开展质量管理工作，实施文件中规定的内容。质量管理体系的运行可按 PDCA 循环进行。所谓 PDCA 循环，是指计划、实施、检查、处理四个步骤的不断循环。图 7.6 所示为 PDCA 循环示意图。

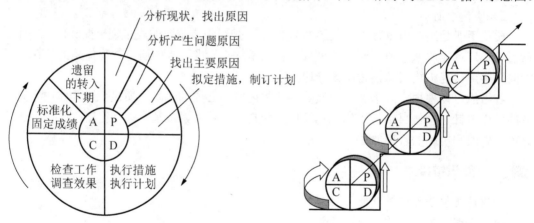

图 7.6　PDCA 循环示意图

1）计划 P（Plan）

建设工程项目的质量计划是项目参与各方根据其在项目实施中所承担的任务、责任范围和质量目标，分别制订质量计划而形成的质量计划体系。其中，建设单位的工程项目质量计划，包括确定和论证项目总体的质量目标，制定项目质量管理的组织、制度、工作程序、方法和要求。项目其他各参与方，则根据国家法律法规和工程合同规定的质量责任和义务，在明确各自质量目标的基础上，制订实施相应范围质量管理的行动方案，包括技术方法、业务流程、资源配置、检验试验要求、质量记录方式、不合格处理及相应管理措施等具体内容和做法的质量管理文件，同时亦须对其实现预期目标的可行性、有效性、经济合理性进行分析论证，并按照规定的程序与权限，经过审批后执行。

2）实施 D（Do）

实施职能在于将质量的目标值，通过生产要素的投入、作业技术活动和产出过程，转换为质量的实际值。为保证工程质量的产出或形成过程能够达到预期的结果，在各项质量活动实施前，要根据质量计划进行行动方案的部署和交底；交底的目的在于使具体的作业者和管理者明确计划的意图和要求，掌握质量标准及其实现的程序与方法。在质量活动的实施过程中，要求严格执行计划的行动方案，规范行为，把质量计划的各项规定和安排落实到具体的资源配置和作业技术活动中去。

3）检查 C（Check）

检查指对计划实施过程进行各种检查，包括作业者的自检、互检和专职管理者专检。各类检查也都包含两大方面：一是检查是否严格执行了计划的行动方案，实际条件是否发生了变化，不执行计划的原因；二是检查计划执行的结果，即产出的质量是否达到标准的要求，对此进行确认和评价。

4）处理 A（Act）

对于质量检查所发现的问题，及时进行原因分析，采取必要的措施，予以纠正，保持工程质量形成过程的受控状态。处理分纠偏和预防改进两个方面。前者是采取有效措施，解决当前的质量偏差、问题或事故；后者是将目前质量状况信息反馈到管理部门，反思问题症结或计划时的不周，确定改进目标和措施，为今后类似质量问题的预防提供借鉴。

7.3 质量管理常用的统计方法

7.3.1 质量统计的基本知识

1. 质量数据统计的几个术语

（1）总体和个体。总体也称母体，是所研究对象的全体。个体，是组成总体的基本元素。总体中含有个体的数目通常用 N 表示。实践中一般把从每件产品检测得到的某一质量数据（强度、几何尺寸、质量等），即质量特性值视为个体，产品的全部质量数据的集合即为总体。

（2）样本。样本也称子样，是从总体中随机抽取出来，并根据其研究结果推断总体质量特征的那部分个体。被抽中的个体称为样品，样品的数目称为样本容量，用 n 表示。

2. 质量数据的收集方法

（1）全数检验。全数检验是对总体中的全部个体逐一观察、测量、计数、登记，从而获得总体质量水平结论的方法。

全数检验一般比较可靠，能提供大量的质量信息，但要消耗很多人力、物力、财力和时间，不能用于破坏性检验和过程子含量控制，应用上具有局限性；在有限总体中，对重要的检测项目，当可采用快速的不破损检验方法时，可选用全数检验方案。

（2）抽样检验。抽样检验是按照随机抽样的原则，从总体中抽取部分个体组成样本，根据样品的检测结果，推断出总体质量水平的方法。

抽样检验抽取样品不受检验人员意愿的支配，每个个体被抽中的概率都相同，从而保证了样本在总体中的分布比较均匀，有充分的代表性；同时它还具有节省人力、物力、财力、时间和准确性高的优点。它可用于破坏性检验、生产过程的质量监控和全数检验无法进行的检测项目，具有广泛的应用空间。

7.3.2 质量统计方法

质量统计方法是通过对质量数据的收集、整理和分析研究，了解、整理误差的现状和内在的发展规律，推断工程质量的现状和可能存在的问题，为工程质量管理提供依据的方法。

工程项目质量统计的常用方法有：统计调查表法、分层法、排列图法、因果分析图法、直方图法、控制图法和相关图法等。施工项目质量管理应用较多的是统计调查表法、分层法、排列图法、因果分析图法、直方图法。

1. 统计调查表法

统计调查表法是利用统计整理数据和分析质量问题的各种表格，对工程质量的影响原因进行分析和判断的方法。这种方法简单方便，并能为其他方法提供依据。

统计调查表没有固定的格式和内容，工程中常用的统计调查表有以下几种。

（1）分项工程作业质量分布调查表。

（2）不合格项目停产表。

（3）不合格原因调查表。

（4）工程质量判断统计调查表。

统计调查表一般由表头和频数统计两部分组成，内容根据需要和具体要求确定。

应用案例 7-1

采用统计调查表法对地梁混凝土外观质量和尺寸偏差调查。

【案例解析】

地梁混凝土外观质量和尺寸偏差调查见表 7-1。

表 7-1　地梁混凝土外观质量和尺寸偏差调查

分部分项工程名称	地梁混凝土		操作班组	×
生产时间	×		检查时间	×
检查方式和数量	×		检查员	×
检查项目名称	检查记录			合计
漏　筋	正			5
蜂　窝	正正			10
裂　缝	一			1
尺寸偏差	正正			10
总　　计	正正正正正一			26

2. 分层法

分层法又称分类法，是将收集的数据根据不同的目的，按性质、来源、影响因素等进行分类和分层研究的方法。分层法可以使杂乱的数据条理化，找出主要的问题，采取相应的措施。常用的分层方法有以下几种。

（1）按工程内容分层。
（2）按时间、环境分层。
（3）按机械设备分层。
（4）按操作者分层。
（5）按生产工艺分层。
（6）按质量检验方法分层。

应用案例 7-2

某批钢筋进行焊接质量调查，共检查接头数量 100 个，其中不合格 25 个，不合格率 25%，试对问题进行分析。

【案例解析】

经查明，这批钢筋是由 A、B、C 三个工人进行焊接的，采用同样的焊接工艺，焊条由两个厂家提供。采用分层法进行分析，可按焊接操作者和焊条供应厂家进行分层，见表 7-2 和表 7-3。

表 7-2 按焊接操作者分层

操作者	不合格	合格	不合格率
A	15	35	30%
B	6	25	19%
C	4	15	21%
合计	25	75	25%

表 7-3 按焊条供应厂家分层

供应厂家	不合格	合格	不合格率
甲	10	35	22%
乙	15	40	27%
合计	25	75	25%

从表中得知，操作者 B 的操作水平较高，工厂甲的焊条质量较好。

3. 排列图法

排列图又叫帕累托图或主次因素分析图，排列图法是寻找影响质量主次因素的一种有效方法。排列图由两个纵坐标、一个横坐标、几个连起来的直方形和一条曲线所组成，如图 7.7 所示。左侧的纵坐标表示频数，右侧纵坐标表示累计频率，横坐标表示影响质量的各个因素或项目，按影响程度大小从左至右排列，直方形的高度示意某个因素的影响大小。

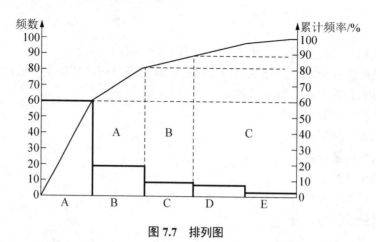

图 7.7 排列图

应用案例 7-3

某工地现浇混凝土构件尺寸质量检查结果整理后见表 7-4。为改进并保证质量，应对这些不合格项目进行分析，以便找出混凝土构件尺寸质量的薄弱环节。

表 7-4 不合格项目频数频率统计表

序 号	项 目	频 数	频率/%	累计频率/%
1	截面尺寸	65	61	61
2	轴线位置	20	19	80
3	垂 直 度	10	9	89
4	标 高	8	8	97
5	其 他	3	3	100
合计		106	100	

【案例解析】

（1）绘制排列图。

① 画横坐标。将横坐标按项目数等分，并按项目数从大到小的顺序由左至右排列，该例中横坐标分为五等份。

② 画纵坐标。左侧的纵坐标表示项目不合格点数即频数，右侧纵坐标表示累计频率。要求总频数对应累计频率 100%。

③ 画频数直方形。以频数为高画出各项目的直方形。

④ 画累计频率曲线。从横坐标左端点开始，依次连接各项目直方形右边线与所对应的累计频率的交点，所得的曲线即为累计频率曲线。

混凝土构件尺寸不合格项目排列图，如图 7.8 所示。

（2）排列图的观察与分析。

① 观察直方形。排列图中的每个直方形都表示一个质量问题或影响因素。影响程度与各直方形的高度成正比。

② 确定主次因素。实际应用中，通常利用 A、B、C 分区法进行确定，按累计频率划分为（0~80%）、（80%~90%）、（90%~100%）三部分，与其对应的影响因素分别为 A、B、C 三类。A 类为主要因素，是重点要解决的对象；B 类为次要因素，C 类为一般因素，

它们不作为解决的重点。

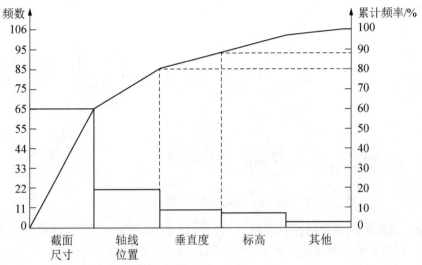

图 7.8　混凝土构件尺寸不合格项目排列图

本例中，累计频率曲线所对应的 A、B、C 三类影响因素分别如下。

A 类即主要因素是截面尺寸、轴线位置，B 类即次要因素是垂直度，C 类即一般因素有标高和其他项目。综上分析结果，应重点解决 A 类质量问题。

（3）排列图的应用。排列图可以形象、直观地反映主次因素，其主要应用如下。

① 按不合格的因素分类，可以判断造成质量问题的主要因素，找出工作中的薄弱环节。

② 按生产作业分类，可以找出生产不合格品最多的关键工序，进行重点控制。

③ 按生产班组或单位分类，可以分析比较各生产班组或单位技术水平和质量管理水平。

④ 将采取提高质量措施前后的排列图对比，可以分析措施是否有效。

4. 因果分析图法

因果分析图法是我们常用的问题分析方法，它有利于我们分析问题发生的原因、造成的影响，以便提出更有针对性的措施。因果分析图法是利用因果分析图来系统整理分析某个质量问题（结果）与其影响因素之间关系，采取措施，解决存在的质量问题的方法。因果分析图也称特性要因图，又因其形状被称为树枝图或鱼刺图。

（1）因果分析图的基本形式如图 7.9 所示。

从图 7.9 可见，因果分析图由质量特性（结果、某个质量问题）、要因（产生质量问题的主要原因）、枝干（一系列箭线表示的不同层次的原因）、主干（较粗的直接指向某个质量问题的水平箭线）等组成。

（2）因果分析图的绘制。因果分析图的绘制步骤与图中箭头方向相反，是从"某个质量问题"开始将原因逐层分解的，具体步骤如下。

① 明确质量问题——结果。作图时首先由左至右画出一条水平主干线，箭头指向一个矩形框，框内注明研究的问题，即结果。

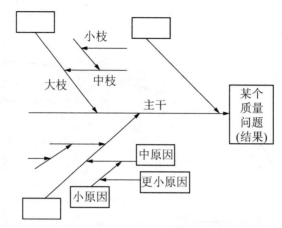

图 7.9　因果分析图的基本形式

② 分析确定影响质量特性的原因。一般来说，影响质量特性的原因有五大方面，即人员、机具、材料、方法和环境。另外还可以按产品的生产过程进行分析。

③ 将每种大原因进一步分解为中原因、小原因，直至分解的原因可以采取具体措施加以解决。

④ 检查图中所列原因是否齐全，可以对初步分析结果广泛征求意见，并做必要补充及修改。

⑤ 选出影响大的关键因素，做出标记"△"，以便重点采取措施。

5. 直方图法

直方图法又称频数分布直方图法，它是将收集到的质量数据进行分组整理，绘制成以组距为底边、以频数为高度的矩形图，用于描述质量分布状态的一种分析方法。通过对直方图的观察与分析，可以了解产品质量的波动情况，掌握质量特性的分布规律，以便对质量状况进行分析判断，评价工作过程能力等。

应用案例 7-4

某工程项目浇筑 C20 混凝土，为对其抗压强度进行质量分析，用随机抽样的方法共收集了 50 个抗压强度数据，见表 7-5。试用直方图法进行质量分析。

> **特别提示**
>
> 一般要求收集数据在 50 个及以上才具备代表性。

表 7-5　数据整理表

单位：N/mm^2

序号	抗压强度数据					最大值	最小值
1	23.9	21.7	24.5	21.8	25.3	25.3	21.7
2	25.1	23.0	23.1	23.7	23.6	25.1	23.0
3	22.9	21.6	21.2	23.8	23.5	23.8	21.2

续表

序号	抗压强度数据					最大值	最小值
4	22.8	25.7	23.2	21.0	23.0	25.7	21.0
5	23.0	24.6	23.3	24.8	22.9	24.8	22.9
6	22.6	25.8	23.5	23.7	22.8	25.8	22.6
7	24.3	24.4	21.9	22.2	27.0	27.0	21.9
8	26.0	24.2	23.4	24.9	22.7	26.0	22.7
9	25.2	24.1	25.0	22.3	25.9	25.9	22.3
10	23.9	24.0	22.4	25.0	23.8	25.0	22.4

【案例解析】

（1）计算极差 R。极差 R 是数据中最大值和最小值之差。

$X_{\min}=21.0$（N/mm^2）

$X_{\max}=27.0$（N/mm^2）

$R = X_{\max} - X_{\min} =27.0-21.0=6.0$（N/mm^2）

（2）对数据分组，确定组数 K、组距 H 和组限。

① 确定组数的原则是分组的结果能正确反映数据的分布规律，组数应根据数据多少来确定。组数过少，会掩盖数据的分布规律；组数过多，使数据过于零乱分散，也不能显示出质量分布状况。组数一般可参考表 7-6 的经验数值确定。

表 7-6　数据分组参考值

数据总数（n）	组数（K）	数据总数（n）	组数（K）	数据总数（n）	组数（K）
50～100	6～10	101～250	7～12	≥250	10～20

本例中取 $K=7$。

② 确定组距 H。

组距是组与组之间的间隔，即一个组的范围，各组矩应相等，于是有

极差 ≈ 组矩×组数

即

$R \approx HK$

因而组数、组距的确定应结合极差综合考虑，适当调整，还要注意数值尽量取整，使分组结果能包括全部变量值，同时也便于以后的计算分析。

本例结果为

$H=R/K=6/7 \approx 1$（N/mm^2）

③ 确定组限。每组的最大值为上限，最小值为下限，上、下限统称组限，确定组限时应注意使各组之间连续，即较低组上限应为相邻较高组下限，这样才不致有的数据被遗漏。对恰恰处于组限值上的数据，其解决的办法有两种：一是规定每组上（或下）限不计在该组内，而应计入相邻较高（或较低）组内；二是将组限值较原始数据精度提高半个最小测量单位。

本例采取第一种办法划分组限，即每组上限不计入该组内。

第一组下限：$X_{\min}-H/2=21.0-1/2=20.5$（N/mm^2）

第一组上限：$20.5+H=20.5+1=21.5$（N/mm^2）

第二组下限=第一组上限=21.5N/mm²
第二组上限：21.5+1=22.5（N/mm²）

以下依次类推，最高组限为26.5~27.5，分组结果覆盖了全部数据。

（3）编制频数统计表。统计各组频数，频数总和应等于全部数据个数。本例频数统计表见表7-7。

表7-7 频数统计表

组　号	组限/（N/mm²）	频　数
1	20.5~21.5	2
2	21.5~22.5	7
3	22.5~23.5	13
4	23.5~24.5	14
5	24.5~25.5	9
6	25.5~26.5	4
7	26.5~27.5	1
合　计		50

从表7-7中可以看出，浇筑C20混凝土50个试块的抗压强度是各不相同的，这说明质量特性值是有波动的。为了更直观、更形象地表现质量特征值的这种分布规律，应进一步绘制出直方图。

（4）绘制直方图。直方图可分为频数直方图、频率直方图、频率密度直方图三种，最常见的是频数直方图。

在频数直方图中，横坐标表示质量特征值，纵坐标表示频数。根据表7-7可以画出以组距为底，以频数为高的K个直方图，得到混凝土强度的频数直方图，如图7.10所示。

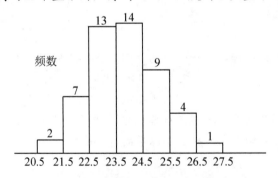

图7.10 混凝土强度分布直方图

（5）直方图的观察与分析。根据直方图的形状来判断质量分布状态，正常型的直方图是中间高，两侧低，左右基本对称的图形，这是理想的质量控制结果，如图7.11（a）所示；出现非正常型直方图时，表明生产过程或收集数据作图方法有问题，这就要求进一步分析判断，找出原因，从而采取措施加以纠正。非正常型直方图一般有5种类型。

① 折齿型，如图7.11（b）所示，是分组组数不当或者组距确定不当造成的。
② 缓坡型，如图7.11（c）所示，是操作中对上限（或下限）控制太严造成的。
③ 孤岛型，如图7.11（d）所示，是原材料发生变化，或者临时他人顶班作业造成的。

④ 双峰型，如图 7.11（e）所示，是用两种不同的方法或两台设备或两组工人进行生产，然后把两方面数据混在一起整理产生的。

⑤ 绝壁型，如图 7.11（f）所示，是数据收集不正常，可能有意识地去掉下限以下的数据，或是在检测过程中存在某种人为因素所造成的。

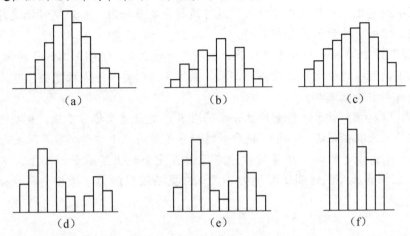

图 7.11　常见的直方图图形

（6）将直方图与质量标准比较，判断实际生产过程能力。

做出直方图后，将正常型直方图与质量标准相比较，从而判断实际生产过程能力，一般可得出 6 种情况，如图 7.12 所示。

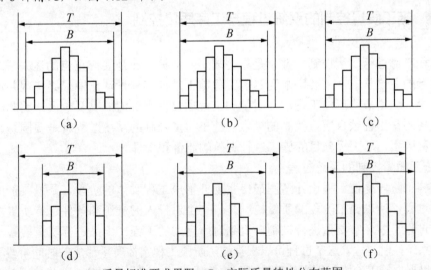

T—质量标准要求界限；B—实际质量特性分布范围。

图 7.12　实际质量与标准比较

① 如图 7.12（a）所示，B 在 T 中间，质量特性分布中心与质量标准中心 M 重合，实际质量特性分布与质量标准相比较两边还有一定余地。这样的生产过程质量是很理想的，说明生产过程处于正常的稳定状态，在这种情况下生产出来的产品可认为全部是合格品。

② 如图7.12（b）所示，B虽然落在T内，但质量特性分布中与质量标准中心M不重合，偏向一边。这样如果生产状态一旦发生变化，就可能超出质量标准下限而出现不合格品。出现这种情况时应迅速采取措施，使直方图移到中间来。

③ 如图7.12（c）所示，B在T中间，且B的范围接近T的范围，没有余地，生产过程一旦发生小的变化，产品的质量特性值就可能超出质量标准。出现这种情况时，必须立即采取措施，以缩小质量特性分布范围。

④ 如图7.12（d）所示，B在T中间，但两边余地太大，说明加工过于精细，不经济。在这种情况下，可以对原材料、设备、工艺、操作等控制要求适当放宽些，有目的地使B扩大，从而有利于降低成本。

⑤ 如图7.12（e）所示，质量特性分布范围B已超出质量标准下限，说明已出现不合格品。此时必须采取措施进行调整，使质量特性分布范围位于质量标准界限之内。

⑥ 如图7.12（f）所示，质量特性分布范围B完全超出了质量标准上、下界限，散差太大，产生许多废品，说明过程能力不足，应提高过程能力，使质量特性分布范围B缩小。

7.4 施工项目质量控制及验收

7.4.1 施工质量控制的系统过程与工序质量控制

对工程产品进行质量控制，并不是眉毛胡子一把抓，而是要有重点的优先考虑影响工程产品质量的主要阶段、主要影响因素。工程施工是使工程设计意图最终实现并形成工程实体的阶段，也是最终形成工程产品质量和工程项目使用价值的重要阶段，因此，施工阶段的质量控制是工程项目质量控制的重点。施工质量控制的系统过程就是要围绕影响工程质量的各种因素，对工程项目的施工进行有效的监督和管理。

1. 施工质量控制的系统过程

由于施工阶段是使工程设计意图最终实现并形成工程实体的阶段，是最终形成工程实体质量的过程，所以施工阶段的质量控制是一个由对投入的资源和条件进行质量控制，进而对生产过程及各环节质量进行控制，直到对所完成的工程产出品进行质量检验与控制的全过程的系统控制过程。这个过程可以根据施工阶段工程实体质量形成的时间阶段不同来划分；也可以根据施工阶段工程实体形成过程中物质形态的转化来划分；或将施工的工程项目作为一个大系统，按施工层次加以分解来划分。图7.13所示为施工质量控制的系统过程。

（1）按工程实体质量形成的时间阶段，施工阶段的质量控制可以分为以下3个环节。

① 质量预控。

② 质量过程控制。

③ 质量检验控制。

第7章 施工项目质量管理

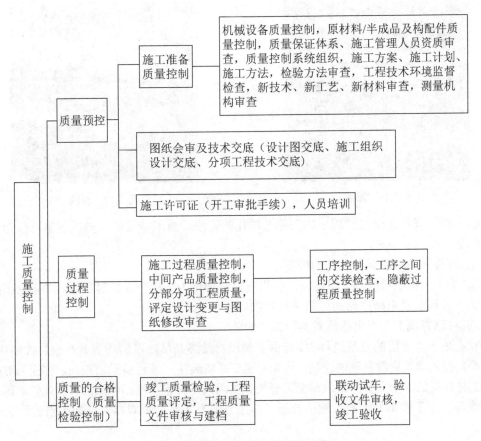

图 7.13 施工质量控制的系统过程

知识链接

施工中易发生或常见的质量通病有混凝土工程的漏筋（图 7.14）、蜂窝、麻面（图 7.15）、空洞，墙、地面、屋面工程渗水（图 7.16）、漏水、空鼓、起砂、裂缝（图 7.17）等。

图 7.14 漏筋

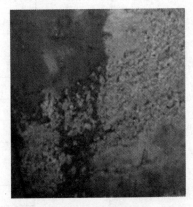

图 7.15 麻面

图 7.16　渗水　　　　　　　　　　　图 7.17　裂缝

（2）按工程实体形成过程中物质形态转化的阶段，施工阶段的质量控制也可分为以下 3 个阶段。

① 对投入的物质资源质量的控制。

② 施工过程质量控制。即在投入的物质资源转化为工程产品的过程中，对影响产品的各因素、各环节及中间产品的质量进行控制。

③ 对已完成工程产出品质量的控制与验收。

在上述 3 个阶段的系统过程中，前两个阶段对最终产品质量的形成具有决定性的作用。无论是对投入物质资源质量的控制，还是对施工即安装生产过程质量的控制，都应当对影响工程实体质量的 5 个重要因素，即施工有关人员因素、材料（包括半成品、构配件）因素、机械设备（施工设备）因素、施工方法（施工方案及工艺）因素以及环境因素进行全面的控制。

（3）按工程项目施工层次划分质量控制系统过程，通常是将一个大中型工程建设项目划分为若干层次。例如，对于建筑工程项目按照国家标准可以划分为单位工程、分部工程、分项工程、工序等层次。其中，工序的质量控制是最基本的质量控制，它决定了分项工程的质量，而分项工程的质量又决定了分部工程的质量，而分部工程的质量又决定了单位工程的质量。按工程项目施工层次划分质量控制系统过程如图 7.18 所示。

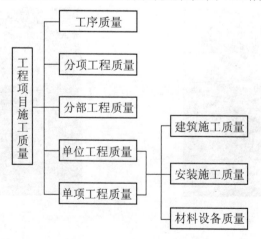

图 7.18　按工程项目施工层次划分质量控制系统过程

2. 工序质量控制

工程质量控制要落实到可操作的施工工序中去。

（1）加强材料设备的进场验收。

对主要材料、半成品、成品、建筑构配件、设备规定了进场验收，具体要求如下。

① 进入现场都应进行验收。

② 凡涉及安全、功能的有关产品，应按有关专业的验收规范进行复验，不经监理工程师检查认可签字，不得用于工程中。

（2）完善工序质量的控制，按"三点制"的质量控制制度进行控制。

① 控制点。按工序的工艺流程，在各点按相关技术标准进行质量控制，这个点称为质量控制点，简称控制点。对控制点提出控制措施进行质量控制，使工艺流程中的每个点都能达到质量要求。

② 检查点。在工艺流程中，找比较重要的控制点进行质量检查，以说明质量控制措施的有效性和控制效果，这个点称为检查点。这种检查不必停产进行。

③ 停止点。对重要检查点进行全面的检查，检查的结果填入检验批自行检验评定表，这种检查要求停产进行，这个点称为停止点。停止点检查方式有班组自检和项目专业的质量员自行检验两种。

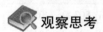

知识链接

若"三点制"能够贯彻落实执行，则工序的质量会得到很好控制。

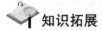

观察思考

试结合以往所学知识说出施工现场检查的方法都有哪些。

知识拓展

某工程质量控制点设置见表7-8。

表7-8 某工程质量控制点设置表

序号	质量控制点	控制内容	控制点
1	定位测量	复核测量结果	A
2	地基验槽	持力层、标高、平面尺寸	B
3	设备基础	轴线、方位、标高、预留孔洞或螺栓、预埋件	B
4	隐蔽工程	平面尺寸、标高、预留孔洞或螺栓、钢筋品种、级别、规格、数量	A
5	预埋件、螺栓、孔洞	位置、埋深、锚固方式	B
6	大型基础沉降观测	设备安装前、设备安装后、水压试验中、单机试车后	A
7	基础复测	位置、平面尺寸、标高、预留孔洞或螺栓、钢筋	B
8	土方回填	密实度	B
9	基础验收	外观检查、资料检查	A

说明：A级点需要业主、质量监督站、监理、总承包共同检验，B级点需要监理、总承包共同检验

(3) 各工序完成之后或各专业工种之间进行交接检验。

为了使后道工序质量得到保证,并分清质量责任,每道工序完成后,要进行工序质量检验,形成质量记录,这实际上是对工程质量的合格控制。

7.4.2 质量控制的依据和程序

1. 质量控制的依据

国无法不治,民无法不立。对于建设工程来说,其本身是人所从事的一项活动,活动要在法律法规约束下,依据合同要求,参照现行设计规范进行科学合理的设计。施工阶段进行质量控制的依据可分成共同性依据、专业技术性文件和有关项目的专用性依据三类。

1) 共同性依据

国家和政府有关部门颁布的与工程质量管理有关的法律法规性文件,如《中华人民共和国建筑法》《中华人民共和国招标投标法》《建设工程质量管理条例》等。

2) 专业技术性文件

(1) 施工质量验收标准或规范,见表7-9。

表7-9 施工质量验收标准、规范一览表

序 号	标准规范名称	标准规范编号
1	智能建筑工程质量验收规范	GB 50339—2013
2	建筑工程施工质量验收统一标准	GB 50300—2013
3	建筑地基基础工程施工质量验收标准	GB 50202—2018
4	砌体结构工程施工质量验收规范	GB 50203—2011
5	混凝土结构工程施工质量验收规范	GB 50204—2015
6	钢结构工程施工质量验收规范	GB 50205—2020
7	屋面工程质量验收规范	GB 50207—2012
8	地下防水工程质量验收规范	GB 50208—2011
9	建筑地面工程施工质量验收规范	GB 50209—2010
10	建筑装饰装修工程质量验收标准	GB 50210—2018
11	建筑给水排水及采暖工程施工质量验收规范	GB 50242—2002
12	通风与空调工程施工质量验收规范	GB 50243—2016
13	建筑电气工程施工质量验收规范	GB 50303—2015
14	电梯工程施工质量验收规范	GB 50310—2002

(2) 原材料、构配件质量方面的技术法规。

(3) 有关施工工艺质量等方面的法律法规。

(4) 采用"四新"技术的质量政策性规定。

3) 有关项目的专用性依据

(1) 工程建设合同、勘察设计等文件。

（2）设计交底、图纸会审记录、设计修改等文件。

（3）工程变更通知、现场签证记录等文件。

2．质量控制的程序

施工质量控制不仅对最终产品进行检查、验收，而且对生产中各环节或中间产品进行监督、检查和验收。这是全过程、全方位的中间性的质量管理。

在每项工程开始前，施工单位均须做好施工准备工作，并附上该项工程的施工计划以及相应的工作顺序安排、人员及机械设备配置、材料准备情况等，报送工程师审查，审查合格后才能开工。否则，须进一步做好施工准备，待条件具备时，再申请开工。

在施工过程中，监理工程师应督促施工单位加强内部质量管理，严格质量控制。每道工序均应按规定工艺和技术要求进行施工。在每道工序完成后，施工单位应进行自检，自检合格后，填报《_____报验申请表》交监理工程师请求检验，监理工程师在规定时间内进行检验，合格后予以确认。在施工质量控制过程中，涉及结构安全的试块、试件以及有关的材料，应按规定进行见证取样。

只有上一道工序被确认质量合格，才能进入下一道工序的施工。按上述程序逐道工序反复重复上述过程。

所有工序均被确认合格，分项工程或分部工程完工后，施工单位即可提交竣工验收申请，具体验收要求如下。

（1）检验批应由监理工程师组织施工单位项目专业质量（技术）负责人等进行验收。

（2）分项工程应由监理工程师组织施工单位项目专业技术负责人等进行验收。

（3）分部工程应由总监理工程师组织施工单位项目负责人和项目技术负责人等进行验收。

勘察、设计单位项目负责人和施工单位技术、质量部门负责人应参加地基与基础分部工程的验收。

设计单位项目负责人和施工单位技术、质量部门负责人应参加主体结构、节能分部工程的验收。

（4）单位工程的分包工程完工后，分包单位应对所承包的工程项目进行自检，并应按规定的程序进行验收。验收时，总包单位应派人参加。分包单位应将所分包工程的质量控制资料整理完整，并移交给总包单位。

（5）单位工程完工后，施工单位应组织有关人员进行自检。总监理工程师应组织各专业监理工程师对工程质量进行竣工预验收。存在施工质量问题时，应由施工单位整改。整改完毕后，由施工单位向建设单位提交工程竣工报告，申请工程竣工验收。

（6）建设单位收到工程竣工报告后，应由建设单位项目负责人组织监理、施工、设计、勘察等单位项目负责人进行单位工程验收。

施工阶段工程质量控制工作流程如图7.19所示。

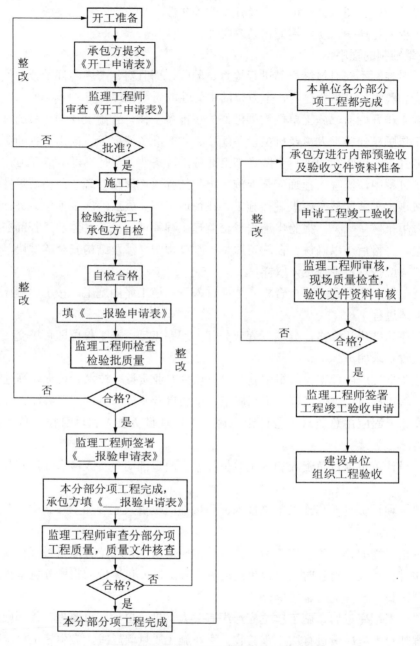

图 7.19 施工阶段工程质量控制工作流程图

7.4.3 施工过程的质量验收

1. 施工项目质量验收的要求

施工项目质量验收合格应符合下列规定。

（1）符合工程勘察、设计文件的要求。

(2) 符合《建筑工程施工质量验收统一标准》(GB 50300—2013)和相关专业验收规范的规定。

(3) 施工质量在合格的前提下,还应符合施工承包合同约定的要求。

2. 建筑工程质量验收的划分

建筑工程质量验收应划分为单位工程、分部工程、分项工程和检验批的验收。

施工验收后应留下完整的质量验收记录和资料,为工程项目竣工质量验收提供依据。

1) 检验批质量验收

检验批是指按同一生产条件或按规定的方式汇总起来供检验用的,由一定数量样本组成的检验体。检验批可根据施工及质量控制和专业验收需要按楼层、施工段、变形缝等进行划分。

检验批应由监理工程师组织施工单位项目专业质量(技术)负责人等进行验收。

检验批质量验收合格应符合下列规定。

(1) 主控项目和一般项目的质量经抽样检验合格。

(2) 一般项目的质量经抽样检验合格。

(3) 具有完整的施工操作依据、质量检查记录。

主控项目是指建筑工程中对安全、卫生、环境保护和公众利益起决定性作用的检验项目。因此,主控项目的验收必须从严,不允许有不符合要求的检验结果,主控项目的检查具有否决权。除主控项目以外的检验项目称为一般项目。

2) 分项工程质量验收

分项工程质量验收应在检验批质量验收的基础上进行。分项工程应按主要工种、材料、施工工艺、设备类别等进行划分,分项工程可由一个或若干个检验批组成。

分项工程应由监理工程师组织施工单位项目专业技术负责人进行验收。

分项工程质量验收合格应符合下列规定。

(1) 分项工程所含的检验批均应验收合格。

(2) 分项工程所含的检验批的质量验收记录应完整。

3) 分部工程质量验收

分部工程的质量验收在其所含各分项工程质量验收的基础上进行。分部工程应按专业性质、建筑部位划分。当分部工程较大或较复杂时,可按材料种类、施工特点、施工程序、专业系统及类别等分为若干子分部工程。

分部工程应由总监理工程师组织施工单位项目负责人和项目技术负责人等进行验收;勘察、设计单位项目负责人和施工单位技术、质量部门负责人也应参加地基与基础分部工程验收;设计单位项目负责人和施工单位技术、质量部门负责人应参加主体结构、节能分部工程的验收。

分部工程质量验收合格应符合下列规定。

(1) 所含分项工程的质量均应验收合格。

(2) 质量控制资料应完整。

(3) 观感质量验收应符合要求。

7.4.4 竣工质量验收

竣工质量验收是施工质量控制的最后一个环节，未经验收或验收不合格的工程，不得交付使用。

1．竣工质量验收的条件

工程符合下列条件方可进行竣工质量验收。

（1）完成工程设计和合同约定的各项内容。

（2）施工单位在工程完工后对工程质量进行了检查，确认工程质量符合有关法律、法规和工程建设强制性标准的规定，符合设计文件及合同的要求，并提出工程竣工报告。工程竣工报告应经项目经理和施工单位有关负责人审核签字。

（3）对于委托监理的工程项目，监理单位对工程进行了质量评估，具有完整的监理资料，并提出工程质量评估报告。工程质量评估报告应经总监理工程师和监理单位有关负责人审核签字。

（4）勘察、设计单位对勘察、设计文件及施工过程中由设计单位签署的设计变更通知书进行了检查，并提出质量检查报告。质量检查报告应经该项目勘察、设计负责人和勘察、设计单位有关负责人审核签字。

（5）有完整的技术档案和施工管理资料。

（6）有工程使用的主要建筑材料、建筑构配件和设备的进场试验报告，以及工程质量检测和功能性试验资料。

（7）建设单位已按合同约定支付工程款。

（8）有施工单位签署的工程质量保修书。

（9）对于住宅工程，进行分户验收并验收合格，建设单位按户出具《住宅工程质量分户验收表》。

（10）建设主管部门及工程质量监督机构责令整改的问题全部整改完毕。

（11）法律、法规规定的其他条件。

2．竣工质量验收的标准

单位工程是工程项目竣工质量验收的基本对象，单位工程质量验收合格应符合下列规定。

（1）单位工程所含分部工程的质量验收全部合格。

（2）质量控制资料完整。

（3）有关安全、节能、环境保护和主要使用功能的检测资料完整。

（4）主要使用功能的抽查结果符合相关专业质量验收规范的规定。

（5）外观质量验收符合要求。

3．竣工质量验收的程序

单位工程中的分包工程完工后，分包单位应对所承包的工程项目进行自检，并进行验收，验收时总包单位应派人参加。

单位工程完工后，施工单位应组织有关人员进行自检。总监理工程师应组织各专业监理工程师对工程质量进行竣工预验收。存在施工质量问题时，应由施工单位及时整改。

工程竣工质量验收由建设单位负责组织实施。建设单位组织单位工程竣工质量验收时，分包单位负责人应参加。

竣工质量验收应当按以下程序进行。

（1）工程完工并对存在的质量问题整改完毕后，施工单位向建设单位提交工程竣工报告，申请工程竣工验收。实行监理的工程，工程竣工报告须经总监理工程师签署意见。

（2）建设单位收到工程竣工报告后，对符合竣工验收要求的工程，组织勘察、设计、施工、监理等单位组成验收组，制定验收方案。对于重大工程和技术复杂工程，根据需要可邀请有关专家参加验收。

（3）建设单位应当在工程竣工验收7个工作日前将验收的时间、地点及验收组名单书面通知负责监督该工程的工程质量监督机构。

（4）建设单位组织工程竣工验收，验收的具体要求如下。

① 建设、勘察、设计、施工、监理单位分别汇报工程合同履约情况和工程建设各个环节执行法律、法规和工程建设强制性标准的情况。

② 审阅建设、勘察、设计、施工、监理单位的工程档案资料。

③ 实地查验工程质量。

④ 对工程勘察、设计、施工、设备安装和各管理环节等方面作出全面评价，形成经验收组人员签署的工程竣工验收意见。参与工程竣工验收的建设、勘察、设计、施工、监理等各方不能形成一致意见时，应当协商提出解决的方法，待意见一致后，重新组织工程竣工质量验收。

本 章 小 结

通过本章的学习，了解建筑工程质量的含义，了解质量管理体系的建立与运行，掌握质量管理统计方法，掌握施工质量控制的系统过程及质量控制的依据和程序，掌握施工质量验收的要求及程序。

习 题

一、单选题

1. 下列选项中，建筑工程质量不包括（　　）方面。
   A．经济性以及与环境的协调性　　B．工期短
   C．工程性能　　　　　　　　　　D．可靠性、安全性
2. 对计划实施过程进行各种检查指的是质量管理体系运行过程中的（　　）阶段。
   A．P　　　　B．D　　　　C．C　　　　D．A

3. 影响工程质量的因素中不包括（　　）。
   A．人员　　　　B．材料　　　　C．资金　　　　D．方法
4. 寻找影响质量主次因素的方法指的是（　　）。
   A．分层法　　　　　　　　B．排列图法
   C．因果分析图法　　　　　D．直方图法
5. 将收集的数据根据不同的目的，按性质、来源、影响因素等进行分类和分层研究的方法指的是（　　）。
   A．分层法　　　　　　　　B．排列图法
   C．因果分析图法　　　　　D．直方图法
6. 图纸会审及技术交底属于施工质量控制中的（　　）。
   A．质量预控　　　　　　　B．质量过程控制
   C．质量检验控制　　　　　D．以上都不是
7. 为确保施工质量，使施工顺利进行，最关键应做好（　　）控制。
   A．单位工程质量　　　　　B．分部工程质量
   C．分项工程质量　　　　　D．工序质量
8. 建筑工程施工质量验收应按（　　）程序进行。
   A．单位工程—分部工程—分项工程—检验批—竣工质量验收
   B．单位工程—分项工程—分部工程—检验批—竣工质量验收
   C．分项工程—分部工程—单位工程—检验批—竣工质量验收
   D．检验批—分项工程—分部工程—单位工程—竣工质量验收
9. 工程竣工质量验收由（　　）负责组织实施。
   A．建设单位　　B．施工单位　　C．监理单位　　D．建设主管部门
10. 分部工程应由（　　）组织进行验收。
    A．专业监理工程师　　　　B．总监理工程师
    C．施工单位项目负责人　　D．项目技术负责人

二、简答题

1. 质量管理七项原则指的是什么？
2. 施工企业的质量管理体系文件由哪几部分构成？
3. 质量分析常用的方法有哪几种？结合工程实例分析工程质量。
4. 单位工程质量验收合格应符合什么规定？
5. 施工质量控制的依据和程序是什么？结合实例说一说如何进行工序的质量控制。

在线答题

第8章 施工项目成本管理

思维导图

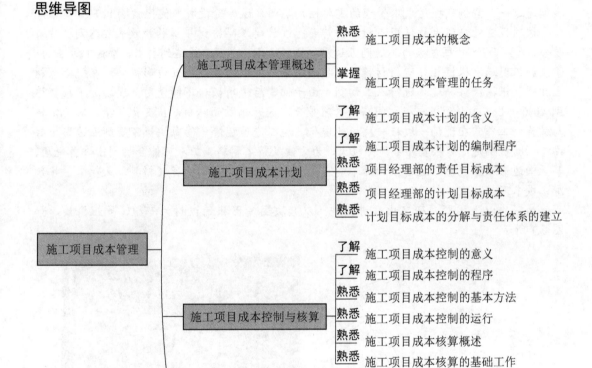

章节导读

历史上,很多封建君主穷奢极欲,毫无节制浪费民脂民膏,以致民变,落得国破身亡的悲惨结局,这些惨痛的历史教训告诉我们国家的财富要取之于民,用之于民,亦要取之有度,用之有度。以今天的视角来看,这些案例仍具有深刻的启示意义,大到国家治理,小到个人生活,财务的收支有度,成本的有效管理至关重要。依据党的二十大报告提出的,依法将各类金融活动全部纳入监管,守住不发生系统性风险底线。对建筑工程来说,成本控制是一项很重要的工作。成本的管理和优化直接关系到投资的多少或利润的大小,下面我们通过一个案例来探讨成本管理的重要性,某项目设计阶段成本优化案例如下。

该项目室外工程大量使用石材碎拼饰面。设计要求碎拼材料铺贴的效果要达到"片片咬合,严丝合缝",每片板为不规则五边形,且形状各不相同,为达到要求,原施工方法为:①在施工现场,根据相邻碎拼材料的形状画出下一片板的不规则五边形板样,在规格板材上放样,根据放样,现场进行人工切割,由于切割后边角板料不能使用,现场加工损耗达到40%以上;②由于板与板之间需要紧密咬合,同时铺贴面转角起伏变化复杂,因此定样与放样的工作需在现场一块板一块板地进行,施工进展缓慢;③每块板不规则五边形板样由工人随机确定,形状差异可能比较大,为方便及节省材料,工人可能会切割出许多锐角,甚至四边形及三边形,这是设计师不能容忍的;④由于现场切割既耗材料,又耗工,导致加工成本高。

为解决以上问题,研究出改进措施:以8块固定形状的板材为一组,多组拼接,如图8.1所示。

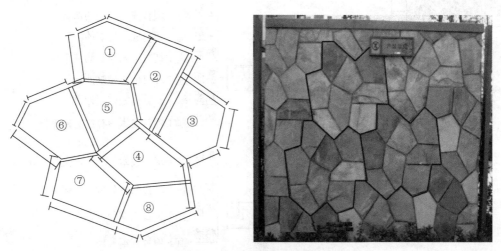

图 8.1　某项目室外工程改进措施

改进后所带来的收益:①可在加工厂按模切割,减少了现场放样的工作难度;②在加工厂大批量切割,比现场一块块切割节省许多时间;③由于8块板尺寸固定,可提高板材利用率,大大减少了材料切割损耗;④各块板形状均匀,不会出现板材过大或过小的情况,效果得到保障;⑤节省了材料损耗成本及切割损耗成本。

改进前后成本对比如下。

原方案:① 材料+损耗:$60 \times (1+45\%) = 87$(元$/m^2$)。
② 现场切割人工费:30 元$/m^2$。

③ 铺贴砂浆及人工费：40 元/m²。

合计单位成本：157 元/m²。

改进后方案：① 材料＋损耗：60×(1＋35%)＝81（元/m²）。

④ 铺贴砂浆及人工费：40 元（碎拼材料可在工厂大批量切割，通过协商，将 30%石材损耗费支付给供货商，其提供加工好的 8 块一组板材到现场）。

合计单位成本：121 元/m²。

可节约单位成本 36 元，该项目室外工程节约 20 万元左右。

8.1 施工项目成本管理概述

施工成本的多少影响到施工企业的利润和承揽项目的积极性，关系到项目的成败，在当今激烈的市场竞争过程中，施工企业要取得良好的经济效益，就必须提高市场的竞争力和社会信誉；研究投标策略，提高中标率；研究合同，提高合同管理水平和索赔能力；研究企业质量效益改进计划，争创名牌，提高市场的占有率。企业只有牢固树立质量第一，效益至上的经营生产观念，不断开拓经营领域，深化改革、强化管理，在提高企业素质上下功夫，才能赢得市场的生存空间，走上良性循环的发展道路。

施工项目成本管理概述

8.1.1 施工项目成本的概念

成本的意义一般等同于资金、资源的消耗，对于一个施工企业来说，开展建筑工程活动的主要目的不外乎争取市场或获得利润，以上目的的实现离不开科学有效的成本管理措施。施工项目成本是指工程项目的施工成本，是在工程施工过程中所发生的全部生产费用的总和。它包括所消耗的原材料、辅助材料、构配件等的费用，周转材料的摊销费或租赁费等，施工机械的使用费或租赁费等，支付给生产工人的工资、奖金、工资性质的津贴等，以及进行施工组织与管理所发生的全部费用支出。它也是建筑业企业以施工项目为核算对象，在施工过程中所耗费的生产资料转移价值和劳动者必要劳动所创造价值的货币形式。

1. 施工项目成本的构成

施工项目成本可以用建筑安装工程费用来衡量，根据《住房城乡建设部 财政部关于印发〈建筑安装工程费用项目组成〉的通知》（建标〔2013〕44 号）和《住房城乡建设部办公厅关于做好建筑业营改增建设工程计价依据调整准备工作的通知》（建办标〔2016〕4 号）当中的内容，将建筑安装工程费用项目按费用构成要素组成划分为人工费、材料费、施工机具使用费、企业管理费、利润、规费和税金（图 8.2）；为指导工程造价专业人员计算建筑安装工程造价，将建筑安装工程费用按工程造价形成顺序划分为分部分项工程费、措施项目费、其他项目费、规费和税金（图 8.3）。

> **特别提示**
>
> 施工项目成本管理工作做得好，会对整项工程的管理工作起到很大的促进作用。相反，如果没有做好成本管理工作，则会对工程管理产生很大的负面影响。

观察与思考

思考施工成本、建筑安装工程费与建设项目总投资三者之间的联系及区别。

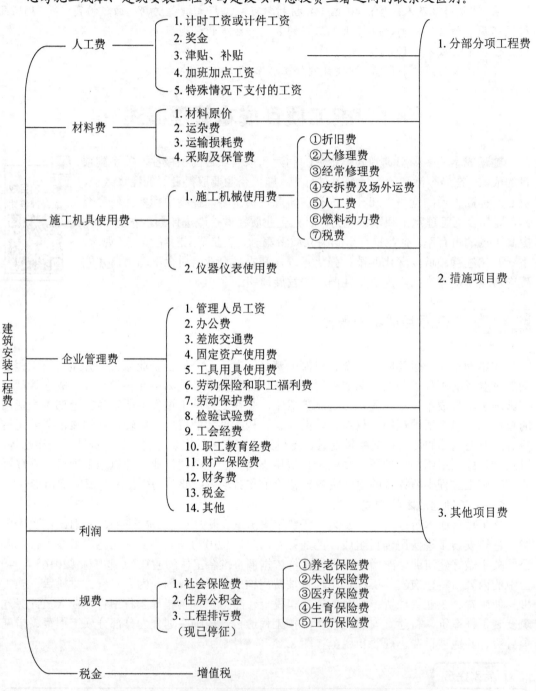

图 8.2 建筑安装工程费用项目组成（按费用构成要素划分）

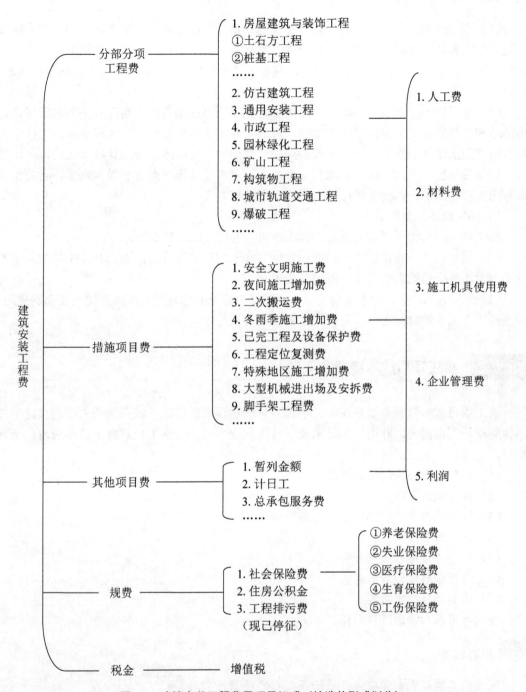

图 8.3 建筑安装工程费用项目组成（按造价形成划分）

2．施工项目成本的形式

社会资本的要素是多种多样的，即使是同样一种东西，也可能用不同形式表达出来。施工项目的成本要素有很多，施工项目的成本形式可从不同的角度进行考察。

1）事前成本和事后成本

根据成本控制要求，施工项目成本可分为事前成本和事后成本。

（1）事前成本。工程成本的计算和管理活动是与工程实施过程紧密联系的，在实际成本发生和工程结算之前所计算和确定的成本都是事前成本，带有计划性和预测性。常用的事前成本有预算成本（包括施工图预算、标书合同预算）和计划成本（包括责任目标成本、项目计划成本）。

（2）事后成本，即实际成本。实际成本是施工项目在报告期内实际发生的各项生产费用的总和。将实际成本与计划成本比较，可揭示成本的节约和超支，考核企业施工技术水平及技术组织措施的贯彻执行情况和企业的经营效果。实际成本与预算成本比较，可以反映工程盈亏情况。因此，计划成本和实际成本都可以反映施工企业的成本水平，它与企业本身的生产技术水平、施工条件及生产管理水平相对应。

2）固定成本和变动成本

按生产费用与工程量的关系，工程成本可分为固定成本和变动成本。

（1）固定成本。固定成本是指在一定期间和一定的工程量范围内，其发生的成本额不受工程量增减变动的影响而相对固定的成本。

（2）变动成本。变动成本是指发生总额随着工程量的增减变动而成正比例变动的费用，如直接用于工程的材料费、实际计划工资制的人工费等。

8.1.2 施工项目成本管理的任务

施工项目成本管理是要在保证工期和质量满足要求的情况下，采取相关管理措施把成本控制在计划范围内，并进一步寻求最大程度的成本节约。施工项目成本管理应遵循下列程序。

（1）掌握生产要素的价格信息。
（2）确定项目合同价。
（3）编制成本计划，确定成本实施目标。
（4）进行成本控制。
（5）进行项目过程成本分析。
（6）进行项目过程成本考核。
（7）编制项目成本报告。
（8）项目成本管理资料归档。

观察思考

简述施工项目成本管理的8项任务之间的辩证关系。

知识链接

人们知道，施工项目管理包含着丰富的内容，是一个完整的合同履约过程。它既包括了质量管理、工期管理、资源管理、安全管理，又包括了合同管理、分包管理、预算管理。这一切管理内容，无不与成本管理息息相关。在项目管理的每一过程中，成本无不伸出无形的手，在制约、影响、推动或者迟滞着各项专业管理活动，并且与管理的结果产生直接的关系。企业所追求的目标，不仅是质量好，工期短，业主满意；还是投入少，产出大，企业获利丰厚的建筑产品。因此，离开了成本的预测、计划、控制、核算和分析等，施工项目管理将无法进行。

8.2 施工项目成本计划

8.2.1 施工项目成本计划的含义

对于一个国家来说，一定时期均会有相应的国民经济计划来指导将要开展的工作，对于一个施工项目来说，也要有相应的施工项目成本计划来指导施工项目的开展，以保障资源的合理投入与资金的合理使用。施工项目成本计划是项目经理部对项目成本进行计划管理的工具。它以货币形式编制工程项目在计划期内的生产费用、成本水平、成本降低率和为降低成本所采取的主要措施和规划的书面方案，它是建立工程项目成本管理责任制、开展成本控制和核算的基础。

施工项目成本计划

8.2.2 施工项目成本计划的编制程序

（1）预测项目成本。
（2）确定项目总体成本目标。
（3）编制项目总体成本计划。
（4）项目管理机构与组织的职能部门根据其责任目标成本范围，分别确定自己的成本目标，并编制相应的成本计划。
（5）针对成本计划制定相应的控制措施。
（6）项目管理机构与组织的职能部门负责人分别审批相应的成本计划。

8.2.3 项目经理部的责任目标成本

"在其位，谋其政"，作为项目的直接参与者和管理者，项目经理部要有强烈的成本管理责任意识。在施工合同签订后，由企业根据合同造价、施工图和招标文件中的工程量清单，确定正常情况下的企业管理费、财务费用和制造成本。将正常情况下的制造成本确定为项目经理的可控成本，形成项目经理的责任目标成本。

每个工程项目，在实施项目管理之前，首先由公司主管部门与项目经理协商，将合同预算的全部造价收入，分为施工现场费用和企业管理费用两部分。其中，施工现场费用核定的总额，作为项目成本核算的界定范围，形成项目经理的责任目标成本。项目的施工现场费用，反映了项目经理部的成本水平，既便于对项目经理部成本管理责任的考核，也为项目经理部节约开支、降低消耗提供可靠的基础。

责任目标成本是公司主管部门对项目经理部提出的指令成本目标，也是对项目经理部进行详细施工组织设计、优化施工方案、制订降低成本对策和管理措施提出的要求。

责任目标成本以施工图预算为依据，其确定的过程和方法如下。

（1）将投标报价中的各项单价换成企业价格，就构成了材料费、人工费的目标成本。

（2）以施工组织设计为依据，确定机械台班和周转设备材料的使用量。

（3）机械使用费按具体情况或内部价格来确定。

（4）施工现场管理费，各子项目视项目的具体情况来加以确定。

（5）以上4部分再综合考虑投标中压价让利的部分，形成责任目标成本。

以上过程应在仔细研究投标报价的各项目清单、估价的基础上，由公司主管部门主持，有关部门共同参与分析、研究确定。

8.2.4 项目经理部的计划目标成本

项目经理在接受企业法定代表人委托之后，应通过主持项目管理实施规划来寻求降低成本的途径，组织编制施工预算，确定项目的计划目标成本。

施工预算是项目经理部根据企业下达的责任目标成本，在详细编制施工组织设计、不断优化施工技术方案和合理配置生产要素的基础上，通过工料消耗分析和制定节约措施，制订计划成本。一般情况下，施工预算总额应控制在责任目标成本的范围内，并留有一定余地。在特殊情况下，项目经理部经过反复挖潜，仍不能把施工预算总额控制在责任目标成本的范围内，应与公司主管部门协商修正责任目标成本或共同探讨进一步的降低成本措施，使施工预算建立在切实可行的基础上，成为控制施工过程生产成本的依据。

项目经理部编制施工预算应符合下列规定。

（1）以施工方案和管理措施为依据，按照本企业的管理水平、消耗定额、作业效率等进行工料分析，根据市场价格信息，编制施工预算。

（2）施工预算中各分部分项的划分尽量做到与合同预算的分部分项的划分一致或对应，为以后成本控制逐项对应比较创造条件。

（3）当某些环节或分部分项工程条件尚不明确时，可按照类似工程施工经验或招标文件所提供的计量依据计算暂估费用。

（4）施工预算应在工程开工前编制完成。对于一些编制条件不成熟的分项工程，也要先进行估算，待条件成熟时再做调整。

（5）施工预算编成后，要结合项目管理评审，进行可行性和合理性的论证评价，并在措施上进行必要的补充。

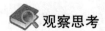

思考施工预算与施工图预算的区别与联系。

知识链接

施工成本在确定时首先应按照施工项目组成,将其分为若干个单项工程施工成本,而每个单项工程施工成本是由若干个单位工程施工成本构成,每个单位工程施工成本是由若干个分部分项工程施工成本构成,施工成本的确定按照施工项目范围的大小,从大到小划分;但在计算施工成本时应首先计算分部分项工程施工成本,分部分项工程施工成本汇总成单位工程施工成本,单位工程施工成本汇总成单项工程施工成本,最终再由单项工程施工成本汇总成总的施工成本,因此计算施工成本时应按照施工项目范围,按从小到大的顺序进行。

8.2.5 计划目标成本的分解与责任体系的建立

在编制施工成本计划时,大中型的项目通常由若干个单项工程构成,而每个单项工程又包括了多个单位工程,每个单位工程又由若干个分部分项工程构成,因此,按子项目编制施工成本计划的步骤是,首先把项目总施工成本分解到单项工程和单位工程中,再进一步分解到分部工程和分项工程中。单项工程施工成本分解示意图如图 8.4 所示。

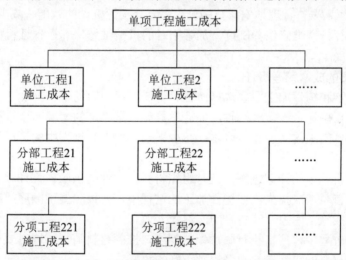

图 8.4 单项工程施工成本分解示意图

施工项目的成本控制,不仅仅是财务成本管理人员的责任,还是工程技术人员、合同预算员等人员的责任。为了保证项目成本控制工作的顺利进行,需要把所有参加项目建设的人员组织起来,将计划目标成本进行分解与交底,使项目经理部的所有成员和各个单位、部门明确自己的成本责任,并按照自己的分工开展工作。具体成本管理责任有以下几种。

1. 工程技术人员的成本管理责任

(1)根据施工现场的实际情况,合理规划施工现场平面布置(包括机械布置,材料、构件的堆放场地,车辆进出现场的运输道路,临时设施的搭建数量和标准等),为文明施工、减少浪费创造条件。

（2）严格执行工程技术规范和以预防为主的方针，确保工程质量，减少零星修补，不断降低质量成本。

（3）根据工程特点和设计要求，运用自身的技术优势，采取实用、有效的技术组织措施和合理化建议，走技术与经济相结合的道路，为提高项目经济效益开拓新的途径。

（4）严格执行安全操作规程，减少一般安全事故，消灭重大人身伤亡事故和设备事故，确保安全生产，将事故损失减少到最低限度。

2．合同预算员的成本管理责任

（1）根据合同条件、预算定额和有关规定，充分利用有利因素，编制施工图预算，为企业正确确定责任目标成本提供依据。

（2）深入研究合同规定的"开口"项目，在有关项目管理人员（如项目工程师、材料员等）的配合下，努力增加工程收入。

（3）收集工程变更资料（包括工程变更通知单、技术核定单和按实结算的资料等），及时办理增加账，保证工程收入，及时收回垫付的资金。

（4）参与对外经济合同的谈判和决策，以施工图预算和增加账为依据，严格控制分包、采购等施工所必需的经济合同的数量、单价和金额，切实做到"以收定支"。

3．机械管理人员的成本管理责任

（1）根据工程特点和施工方案，合理地选择机械的型号、规格和数量。

（2）根据施工需要，合理地安排机械施工，充分发挥机械的效能，减少机械使用成本。

（3）严格执行机械维修保养制度，加强平时的机械维修保养，保证机械完好和在施工中正常运转。

4．材料人员的成本管理责任

（1）材料采购和构件加工，要选择质优、价低、运距短的供应（加工）单位。对到场的材料、构件要正确计量、认真验收，如遇质量差、量不足的情况，要进行索赔。切实做到降低材料、构件的采购（加工）成本，减少采购（加工）过程中的管理损耗，为降低材料成本走好第一步。

（2）根据项目施工的计划进度，及时组织材料、构件的供应，保证项目施工的顺利进行，防止因停工待料造成损失。在构件加工的过程中，要按照施工顺序组织配套供应，以免因规格不齐造成施工间隙，浪费时间，浪费人力。

（3）在施工过程中，严格执行限额领料制度，控制材料消耗；同时要做好余料的回收和利用，为考核材料的实际消耗水平提供正确的数据。

（4）钢管脚手架和钢模板等周转材料，进出现场都要认真清点、正确核实，以减少缺损数量。使用以后，要及时回收、整理、堆放，并及时退场，既可节省租费，又有利于场地整洁，还可加速周转，提高利用效率。

（5）根据施工生产的需要，合理安排材料储备，减少资金占用，提高资金利用效率。

5．财务成本人员的成本管理责任

（1）按照成本开支范围、费用开支标准和有关财务制度，严格审核各项成本费用，控制成本支出。

（2）建立月度财务收支计划制度，根据施工生产的需要，平衡调度资金，通过控制资金使用，达到控制成本的目的。

(3）建立辅助记录，及时向项目经理和有关项目管理人员反馈信息，以便对资源消耗进行有效的控制。

（4）开展成本分析，特别是分部分项工程成本分析、月度成本综合分析和针对特定问题的专题分析，要做到及时向项目经理和有关项目管理人员反映情况，提出建议，以便采取针对性的措施来纠正项目成本的偏差。

（5）在项目经理的领导下，协助项目经理检查和考核各部门、各单位、各班组责任目标成本的执行情况，落实责、权、利相结合的有关规定。

6．行政管理人员的成本管理责任

（1）根据施工生产的需要和项目经理的意图，合理安排项目管理人员和后勤服务人员，节约工资性支出。

（2）执行费用开支标准和有关财务制度，控制非生产性开支。

（3）管好、用好行政办公用财产、物资，防止损坏和流失。

（4）安排好生活后勤服务，在勤俭节约的前提下，尽量满足职工的生活需要，使其安心为前方生产出力。

知识链接

施工项目管理是一次性的行为，它的管理对象是一个施工项目，随着项目建设任务的完成而结束其使命。在施工期间，施工成本能否降低、能否取得经济效益，关键在此一举，别无回旋余地，有很大的风险性。因此，进行成本的预测与计划不仅必要，而且必须做好。

8.3 施工项目成本控制与核算

8.3.1 施工项目成本控制的意义

"不谋万世者，不足谋一时；不谋全局者，不足谋一域。"施工项目的成本控制要着眼于项目成本形成的全过程，利用各种有效的技术方法和管理手段，对项目成本进行管控，保证项目成本目标的实现。施工项目成本控制通常是指在项目成本的形成过程中，对生产经营所消耗的人力资源、物资资源和费用开支，进行指导、监督、调节和限制，及时纠正将要发生和已经发生的偏差，把各项生产费用控制在计划成本的范围之内，以保证成本目标的实现。施工项目成本控制的根本目的在于降低施工项目成本，提高经济效益。

施工项目成本控制

特别提示

在工程的施工项目中要明确成本控制的原则、基本方法、运行机制等知识要点。

8.3.2 施工项目成本控制的程序

（1）确定项目成本管理分层次目标。
（2）采集成本数据，监测成本形成过程。
（3）找出偏差，分析原因。
（4）制定对策，纠正偏差。
（5）调整改进成本管理方法。

知识链接

通过优化施工组织设计能够有效地控制施工成本，下面通过某博物馆建设实例来加深这方面的理解。

（1）在施工现场的布置中，根据计划南北大台阶施工应在主体结构施工完成后进行，通过优化施工组织设计，将南北大台阶的基础混凝土垫层提前施工，使其作为主体结构施工的钢筋堆放加工场，这样就节约了临时设施费 6 万元。

（2）地下室外墙防水保护层原设计采用 120mm 砖墙，实际施工中结合类似工程的施工经验，用水泥砂浆点粘聚苯板做保护层，降低了施工成本。

（3）原设计水平粗钢筋连接采用闪光对焊，竖向粗钢筋连接采用剥肋滚压直螺纹机械连接。但经工程应用证明，剥肋滚压直螺纹机械连接对中性好，避免了闪光对焊轴线偏心的质量通病，连接速度快，一个接头仅需 2min，连接用钢量少，耗电量低，具有明显的综合效益，故更改方案，水平方向也采用剥肋滚压直螺纹机械连接。

8.3.3 施工项目成本控制的基本方法

1. 施工图预算控制成本支出

在工程项目的成本控制中，可按施工图预算实行"以收定支"，具体的处理方法如下。

（1）人工费的控制。项目经理部与作业队签订劳务合同时，应该将人工费单价定低一些，其余部分可用于定额外人工费和关键工序的奖励费。这样，人工费就不会超支，而且还留有余地，以备关键工序之需。

（2）材料费的控制。在按"量价分离"方法计算工程造价的条件下，水泥、钢材、木材"三材"的价格随行就市，实行高进高出。由于材料市场价格变动频繁，往往会发生预算价格与市场价格严重背离而使采购成本失去控制的情况。因此，项目材料管理人员必须经常关注材料市场价格的变动，并积累系统、翔实的市场信息。

（3）施工机械使用费的控制。施工图预算中的机械使用费等于工程量乘以定额台班单价。由于项目施工的特殊性，实际的机械利用率不可能达到预算定额的取定水平；再加上预算定额所设定的施工机械原值和折旧率又有较大的滞后性，因而使施工图预算的机械使用费往往小于实际发生的机械使用费，形成机械使用费超支。在这种情况下，可以以施工图预算的机械使用费和增加的机械费补贴来控制机械费支出。

（4）周转设备使用费的控制。施工图预算中的周转设备使用费等于耗用数乘以市场价格，而实际发生的周转设备使用费等于使用数乘以企业内部的租赁单价或摊销率。由于两者的计量基础和计价方法各不相同，只能以周转设备预算收费的总量来控制实际发生的周转设备使用费的总量。

（5）构件加工费和分包工程费的控制。在市场经济体制下，钢门窗、木制成品、混凝土构件、金属构件和成型钢筋的加工，以及打桩、土方、吊装、安装、装饰和其他专项工程的分包，都要通过经济合同来明确双方的权利和义务。在签订这些经济合同时，要坚持"以施工图预算控制合同金额"的原则，绝不允许合同金额超过施工图预算。

2．施工预算控制资源消耗

资源消耗数量的货币表现就是成本费用。因此，资源消耗的减少，就等于成本费用的节约；控制了资源消耗，就等于是控制了成本费用。施工预算控制资源消耗的实施步骤和方法如下。

（1）项目开工以前，编制整个工程项目的施工预算，作为指导和管理施工的依据。如果是边设计边施工的项目，则编制分阶段的施工预算。

（2）对生产班组的任务安排，必须签发施工任务单和限额领料单（图 8.5），并向生产班组进行技术交底。施工任务单和限额领料单的内容应与施工预算完全相符，不允许篡改施工预算，也不允许有定额不用而另行估工。

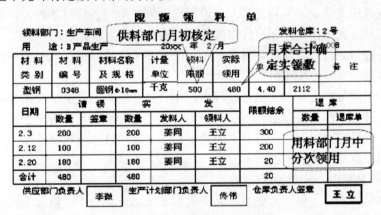

图 8.5　某工程项目的限额领料单

（3）在施工任务单和限额领料单的执行过程中，要求生产班组根据实际完成的工程量和实耗人工、实耗材料做好原始记录，作为施工任务单和限额领料单结算的依据。

（4）任务完成后，根据回收的施工任务单和限额领料单进行结算，并按照结算内容支付报酬（包括奖金）。

3．成本与进度同步跟踪，控制分部分项工程成本

1）横道图计划进度与成本的同步控制

在横道图计划中，表示作业进度的横线有两条，一条为计划线，一条为实际线。计划线上的"C"表示与计划进度相对应的计划成本；实际线下的"C"表示与实际进度相对应的实际成本，由此得到以下信息。

（1）每个分项工程的进度与成本的同步关系，即施工到什么阶段，将发生多少成本。

（2）每个分项工程的计划施工时间与实际施工时间（从开始到结束）之比（提前或拖期），以及对后道工序的影响。

（3）每个分项工程的计划成本与实际成本之比（节约或超支），以及对某一时期责任目标成本的影响。

（4）每个分项工程施工进度的提前或拖期对成本的影响程度。

（5）整个施工阶段的进度和成本情况。

通过进度与成本同步跟踪的横道图，要求实现以下目标：以计划进度控制实际进度；以计划成本控制实际成本；随着每道工序进度的提前或拖期，对每个分项工程的成本实行动态控制，以保证项目成本目标的实现。

2）网络图计划进度与成本的同步控制

网络图计划与横道图计划基本相同。不同的是，网络图计划在施工进度的安排上更有逻辑性，而且可在破网后随时进行优化和调整，因而对每道工序的成本控制也更有效。

在网络图箭线的上方用"C"后面的数字表示工作的计划成本，实际施工的时间和成本则在箭线附近的方格中按实填写，这样就能从网络图中看到每项工作的计划进度与实际进度、计划成本与实际成本的对比情况，同时也可以清楚地看出今后控制进度、控制成本的方向。

4．建立月度财务收支计划，控制成本费用支出

（1）以月度施工作业计划为龙头，并以月度计划产值为当月财务收入计划，同时由项目各部门根据月度施工作业计划的具体内容编制本部门的用款计划。

（2）对各部门的月度用款计划进行汇总，并按照用途的轻重缓急平衡调度，同时提出具体的实施意见，经项目经理审批后执行。

（3）在月度财务收支计划的执行过程中，项目财务成本人员应该根据各部门的实际情况做好记录，并于下月初反馈给相关部门，由各部门自行检查分析节超原因，吸取经验教训。对于节超幅度较大的部门，应以书面分析报告分送项目经理和财务部门，以便项目经理和财务部门采取针对性的措施。

5．加强质量管理，控制质量成本

质量成本是指项目为保证和提高产品质量而支出的一切费用，以及为达到质量指标而发生的一切损失费用。质量成本包括控制成本和故障成本。控制成本包括预防成本和鉴定成本，属于质量成本保证费用，与质量水平成正比关系；故障成本包括内部故障成本和外部故障成本，属于损失性费用，与质量水平成反比关系。

1）质量成本核算

将施工过程中发生的质量成本费用，按照预防成本、鉴定成本、内部故障成本和外部故障成本的明细科目归集，然后计算各个时期各项质量成本的发生情况。

质量成本的明细科目，可根据实际支付的具体内容来确定。

（1）预防成本：质量管理工作费、质量培训费、质量情报费、质量技术宣传费、质量管理活动费等。

（2）鉴定成本：材料检验试验费、工序监测和计量服务费、质量评审活动费等。

(3) 内部故障成本：返工损失、停工损失、返修损失、质量过剩损失、技术超前支出和事故分析处理等。

(4) 外部故障成本：保修费、赔偿费、诉讼费和因违犯环境保护法而发生的罚款等。

2) 质量成本分析

根据质量成本核算的资料进行归纳、比较和分析，质量成本分析共包括以下 4 方面内容。

(1) 质量成本各要素之间的比例关系分析。

(2) 质量成本总额的构成比例分析。

(3) 质量成本总额的构成内容分析。

(4) 质量成本占预算成本的比例分析。

6. 坚持现场管理标准化，减少浪费

勤俭节约是中华民族的传统美德，然而由于不合理的设计或者节约意识不强，施工项目现场浪费资源的现象比比皆是，这在一定程度上增加了成本，减少了利润。在项目管理中，降低施工成本有硬手段和软手段两个途径。硬手段主要是指优化施工技术方案，应用价值工程方法，结合施工对设计提出改进意见，以及合理配置施工现场临时设施，控制施工规模，降低固定成本的开支；软手段主要指通过加强管理、克服浪费、提高效率等来降低单位建筑产品物化劳动和活劳动的消耗。图 8.6 所示为施工过程中的钢筋浪费，图中钢筋加工前未审批钢筋下料单，加工时造成大量箍筋成品尺寸不合格，无法用于工程，损失严重。

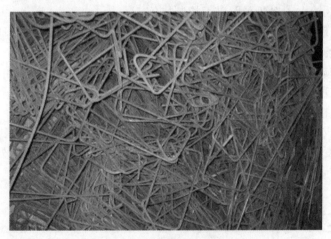

图 8.6 施工过程中的钢筋浪费

7. 开展"三同步"检查，防止成本盈亏异常

项目经济核算的"三同步"，是指统计核算、业务核算和会计核算的同步。统计核算即产值统计，业务核算即人力资源和物质资源的消耗统计，会计核算即成本会计核算。根据项目经济活动的规律，这三者之间有着必然的同步关系。这种规律性的同步关系具体表现为：完成多少产值、消耗多少资源、发生多少成本，三者应该同步。否则，项目成本就会出现盈亏异常情况。

8.3.4 施工项目成本控制的运行

施工项目成本控制宜采用目标管理的方法，发挥约束激励机制的作用，有效地进行全面控制。项目经理部应根据计划目标成本的控制要求，建立成本目标控制体系，健全责任制度，做好目标的分解，搞好成本计划的交底和成本计划的贯彻落实。

施工生产要素的配置应根据计划的目标成本进行询价采购或劳务分包，实行量和价的预控，贯彻"先算后买"的原则。用工、材料、设备等必须优化配置、合理使用、动态管理，有效控制实际成本；应加强施工定额管理和施工任务单管理，控制活劳动和物化劳动的消耗。

项目经理部要注意克服不合理的施工组织、计划和调度可能造成的窝工损失，克服机械利用率降低、物料积压等造成的各种浪费和损失。

（1）科学的计划管理和施工调度，应重点做到以下几点。

① 合理配备主辅施工机械，明确划分使用范围和作业任务，提高其利用率和使用效率。

② 合理确定劳动力和机械设备的进场和退场时间，减少盲目调集而造成的窝工损失。

③ 周密地进行施工部署，使各专业工种连续均衡地施工。

④ 随时掌握施工作业进度变化及时差利用状况，健全施工例会，搞好施工协调。

（2）项目经理部在抓好生产要素的成本控制的同时，还必须做好施工现场管理费用的控制管理。现场施工管理费在项目成本中占有一定的比例，其控制和核算都较难把握，在使用和开支时弹性较大，主要采取以下控制措施。

① 在项目经理的领导下，编制项目经理部施工管理费总额预算和各职能部门施工管理费预算，作为现场施工管理费控制的依据。

② 根据现场施工管理费占施工项目计划总成本的比重，确定项目经理部管理费总额。

③ 制定施工项目管理开支标准和范围，落实岗位控制责任。

④ 制定并严格执行施工管理费使用的审批、报销程序。

在施工项目成本控制过程中，项目经理部应加强施工合同管理和施工索赔管理，及时按规定程序做好变更签证、施工索赔所引起的施工费用增减变化的调整处理，防止施工效益流失。

8.3.5 施工项目成本核算概述

施工项目成本核算

施工项目成本核算是在成本范围内，以货币为计量单位，以施工项目成本消耗费用为对象，在区分收支类别和岗位成本责任的基础上，利用系统的方法，正确组织施工项目成本核算，全面反映施工项目成本耗费的过程。成本核算所提供的各种成本信息，是成本计划、成本控制、成本分析和成本考核等环节的依据。

1. 施工项目成本核算的对象

成本核算对象的确定，是设立工程成本明细分类账户，归集和分配生产费用及正确计算工程成本的前提。成本核算对象，是指在计算工程成本时，确定归集和分配生产费用的具体对象，即生产费用承担的客体。一般来说，成本核算对象的划分有以下几种方法。

（1）一个单位工程由几个施工单位共同施工，各施工单位都应以同一单位工程为成本核算对象，各自核算自行完成的部分。

（2）规模大、工期长的单位工程可以划分为若干部位，以各分部位的工程作为成本核算对象。

（3）属于同一建设项目的，由同一施工单位施工，并在同一施工地点，属同一结构类型，开、竣工时间相近的若干单位工程，可以合并为一个成本核算对象。

（4）改建、扩建的零星工程，可以将开、竣工时间相近，属于同一建设项目的各单位工程，合并为一个成本核算对象。

（5）土石方工程、打桩工程可以根据实际情况和管理需要，以一个单项工程为成本核算对象，或将同一施工地点的若干个工程量较少的单项工程合并作为一个成本核算对象。

2．施工项目成本核算的任务

（1）成本核算的前提和首要任务是：执行国家有关成本开支范围、费用开支标准、工程预算定额和企业施工预算、成本计划的有关规定，控制费用，促使项目合理、节约地使用人力、物力和财力。

（2）成本核算的主体和中心任务是：正确、及时地核算施工过程中发生的各项费用，计算施工项目的实际成本。

（3）成本核算的根本目的是：反映和监督工程项目成本计划的完成情况，为项目成本预测以及参与施工项目生产、技术和经营决策提供可靠的成本报告和有关资料，促使项目改善经营管理，降低成本，提高经济效益。

3．施工项目成本核算的原则

为了发挥施工项目成本管理职能，提高施工项目管理水平，施工项目成本核算就必须讲求质量，才能提供对决策有用的成本信息。要提高成本核算质量，必须遵循成本核算原则。

（1）确认原则，即对各项经济业务中发生的成本，都必须按一定的标准和范围加以认定和记录。只要是基于经营目的所发生的或预期要发生的，并要求得以补偿的一切支出都应作为成本加以确认。

（2）相关性原则。施工项目成本核算要为项目成本管理目的服务，成本核算不只是简单的计算问题，而要与管理融为一体，"算"为"管"用。

（3）连贯性原则，即项目成本核算所采用的方法应前后一致。企业可以根据生产经营特点、生产经营组织类型和成本管理要求启行确定成本计算方法。但一经确定，不得随意变动。只有这样，才能使企业各时期成本核算资料口径统一，前后连贯，相互可比。

（4）分期核算原则。施工生产是不间断地进行，项目为了取得一定时期的施工项目成本，就必须将施工生产活动划分为若干时期，并分期计算各期项目成本。成本计算一般按月进行，这就明确了成本核算的基本原则。

（5）及时性原则，即项目成本的核算、结转和成本信息的提供应当在要求时期内完成。

（6）配比原则，即营业收入与其应结的成本、费用应相互配合。为取得本期收入而发生的成本和费用，应与本期实际的收入在同一时期内入账，不得脱节，也不得提前或拖后，以便正确计算和考核项目经营成果。

（7）实际成本核算原则，即施工项目成本核算要采用实际成本计价。

（8）权责发生制原则。凡是在当期已经实现的收入和已经发生或应负担的费用，不论款项是否收付，都应作为当期的收入和费用；凡是不属于当期的收入和费用，即使款项已经当期收付，也不应作为当期的收入和费用。

4．施工项目成本核算的要求

（1）每一个月为一个核算期，在月末进行。

（2）采取会计核算、统计核算、业务核算"三算结合"的方法。

（3）在核算中做好实际成本与责任目标成本的对比分析、实际成本与计划目标成本的对比分析。

（4）核算对象按单位工程划分，并与责任目标成本的界定范围相一致。

（5）坚持形象进度、施工产值统计、实际成本归集"三同步"。

（6）编制月度项目成本报告上报企业，以接受指导、检查和考核。

（7）每月末预测后期成本的变化趋势和状况，制定改善成本控制的措施。

（8）搞好施工产值和实际成本的归集。其内容包括月工程结算收入、人工成本、机械使用成本、其他直接费和现场管理费。

8.3.6 施工项目成本核算的基础工作

1．健全企业和项目两个层次的核算组织体制

为了科学有序地开展施工项目成本核算，分清责任，合理考核，应做好以下工作。

（1）建立健全原始记录制度。

（2）建立健全各种财产物资的收发、领退、转移、保管、清查、盘点、索赔制度。

（3）制定先进合理的企业成本定额。

（4）建立企业内部结算体系。

（5）对成本核算人员进行培训。

知识链接

对竣工工程的成本核算，应区分竣工工程现场成本和竣工工程完全成本，分别由项目经理部和企业财务部门进行核算分析，其目的在于分别考核项目管理绩效和企业经营绩效。

2．规范以项目成本核算为基点的企业成本会计账表

（1）工程施工账，核算建筑安装工程所发生的各项费用支出，总体反映本项目经理部的成本状况，对单位工程成本明细账起控制作用。

（2）施工间接费账表，核算项目经理部为组织和管理施工生产活动所发生的支出，以项目经理部为单位设账。

(3)其他直接费账表。有些其他直接费不能直接计入受益单位工程,可先归集入以项目为单位的"其他直接费"总账,按费用组成内容设专栏记载。月终再分配计入单位工程成本。

(4)项目工程成本表,内容与损益表衔接相符,成本表内应加上工程结算其他收入。

(5)在建工程成本明细表,要求分单位工程列示,账表相符。

(6)竣工工程成本明细表,要求分单位工程填列,竣工工程全貌预算成本完整计算,竣工工程成本应当调整已结算数值,与实际成本账表相符。

(7)施工间接费表。

3. 建立项目成本核算的辅助记录台账

项目应根据"必需、适用、简便"的原则,建立有关辅助记录台账,主要有以下几点。

(1)为项目成本核算积累资料的台账,如产值构成台账、预算成本构成台账、增减台账等。

(2)对项目资源消耗进行控制的台账,如人工耗用台账、材料耗用台账、结构件耗用台账、周转材料耗用台账、机械使用台账、临时设施台账等。

(3)为项目成本分析积累资料的台账,如技术组织措施执行情况台账、质量成本台账等。

(4)为项目管理服务和"备忘"性质的台账,如甲方供应材料台账、分包合同台账及其他必须设立的台账。

> **知识链接**
>
> 一个企业制订科学、先进的成本计划后,只有加强对成本的控制力度,才可能保证成本目标的实现。否则,只有成本计划,而在施工过程中控制不力,不能及时消除施工中的损失浪费,成本目标根本无法实现。所以说,施工项目成本控制应贯穿于施工项目从投标阶段开始到项目竣工验收交付使用及工程保修的全过程,它是企业全面成本管理的核心功能,是实现成本计划的重要环节。

8.4 施工项目成本分析与考核

8.4.1 施工项目成本分析的含义及内容

1. 施工项目成本分析的含义

施工项目成本看似是一个个具体的数据,但数据背后牵涉到的是各种各样的影响因素,深入研究影响成本的因素,有时候会有纷繁杂乱无从下手的感觉,有的时候需要付出抽丝剥茧的认真或细致,这就提醒我们施工项目成本分析不是一项一蹴而就的工作,需要我们怀有久久为功之心认真对待。施工项目成本分析,就是根据会计核算、业务核算和统计核算提供的资料,对施工项目成本的形成过程、影响成本升降的因素进行分析,以寻求进一步降

施工项目成本分析与考核

低成本的途径。同时,通过成本分析,可从账簿、报表反映的成本现象看清成本的实质,从而增强项目成本的透明度和可控性,加强成本控制,为实现项目成本目标创造条件。项目经理部应将成本分析的结果形成文件,为成本偏差的纠正和预防、成本控制方法的改进、制定降低成本措施、改进成本控制体系等提供依据。

2．施工项目成本分析的内容

1）会计核算

会计核算主要是价值核算。会计是对一定单位的经济业务进行计量、记录、分析和检查,做出预测,参与决策,实行监督,旨在实现最优经济效益的一种管理活动。它通过设置账户、复式记账、填制和审核凭证、登记账簿、成本计算、财产清查和编制会计报表等一系列有组织有系统的方法,来记录企业的一切生产经营活动,然后据以提出一些用货币来反映的有关各种综合性指标的数据。会计六要素指标(资产、负债、所有者权益、营业收入、成本、利润)是施工成本分析的重要依据。

2）业务核算

业务核算是各业务部门根据业务工作的需要而建立的核算制度,它包括原始记录和计算登记表,如单位工程及分部分项工程进度登记、质量登记、工效计算登记、定额计算登记、物资消耗定额记录、测试记录等。业务核算的范围比会计核算、统计核算的范围广,会计和统计核算一般是对已经发生的经济活动进行核算,而业务核算,不但可以对已经发生的经济活动进行核算,而且还可以对尚未发生的或正在发生的经济活动进行核算,看是否可以做、是否有经济效果。它的特点是对个别的经济业务进行单项核算。例如各种技术措施、新工艺等项目,可以核算已经完成的项目是否达到原定的目标、取得预期的效果,也可以对准备采取措施的项目进行核算和审查,看是否有效果、值不值得采纳。业务核算的目的,在于迅速取得资料,在经济活动中及时采取措施进行调整。

3）统计核算

统计核算是利用会计核算资料和业务核算资料,把反映企业生产经营活动客观现状的大量数据按统计方法加以系统整理,表明其规律性。它的计量尺度比会计核算宽,既可以用货币计算,也可以用实物或劳动量计算。它通过全面调查和抽样调查等特有的方法,不仅能提供绝对数指标,还能提供相对数和平均数指标,可以计算当前的实际水平,确定变动速度,预测发展的趋势。

8.4.2　施工项目成本分析的步骤

施工项目成本分析的步骤如下。
（1）选择成本分析方法。
（2）收集成本信息。
（3）进行成本数据处理。
（4）分析成本形成原因。
（5）确定成本结果。

8.4.3 施工项目成本分析方法

由于施工项目成本涉及的范围很广，需要分析的内容也很多，因此应该在不同的情况下采取不同的分析方法。这里主要讲述成本分析的基本方法、综合成本的分析方法和成本项目的分析方法。

1．成本分析的基本方法

成本分析的基本方法包括对比分析法、因素分析法、差额计算法和挣值法4种。

1）对比分析法

对比分析法贯彻量价分离原则，分析影响成本节超的主要因素，包括实际成本与两种目标成本的对比分析、实际工程量和工程量清单的对比分析、实际消耗量与计划消耗量的对比分析、实际采用价格与计划价格的对比分析、各种费用实际发生额与计划支出额的对比分析。对比分析法通常有下列形式。

（1）本期实际指标和上期实际指标相比。通过这种对比，可以看出各项技术经济指标的变动情况，反映施工管理水平的提高程度。

（2）实际指标与目标指标对比。通过这种对比检查目标完成情况，分析影响目标完成的积极因素和消极因素，以便及时采取措施，保证成本目标的实现。在进行实际指标与目标指标对比时，还应注意目标本身有无问题，如果目标本身出现问题，则应调整目标，重新正确评价实际工作的成绩。

（3）与本行业平均水平、先进水平对比。通过这种对比，可以反映本项目的技术管理和经济管理与行业的平均水平和先进水平的差距，进而采取措施赶超先进水平。

2）因素分析法

因素分析法又称连环替代法。该法可以对影响成本节超的各种因素的影响程度进行数量分析。例如，影响人工成本的因素是工程量、人工量（工日）和日工资单价。如果实际人工成本与计划人工成本发生差异，则可用此法分析3个因素各有多少影响。计算时先列式计算计划数，再用实际的工程量代替计划工程量，得数与前者相减，即得出工程量对人工成本偏差的影响。然后依次替代计划人工量、计划日工资单价进行计算，并各与前者相减，得出人工量的影响和日工资单价的影响。利用此法的关键是要排好替代的顺序，规则是先替代绝对数，后替代相对数；先替代物理量，后替代价值量。因素分析法的计算步骤如下。

（1）确定分析对象，并计算出实际数与目标数的差异。

（2）确定该指标是由哪几个因素组成的，并按其相互关系进行排序。

（3）以目标数为基础，将各因素的目标数相乘，作为分析替代的基数。

（4）将各个因素的实际数按照上面的排列顺序进行替换计算，并将替换后的实际数保留下来。

（5）将每次替换计算所得的结果，与前一次的计算结果相比较，两者的差异即为该因素对成本的影响程度。

（6）各个因素的影响程度之和，应与分析对象的总差异相等。

3）差额计算法

差额计算法与因素分析法本质相同，也可以说是因素分析法的简化计算法，是直接用因素的实际数与计划数的差值来计算其对成本的影响程度。

4）挣值法

挣值法又称费用偏差分析法或盈利值法，可用来分析项目在成本支出和时间方面是否符合原计划要求。它要求计算3个关键数，即计划工作预算（BCWS）、已完工作实际费用（ACWP）和已完工作预算费用（BCWP，即"挣值"），然后用这3个关键数进行以下计算。

费用偏差 CV＝BCWP－ACWP。该项差值大于零时，表示项目未超支。

进度偏差 SV＝BCWP－BCWS。该项差值大于零时，表示项目进度提前。

费用实施指数 CPI＝BCWP/ACWP。该项指数大于1时，表示项目成本未超支。

进度实施指数 SPI＝BCWP/BCWS。该项指数大于1时，表示项目进度正常。

挣值法评价曲线如图8.7所示。

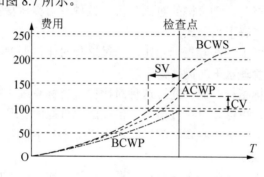

图 8.7　挣值法评价曲线

观察思考

费用（进度）偏差与费用（进度）实施指数分别反映的是绝对偏差还是相对偏差，两类指标中哪种适用范围广，既适用于同一项目也适用于不同项目之间的比较？

应用案例

某工程由某承包商承担，计划6个月完成，但该工程进行了3个月后发现某些工作项目与原计划有偏差，试分别使用横道图及表格法，对偏差进行分析，其项目单价和计划工作量见表8-1。

表8-1　某工程项目单价和计划工作量

项目名称	平整场地	室内夯填土	垫层	缸砖面砂浆结合	踢脚
计划工作量（3个月）	150m²	20m³	60m³	100m²	13.55m
计划单价	16元/m²	46元/m³	450元/m³	1520元/m²	1620元/m
已完成工作量（3个月）	150m²	18m³	48m³	70m²	9.5m
实际单价	16元/m²	46元/m³	450元/m³	1800元/m²	1650元/m

表格法分析费用及进度偏差结果见表8-2。

表 8-2 表格法分析费用及进度偏差

项目名称	计算步骤	平整场地	室内夯填土	垫层	缸砖面砂浆结合	踢脚	总计
计划工作量（3个月）	1	150m²	20m³	60m³	100m²	13.55m	—
计划单价	2	16元/m²	46元/m³	450元/m³	1520元/m²	1620元/m	—
计划工作预算费用 BCWS	3=1×2	2400元	920元	27000元	152000元	21951元	204271元
已完成工作量（3个月）	4	150m²	18m³	48m³	70m²	9.5m	—
已完工作预算费用 BCWP	5=4×2	2400元	828元	21600元	106400元	15390元	146618元
实际单价	6	16元/m²	46元/m³	450元/m³	1800元/m²	1650元/m	—
已完工作实际费用 ACWP	7=6×4	2400元	828元	21600元	126000元	15675元	166503元
费用偏差	8=5-7	0元	0元	0元	-19600元	-285元	
费用实施指数 CPI	9=5÷7	1	1	1	0.844	0.98	
费用累计偏差	10=∑8	-19885元					
进度偏差	11=5-3	0元	-92元	-5400元	-45600元	-6561元	
进度实施指数 SPI	12=5÷3	1	0.9	0.8	0.7	0.7	
进度累计偏差	13=∑11	-57653元					

横道图法分析费用及进度偏差结果见表 8-3。

表 8-3 横道图法分析费用及进度偏差结果

■ 计划工作预算费用 BCWS □ 已完工作预算费用 BCWP ▨ 已完工作实际费用 ACWP

项目名称	费用/元	费用偏差/元	进度偏差/元
平整场地	2400 / 2400 / 2400	0	0
室内夯填土	920 / 828 / 828	0	-92
垫层	27000 / 21600 / 21600	0	-5400
缸砖面砂浆结合	152000 / 106400 / 126000	-19600	-45600
踢脚	21951 / 15390 / 15675	-285	-6560
合计	204270 / 146618 / 166503	-19885	-57653

2. 综合成本的分析方法

综合成本是指涉及多种生产要素，并受多种因素影响的成本费用，如分部分项工程成本、月（季）度成本和年度成本等。这些成本都是随着项目施工的进展而逐步形成的，与生产经营有着密切的关系。因此，做好上述成本的分析工作，无疑将促进项目的生产经营管理，提高项目的经济效益。

1) 分部分项工程成本分析

分部分项工程成本分析是施工项目成本分析的基础。分部分项工程成本分析的对象为已完成分部分项工程。分析的方法是：进行预算成本、目标成本和实际成本的"三算"对比，分别计算实际偏差；分析偏差产生的原因，为今后的分部分项工程成本寻求节约途径。

 **观察思考**

"三算"分别产生于项目建设的哪个阶段？

分部分项工程成本分析中，预算成本来自投标报价，目标成本来自施工预算，实际成本来自施工任务单的实际工程量、实耗人工和限额领料单的实耗材料。

由于施工项目包括很多分部分项工程，不可能也没有必要对每一个分部分项工程都进行成本分析，特别是一些工程量小、成本费用微不足道的零星工程。但是，对于那些主要分部分项工程则必须进行成本分析，而且做到从开工到竣工都要进行系统的成本分析，这是一项很有意义的工作。因为通过主要分部分项工程成本的系统分析，可以基本了解项目成本形成的全过程，为竣工成本分析和今后的项目成本管理提供宝贵的参考资料。

2) 月（季）度成本分析

月（季）度成本分析是施工项目定期的、经常性的中间成本分析。对于具有一次性特点的施工项目来说，有着特别重要的意义。因为通过月（季）度成本分析，可以及时发现问题，以便按照成本目标指定的方向进行监督和控制，保证项目成本目标的实现。月（季）度成本分析的依据是当月（季）的成本报表，通常从以下几个方面进行分析。

（1）通过实际成本与预算成本的对比，分析当月（季）的成本降低水平；通过累计实际成本与累计预算成本对比，分析累计的成本降低水平，预测实际项目成本目标的前景。

（2）通过实际成本与目标成本的对比，分析目标成本的落实情况，以及目标管理中的问题和不足，进而采取措施，加强成本管理，保证成本目标的落实。

（3）通过对各项目的成本分析，可以了解成本总量的构成比例和成本管理的薄弱环节。例如，在成本分析中，发现人工费、机械费和间接费等项目大幅度超支，就应该对这些项目费用的收支关系认真研究，并采取对应的措施，防止今后再超支。如果属于规定的"政策性"亏损，则应从控制支出着手，把超支额压缩到最低限度。

（4）通过主要技术经济指标的实际与目标对比，分析产量、工期、质量、"三材"（水泥、钢材、木材）节约率、机械利用率等对成本的影响。

（5）通过对技术组织措施执行效果分析，寻求更加有效的节约途径。

（6）分析其他有利条件和不利条件对成本的影响。

3) 年度成本分析

企业成本要求一年结算一次，不得将本年成本转入下一年度。而项目成本则以项目的寿命周期为结算期，要求从开工到竣工到保修结束连续计算，最后结算出成本总量及其盈亏。由于项目的施工周期一般较长，除进行月（季）度成本核算和分析外，还要进行年度成本的核算和分析。这不仅仅是为了满足企业汇编年度成本报表的需要，更是项目成本管理的需要。因为通过年度成本的综合分析，可以总结一年来成本管理的成绩和不足，为今后的成本管理提供经验和教训，从而可对项目成本进行更有效的管理。

年度成本分析的依据是年度成本报表。年度成本分析的内容，除月（季）度成本分析的 6 个方面外，重点是针对下一年度的施工进展情况规划切实可行的成本管理措施，以保证施工项目成本目标的实现。

4）竣工成本的综合分析

凡是有几个单位工程而且是单独进行成本核算的施工项目，其竣工成本分析应以各单位工程竣工成本分析为基础，再加上项目经理部的经营效益（如资金调度、对外分包等所产生的效益）进行综合分析。如果施工项目只有一个成本核算对象（单位工程），就以该成本核算对象的竣工成本资料作为成本分析的依据。

单位工程竣工成本分析，应包括以下 3 方面内容：①竣工成本分析；②主要资源节超对比分析；③主要技术节约措施及经济效果分析。

3．成本项目的分析方法

1）人工费分析

在实行管理层和作业层分离的情况下，对项目施工所需要的人工和人工费，由项目经理部与劳务分包企业签订劳务承包合同，明确承包范围、金额和双方的权利、义务。对项目经理部来说，除按合同规定支付劳务费外，还可能发生一些其他人工费支出，如工程量增减而调整的人工费，定额以外的临时工工资，对班组或个人的奖励费用等。项目经理部应根据具体情况，结合劳务合同的管理进行分析。

2）材料费分析

材料费分析包括主要材料、周转材料使用费的分析以及材料储备的分析。

（1）主要材料使用费的高低，主要受价格和消耗数量的影响。而材料价格的变动，又要受采购价格、运输费用、路途损耗等因素的影响。材料消耗数量的变动，也要受操作损耗、管理损耗和返工损失等因素的影响，可在价格变动较大和数量超用异常的时候再做深入分析。材料价格和消耗数量的变动对材料费的影响程度，可按下列公式计算。

因材料价格变动对材料费的影响 =（预算单价 − 实际单价）× 消耗数量

因消耗数量变动对材料费的影响 =（预算用量 − 实际用量）× 预算价格

（2）周转材料使用费主要是分析其利用率和损耗率。实际计算中可采用"差额分析法"来计算周转率对周转材料使用费的影响程度。

（3）材料储备分析主要是对采保费用和材料储备资金占用的分析。具体可用因素分析法来进行。

3）机械使用费分析

影响机械使用费的因素主要是机械利用率。造成机械利用率不高的原因有机械调度不当和机械完好率不高。因此在机械设备使用中，必须充分发挥机械的效用，加强机械设备的平衡调度，做好机械设备平时的维修保养工作，提高机械的完好率，保证机械的正常运转。

4）施工间接费分析

施工间接费就是项目经理部为管理施工而发生的现场经费。因此，进行施工间接费分析，需要运用计划与实际对比的方法。施工间接费实际发生数来源于工程项目的施工间接费明细账。

> **特别提示**
>
> 通过施工项目成本分析，可以全面了解单位成本的构成和降低成本的方法，对工程的成本管理有很好的参考价值。

知识链接

施工费用产生偏差的原因如图 8.8 所示。

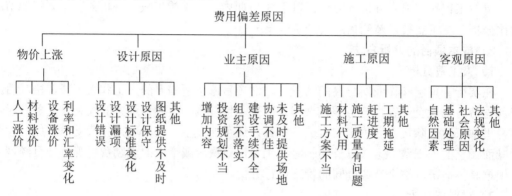

图 8.8 施工费用产生偏差原因分析

8.4.4 施工项目成本考核

1. 施工项目成本考核的目的、内容及要求

施工项目成本考核是贯彻项目成本责任制的重要手段，也是项目管理激励机制的体现。施工项目成本考核的目的是通过衡量项目成本降低的实际成果，对成本指标完成情况进行总结和评价。

施工项目成本考核的内容应包括责任目标成本完成情况考核和成本管理工作业绩考核。

施工项目成本考核的做法是分层进行的，企业对项目经理部进行成本管理考核，项目经理部对项目内部各岗位及各作业队进行成本管理考核。因此，企业和项目经理部都应建立、健全项目成本考核的组织，公正、公平、真实、准确地评价项目经理部及管理人员的工作业绩和问题。

施工项目成本考核应按照下列要求进行。

（1）企业对项目经理部进行考核时，应以确定的责任目标成本为依据。

（2）项目经理部应以控制过程的考核为重点，控制过程的考核应与竣工考核相结合。

（3）各级成本考核应与进度、质量、安全等指标完成情况相联系。

（4）项目成本考核的结果应形成文件，为奖惩责任人提供依据。

2. 施工项目成本考核的实施

（1）施工项目的成本考核采取评分制。具体方法为：先按考核内容评分，然后按一定的比例（假设为 7：3）加权平均，即责任目标成本完成情况的评分占 70%，成本管理工作业绩占 30%。

（2）施工项目成本考核要与相关指标的完成情况相结合，即成本考核的评分是奖罚的依据，相关指标的完成情况为奖罚的条件。与成本考核相关的指标，一般有进度、质量、安全和现场管理等。

（3）强调项目成本的中间考核。施工项目成本的中间考核分为月度成本考核和阶段成本考核。在月度成本考核时，不能单凭报表数据，要结合成本分析资料和施工生产、成本管理的实际情况，来做出正确的评价，带动今后的成本管理工作，保证项目成本目标的实现。

施工项目一般分为基础、结构主体、装饰装修等阶段，高层结构可对结构主体分层进行成本考核。

在施工告一段落后的成本考核，可与施工阶段其他指标的考核结合起来，也更能反映施工项目的管理水平。

（4）正确考核施工项目的竣工成本。施工项目的竣工成本，是在工程竣工和工程款结算的基础上编制的，它是竣工成本考核的依据。

施工项目的竣工成本是项目经济效益的最终反映。它既是上缴利税的依据，又是进行职工利益分配的依据。由于施工项目竣工成本关系到企业和职工的利益，因此必须做到核算清楚，考核正确。

（5）施工项目成本的奖罚。施工项目成本考核的结果，必须有一定的经济奖罚措施，这样才能调动职工的积极性，发挥全员成本管理的作用。

施工项目成本奖罚的标准，应通过经济合同的形式明确规定。一方面，经济合同规定的奖罚标准具有法律效力，任何人无权中途变更，或者拒不执行；另一方面，通过经济合同明确奖罚标准以后，职工就有了奋斗争取的目标，能在实现项目成本目标中发挥更积极的作用。

在确定施工项目成本奖罚标准时，必须从本项目的实际情况出发，既要考虑职工的利益，又要考虑项目成本的承受能力。

此外，企业领导和项目经理还可以对完成项目成本目标有突出贡献的部门、班组和个人进行随机奖励。这是项目成本奖励的另一种形式，这种形式，往往更能起到立竿见影的效果。

综合应用案例

【案例概况】

某钢筋混凝土框架剪力墙结构工程施工，采用 C40 的商品混凝土，其中标准层一层的目标成本为 166860 元，而实际成本为 176715 元，比目标成本增加了 9855 元，其他有关资料见表 8-4。试用因素分析法分析其成本增加的原因。

表 8-4　目标成本与实际成本对比表

项　目	单　位	计　划	实　际	差　异
产　量	m³	600	630	+30
单　价	元/m³	270	275	+5
损耗率	%	3	2	−1
成　本	元	166860	176715	9855

【案例解析】

（1）分析对象是一层结构商品混凝土的成本，实际成本与目标成本的差额为 9855 元。

（2）该指标是由产量、单价、损耗率 3 个因素组成的，其情况见表 8-4。

（3）目标数 166860(600×270×1.03)元为分析替代的基础。

（4）替换。

第 1 次替换：产量因素，以 630 替代 600，得 630×270×1.03＝175203（元）。

第 2 次替换：单价因素，以 275 替代 270，并保留上次替换后的值，得 630×275×1.03＝178447.5（元）。

第 3 次替换：损耗率因素，以 1.02 替代 1.03，并保留上两次替换后的值，得 630×275×1.02＝176715（元）。

（5）计算差额。

第 1 次替换与目标数的差额＝175203－166860＝8343（元）；

第 2 次替换与第 1 次替换的差额＝178447.5－175203＝3244.5（元）；

第 3 次替换与第 2 次替换的差额＝176715－178447.5＝－1732.5（元）。

产量增加使成本增加了 8343 元，单价提高使成本增加了 3244.5 元，损耗率下降使成本减少了 1732.5 元。

（6）各因素影响程度之和＝8343＋3244.5－1732.5＝9855（元），与实际成本和目标成本的总差额相等。

本章小结

本章详细介绍了施工项目成本管理的相关概念，施工项目成本预测与计划的作用、过程、方法，就施工项目成本控制与核算的原则及其运行机制进行了论述，对施工项目成本分析的方法、考核的目的进行了总结。

习　题

一、单选题

1．建筑安装工程费用项目组成（按费用构成要素划分）不包括（　　）。

　　A．人工费　　　　　　　　　　B．企业管理费

C. 分部分项工程费　　　　　　D. 税金

2. 项目经理在接受企业法定代表人委托之后，应通过编制（　　），确定项目的计划目标成本。

　　A. 施工概算　　B. 施工图预算　　C. 施工预算　　D. 竣工结算

3. 项目经济核算的"三同步"，不包括（　　）的同步。

　　A. 统计核算　　B. 财务核算　　C. 业务核算　　D. 会计核算

4. 成本分析的基本方法中能够分析出项目在成本支出和时间方面是否符合原计划要求的是（　　）。

　　A. 对比分析法　　B. 因素分析法　　C. 差额计算法　　D. 挣值法

5. 企业对项目经理部进行考核时，应以（　　）为依据。

　　A. 责任目标成本　　　　　　B. 计划目标成本
　　C. 施工图预算　　　　　　　D. 施工预算

二、简答题

1. 建筑安装工程费有哪些划分方法，分别由哪些内容构成？
2. 施工项目成本管理的程序是什么？
3. 项目经理部的责任目标成本与计划目标成本的区别是什么？
4. 施工项目成本控制有哪些具体措施？
5. 如何划分成本核算的对象？
6. 施工项目成本管理分析的方法有哪些？
7. 简述施工项目成本考核的内容。

三、案例题

某工程项目部 4 月的实际成本降低额比目标值提高了 4.4 万元，其他有关资料见表 8-5。试用差额计算法分析预算成本、成本降低率对成本降低额的影响程度。

表 8-5　降低成本计划与实际对比表

项　目	单　位	计　划	实　际	差　异
预算成本	万元	240	280	+40
成本降低率	%	4	5	+1
成本降低额	万元	9.6	14	+4.4

【分析】

（1）预算成本增加对成本降低额的影响程度为 $(280-240) \times 4\% = 1.6$（万元）；

（2）成本降低率提高对成本降低额的影响程度为 $(5\% - 4\%) \times 280 = 2.8$（万元）；

（3）以上两项合计为 $1.6 + 2.8 = 4.4$（万元）。

在线答题

第 9 章　施工项目职业健康安全与环境管理

思维导图

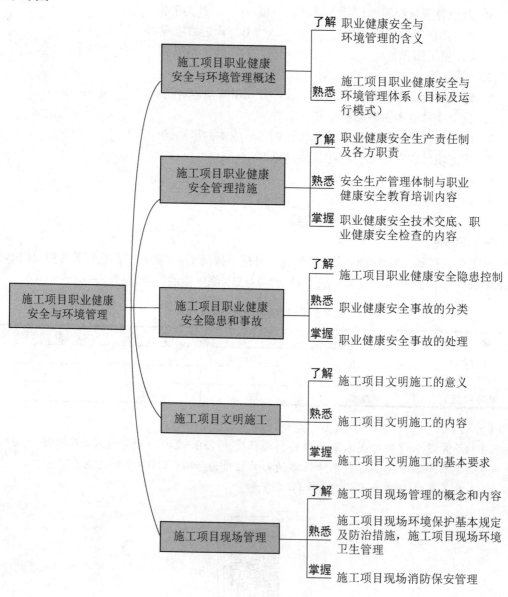

第 9 章　施工项目职业健康安全与环境管理

章节导读

人是自然界的产物，在漫长的人类发展过程中，人类向所依赖的自然界索取各种资源。但是随着科学技术和经济建设的发展，资源被大量开发和利用，森林面积锐减，土地严重沙化，水资源的污染和淡水的日益缺乏，废水、废气和固体废弃物排放的增加，自然灾害的频发，都对人类的健康、安全和环境造成严重威胁，对全球范围的环境产生重大影响。

严峻的职业健康安全和环境问题不但制约了经济的持续稳定增长，还影响了人民生活水平的提高和社会的和谐发展，职业健康安全和环境问题的解决不能单单依靠技术手段，而应该重视生产过程中的管理以及对人民职业健康安全和环境保护意识的教育。

工程建设是一项劳动密集型的生产活动，施工场地有限，施工人员众多，各工种交叉作业，机械施工与手工操作并进，高处作业多，而且施工现场又在露天和野外，环境复杂，不安全、不卫生的因素多，更容易引发各种疾病，产生安全事故和造成环境问题。因此在工程施工过程中，加强施工项目的职业健康安全和环境管理就显得尤为重要。

施工项目职业健康安全管理的目的是保护产品生产者和使用者的健康与安全，控制影响工作场所内员工、临时工作人员、合同方人员、访问者，以及其他有关部门人员健康和安全的条件与因素，避免对施工现场的相关人员造成健康和安全的危害。

党的二十大报告提出，必须牢固树立和践行绿水青山就是金山银山的理念，站在人与自然和谐共生的高度谋划发展。施工项目环境管理的目的是保护生态环境，使社会的经济发展与人类的生存环境相协调。控制作业现场的各种粉尘、废水、废气、固体废弃物，以及噪声、震动对环境的污染和危害，考虑能源节约和避免资源的浪费。

图 9.1 所示为某工地现场板梁支撑排架整体失稳倾覆，拉倒塔式起重机，造成严重的质量事故及多人死亡的安全事故现场。

图 9.1　某工地安全事故现场

9.1　施工项目职业健康安全与环境管理概述

9.1.1　职业健康安全与环境管理的含义

职业健康和安全（OHS）是国际上通用的术语，通常是指影响作业场所内的员工、临

时工作人员、合同工作人员、合同方人员、访问者和其他人员健康安全的条件和因素。职业健康安全管理体系将职业健康安全描述为影响或可能影响工作场所内的员工或其他工作人员（包括临时工和承包方员工）、访问者或任何其他人员的健康安全的条件和因素。

职业健康安全管理就是在生产活动中，组织安全生产的全部管理活动，通过对生产因素具体的状态控制，使生产因素的不安全行为和状态减少或消除而不引发事件，尤其是不引发使人受到伤害的事故，以保证生产活动中人的安全和健康。

环境是指组织运行活动的外部存在，包括空气、水、土地、自然资源、植物、动物、人，以及它（他）们之间的相互关系。

环境管理就是在生产活动中，通过对环境因素的管理活动，使环境不受到污染，使资源得到节约。

> **特别提示**
>
> 环境管理与职业健康安全管理是密切联系的两个管理方向。如果环境管理工作做得好，会对职业健康安全管理工作产生很大的促进作用。相反，如果没有做好环境管理工作，则会对职业健康安全管理产生很大的负面影响。同时，职业健康安全管理工作做得好，也会给工程项目带来良好的施工环境和生活环境。

9.1.2 施工项目职业健康安全与环境管理体系

1. 职业健康安全与环境管理的目标

通过建立职业健康安全管理体系，可以使施工现场人员面临的安全风险减小到最低限度甚至消除，实现预防和控制伤亡事故、职业病等；通过改善劳动者的作业条件，可提高劳动者身心健康和劳动效率，直接或间接地使企业获得经济效益；实现以人为本的安全管理，人力资源的质量是提高生产率水平和促进经济增长的重要因素，职业健康安全管理体系将是保护和发展生产力的有效方法；此外，通过建立职业健康安全管理体系，可提升企业的品牌和市场竞争力，促进项目管理现代化，增强对国家经济发展的贡献能力。

通过建立项目环境管理体系，规范企业和社会团体等组织的环境表现，使之与社会经济发展相适应，并且可以改善生态环境质量，减少人类各项活动所造成的环境污染，节约能源，从而促进经济的可持续发展。

> **特别提示**
>
> 职业健康安全管理体系、环境管理体系与质量管理体系并列为三大管理体系，是目前世界各国广泛推行的一种先进的现代化的生产管理方法。

2. 职业健康安全与环境管理体系的建立和实施

为适应现代职业健康安全和环境管理的需要，达到预防和减少生产事故和劳动疾病、保护环境的目的，职业健康安全与环境管理体系的运行采用了一个动态循环并螺旋上升的系统化管理模式，该模式为职业健康安全与环境管理体系提供了一套系统化的方法，指导组织合理有效地推行其职业健康安全与环境管理工作。该模式分为 5 个过程，即制定职业健康安全（环境）方针、策划、实施与运行、检查和纠正措施及管理评审。这 5 个过程包含了职业健康安全与环境管理体系的建立过程和建立后有计划地评审及持续改进的循环，以保证组织内部职业健康安全与环境管理体系的不断完善和提高。

职业健康安全与环境管理体系的运行模式如图 9.2 所示。

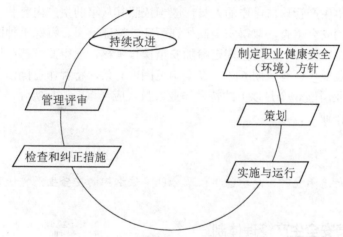

图 9.2　职业健康安全与环境管理体系运行模式

9.2　施工项目职业健康安全管理措施

施工项目职业健康安全管理，是指工程项目负责人对建设工程施工安全生产进行计划、组织、指挥、协调和监控的一系列活动，从而保证施工中的人身安全、设备安全、结构安全、财产安全和适宜的施工环境。安全管理措施是安全管理的方法和手段，根据建筑施工生产的特点，其安全管理措施具有鲜明的行业特色，归纳起来，施工项目职业健康安全管理措施主要有以下几个方面。

施工项目安全管理措施

9.2.1　建立职业健康安全生产责任制

建立职业健康安全生产责任制是做好安全管理工作的重要保证，是最基本的安全生产管理制度，是所有安全生产管理制度的核心。在工程实施以前，由项目经理部对各级负责人、各职能部门以及各类施工人员在管理和施工过程中，应当承担的责任做出明确规定。

也就是把安全生产责任分解到岗，落实到人，具体表现在以下几个方面。

（1）在工程项目施工过程中，必须有符合项目特点的安全生产制度，安全生产制度要符合国家、地方以及本企业的有关安全生产政策、法规、条例、规范和标准。参加施工的所有管理人员和工人都必须认真执行并遵守制度的规定和要求。

（2）建立、健全安全管理责任制，明确各级人员的安全责任，这是搞好安全管理的基础。从项目经理到一线工人，安全管理做到纵向到底，一环不漏；从专门管理机构到生产班组，安全生产做到横向到边，层层有责。

（3）施工项目应通过监察部门的安全生产资质审查，并得到认可。其目的是严格规范安全生产条件，进一步加强安全生产的监督管理，防止和减少安全事故的发生。

（4）一切从事生产管理与操作的人员，应当依照其从事的生产内容和工种，分别通过企业、施工项目的安全审查，取得安全操作许可证，持证上岗。特殊工种的作业人员，除必须经企业的安全审查外，还需按规定参加安全操作考核，取得监察部门核发的特种作业操作证。特种作业操作证有效期 6 年，在全国范围内有效，特种作业操作证每 3 年复审一次，离开特种作业岗位 6 个月以上的特种作业人员，应当重新进行实际操作考试，经确认合格后方可上岗作业。

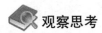

观察思考

建设工程实行总承包时，总承包单位及分包单位承担的安全生产责任有哪些？

9.2.2 完善安全生产管理体制

完善安全生产管理体制，建立健全安全生产管理制度、安全管理机构和安全生产责任制是安全管理的重要内容，是实现安全生产目标管理的组织保证。

安全生产管理体制是企业负责、行业管理、国家监察、群众监督、劳动者遵章守纪，这样的安全生产管理体制符合社会主义市场经济条件下安全生产工作的要求。

1. 企业负责

企业负责原则明确了企业作为市场经济的主体必须承担的安全生产责任，即必须认真贯彻执行安全生产、劳动保护方面的政策、法规及规章制度，要对本企业的安全生产工作负责。企业法定代表人是安全生产的第一责任者，要对本企业的安全生产全面负责。

2. 行业管理

各行业的管理部门（政府主管部门、受政府委托的管理机构及行业协会等）根据"管生产必须管安全"的原则，在各自的工作职责范围内，行使行业管理的职能，贯彻执行国家、行业及地方的安全生产方针政策、法律法规及规章，对行业安全生产工作进行计划、组织和监督检查及考核等。

3. 国家监察

国家监察是指由国家安全生产监察机构实施安全生产监察。国家监察是一种执法监察，是相关部门以国家名义，运用国家权力对有关单位执行安全生产、劳动保护工作的情况，依法进行监察、纠正和惩戒。

4. 群众监督

群众监督有以下两层含义。

一是由工会对安全生产实施监督，工会组织作为职工团体根本利益的代表，对危害职工安全健康的现象有抵制、纠正甚至控告的权力，这是一种自下而上的群众监督。中华全国总工会颁发了《劳动保护监督检查员工作条例》《基层工会劳动保护监督检查委员会工作条例》《工会小组劳动保护检查员工作条例》，是工会进行群众监督工作的主要依据。

二是《中华人民共和国劳动法》赋予劳动者监督权，在第五十六条中规定"劳动者对用人单位管理人员违章指挥、强令冒险作业，有权拒绝执行；对危害生命安全和身体健康的行为，有权提出批评、检举和控告"。这是劳动者的一种直接监督形式。

5. 劳动者遵章守纪

安全生产意识淡薄是一个普遍性的问题，现在有60%以上的安全生产事故是由于缺乏安全意识、违章指挥、违章操作、违反劳动纪律造成的。因此，劳动者的遵章守纪与安全生产有着直接的关系，遵章守纪是实现安全生产的前提和重要保证。劳动者应当在生产过程中自觉遵守安全生产规章制度和劳动纪律，严格执行安全技术操作规程，做到不违章操作并制止他人的违章操作，从而实现全员的安全生产。

9.2.3 进行职业健康安全教育培训

认真搞好职业健康安全教育是职业健康安全管理工作的重要环节，是提高全员职业健康安全素质、职业健康安全管理水平和防止事故、实现职业健康安全生产的重要手段。施工项目职业健康安全教育培训工作主要包括以下几方面。

1）项目经理部的安全教育培训内容

项目经理部的安全教育培训内容：国家和当地政府的安全生产方针、政策、安全生产法律、法规、部门规章、制度；安全纪律、安全事故分析和处理案例；项目经理部安全生产责任等。

2）作业队安全教育培训内容

作业队安全教育培训内容：本队承担施工任务的特点、施工安全基本知识、安全生产制度；相关工种的安全技术操作规程；机械设备、电气、高空作业等安全基本知识；防火、防毒、防爆、防洪、防雷击、防触电、防高空坠落、防物体打击、防坍塌、防机械车辆伤害等知识，以及紧急安全处理知识；安全防护用品发放标准；防护用具、用品使用基本知识。图 9.3 所示为某工地安全教育培训现场。

图 9.3 某工地安全教育培训现场

3）班组安全教育培训内容

班组安全教育培训内容：本班组作业特点及安全操作规程；班组安全生产制度及纪律；爱护和正确使用安全防护装置（设施），以及个人劳动防护用品知识；本岗位的不安全因素及防范对策；本岗位的作业环境、使用的机具安全要求。

4）特殊工种的安全教育培训内容

对从事电工作业、焊接与热切割、高处作业、制冷与空调作业、煤矿安全作业、金属非金属矿山安全作业特殊工种的人员，必须经国家认可的具有资质的单位进行安全技术培训，考试合格并取得上岗证书方可上岗作业。

小 案 例

某工地为便于施工现场土方倒运，分包单位临时租用了一台铲车，铲车司机（无证上岗）在铲起一车土方倒运至槽边时，由于操作失误致使铲车突然向基槽窜出掉入槽内。铲车驾驶室严重变形，将铲车司机卡在驾驶室内，待调来汽车将铲车从槽内吊出后，铲车司机经医护人员全力抢救无效死亡。图 9.4 为该事故现场。

图 9.4　事故现场

9.2.4　进行职业健康安全技术交底

职业健康安全技术交底是指导工人安全施工的技术措施，是项目职业健康安全技术方案的具体落实。职业健康安全技术交底一般由技术管理人员根据分部分项工程的具体要求、特点和危险因素编写，是操作者的指令性文件，因而要具体、明确、针对性强，不得用施工现场的职业健康安全纪律、职业健康安全检查等制度代替，在进行工程技术交底的同时进行职业健康安全技术交底。

1．交底组织

安全技术交底由施工项目部技术负责人负责，向施工项目部成员及有关部门交底。各工序、工种由项目责任工长负责向各班组长交底。

2. 安全技术交底的基本要求

项目经理部必须实行逐级安全技术交底制度，纵向延伸到班组全体作业人员；安全技术交底必须具体、明确，针对性强；安全技术交底的内容应针对分部分项工程施工中给作业人员带来潜在危害的问题；应优先采用新的安全技术措施；应将工程概况、施工方法、施工程序、安全技术措施等向工长、班组长进行详细交底；定期向多工种进行交叉施工的作业队伍进行书面交底；保持书面安全技术交底签字记录。

3. 安全技术交底的主要内容

安全技术交底主要包括以下内容。
（1）工程项目和分部分项工程的概况。
（2）本施工项目的施工作业特点和危险点。
（3）针对危险点的具体预防措施。
（4）应注意的安全事项。
（5）相应的安全操作规程和标准。
（6）发现事故隐患应采取的措施。
（7）发生事故后应及时采取的避难和急救措施。

知识链接

对于涉及"四新"（新技术、新材料、新工艺、新设备）项目或技术含量高、技术难度大的单项技术设计，必须经过两阶段技术交底，即初步设计技术交底和实施性施工图技术设计交底。

4. 交底方法

安全技术交底可以采用会议口头形式、书面形式，以及示范操作形式，视工程施工复杂程度和具体交底内容而定。各级技术交底应有文字记录。关键项目、新技术项目应采用书面交底形式。

知识链接

施工现场劳务班组可以采用口头形式向劳务作业人员进行交底，有些项目部会在现场设置班前讲台（图9.5）。

图9.5 班前讲台

 应用案例 9-1

【案例概况】

某高层建筑钢筋混凝土基础施工时发生一起触电死亡事故，事故发生后追究责任者，该工程作业班组长将责任推给了工程技术负责人，涉及工程技术负责人是否在安全方面已做了安全技术交底。通过追查，该工程技术负责人在书面技术交底中已做出详细交代，且作业班组长在书面交底中已签过字，因此主要责任明确，避免了一起责任推诿事件，为该事故处理提供了技术依据，该工程技术负责人不承担该起事故的主要责任。这起事故对该公司技术人员和工人的震动很大，对书面技术交底工作更加重视，不仅技术人员认真进行书面交底，技术人员与班组长均分别在书面交底中签字，而且工人也十分认真对待技术交底，认真领会技术交底的每一个细节内容，从不马马虎虎，按照技术交底要求进行操作。

【案例解析】

单位工程技术负责人向各作业班组长和工人进行技术交底，应强调采用书面交底的形式，首先在施工完毕归档时，书面技术交底是工程施工技术资料中必不可少的施工技术资料，而且书面技术交底也是分清技术责任的重要标志。

个人启示：工程作业班组长试图将责任推给工程技术负责人警示我们在今后工作中，要勇于承担属于自己的责任，树立良好的个人形象和口碑；同时又要注意保护自己，避免被他人诬陷。

9.2.5 进行职业健康安全检查

职业健康安全检查是为了消除隐患、防止事故、改善劳动条件及提高员工安全生产意识，是职业健康安全管理措施中的一项重要内容。通过安全检查可以发现工程中的危险因素，以便有计划地采取措施，保证安全生产。施工项目的安全检查应由项目经理组织，定期进行。

1. 职业健康安全检查的主要内容

（1）查思想，主要检查企业领导和职工对安全生产方针的认识程度。

（2）查制度，主要检查工程承包企业的安全生产制度是否全面。

（3）查管理，主要检查工程的安全生产管理是否有效，安全生产制度落实是否到位。检查的主要内容包括安全生产责任制、安全技术措施计划、安全组织机构、安全保证措施、安全技术交底、安全教育、持证上岗、安全设施、安全标识、操作规程、违规行为和安全记录等。

（4）查隐患，主要检查作业现场是否符合安全生产、文明生产的要求。

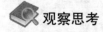 观察思考

施工现场中哪些方面最容易存在安全隐患？

(5) 查整改，主要检查过去提出问题的整改情况。

(6) 查事故处理，对安全事故的处理应达到查明事故原因、明确责任并对责任者做出处理、明确和落实整改措施等要求。同时还应检查对伤亡事故是否及时报告、认真调查、严肃处理。

2. 职业健康安全检查的方法

随着职业健康安全管理科学化、标准化、规范化的发展，目前职业健康安全检查基本上都采用职业健康安全检查表和一般检查方法，进行定性定量的职业健康安全评价。

(1) 职业健康安全检查表是一种初步的定性分析方法，它通过事先拟定的职业健康安全检查明细表或清单，对职业健康安全生产进行初步的诊断和控制。

(2) 一般检查方法主要是通过看、量、测、现场操作等手段进行检查。①看：主要查看管理资料、持证上岗、现场标志、交接验收资料、"安全三宝"使用情况、洞口防护情况、临边防护情况、设备防护装置等。②量：主要是用尺实测实量。③测：用仪器、仪表实地进行测量。④现场操作：由工人对各种限位装置进行实际运作，检验其灵敏程度。

图9.6所示为某项目的安全管理体系。

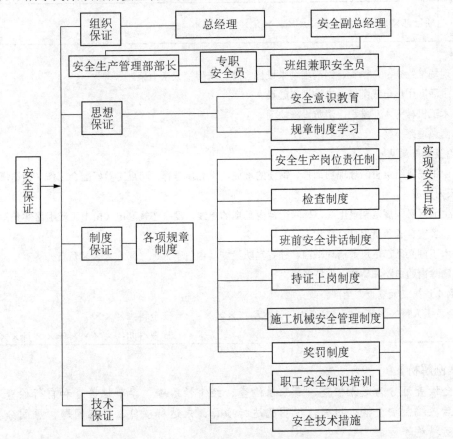

图 9.6　某项目的安全管理体系

 **观察思考**

除上述列举的几种方法外,还有哪些方法能加强职业健康安全方面的管理?

 **应用案例 9-2**

某工程安全检查报告

检查类型:定期检查　　　　　　　　　　　　　　　　　　　　编号 003

单位名称	××市××建筑安装工程有限公司	工程名称	××花苑二期3号楼	检查时间	××××年××月××日
检查单位	项目部		参加部门	技术科、安全科、材料科	
检查项目或部位	施工现场				
参加检查人员	项目部×××,各科室×××、×××、×××				
检查记录	1. 现场堆物杂乱。钢管、钢筋堆场未设标志牌、未架空或未上架。 2. 生活区用电电线乱拖,未按规定架设。 3. 木工机械旁木花堆积,消防设施缺漏。 4. 南边道路不畅。				
检查结论及复查意见	1. 由钢筋班组负责清理现场钢管、钢筋的堆放,设立标志牌,起重工做好配合工作(钢筋班长负责派人一天内完成)。 2. 生活区必须规范架设电线,拆除宿舍内乱拖的电线,没收违规家电(由电工班组落实整治,一天内完成),各宿舍长负责保持合格状态。 3. 木工棚必须在下班前清理干净,补齐消防设施(由包干人×××、×××负责)。 4. 清除南边道路障碍物,保持畅通。 以上4条第二天复查,全部整改完成。 检查负责人:×××　　复查人:技术科:×××　　安全科:××× 　　　　　　　　　　　　　　　　　　复查日期:××××年××月××日				

【案例解析】

安全检查可分为定期检查、专业性检查、经常性检查、季节性检查和自行检查等。安全检查后应编制安全检查报告,说明已达标项目、未达标项目、存在问题、原因分析、纠正和预防措施等。

9.3 施工项目职业健康安全隐患和事故

9.3.1 施工项目职业健康安全隐患控制

1. 职业健康安全隐患的概念

职业健康安全隐患是指可能导致职业健康安全事故的缺陷和问题,包括安全设施、过程和行为等方面的缺陷问题。因此,对检查和检验中发现的事故隐患,应采取必要的措施及时处理和化解,以确保不合格设施不使用、不合格过程不通过、不安全行为不放过,并通过事故隐患的适当处理,防止职业健康安全事故的发生。

施工项目安全隐患和事故

2. 职业健康安全隐患的处理

(1) 项目经理部应区别通病、顽症、首次出现、不可抗力等类型,修订和完善安全整改措施。

(2) 项目经理部应对检查出的隐患立即发出安全隐患整改通知单。受检单位应对安全隐患的原因进行分析,制定纠正和预防措施。纠正和预防措施应经检查单位负责人批准后实施。

(3) 安全检查人员对检查出的违章指挥和违章作业行为向责任人当场指出,限期纠正。

(4) 安全员对纠正和预防措施的实施过程和实施效果应进行跟踪检查,保存验证记录。

9.3.2 施工项目职业健康安全事故的分类和处理

1. 职业健康安全事故的分类

职业健康安全事故是指职工在劳动生产过程中发生的人身伤害、急性中毒等事故。项目所发生的职业健康安全事故大体可分为两大类:职业伤害事故与职业病。职业伤害事故是指因生产过程及工作原因或与其相关的其他原因造成的伤亡事故。职业病是指企业、事业单位和个体经济组织等用人单位的劳动者在职业活动中,因接触粉尘、放射性物质和其他有毒、有害物质等因素而引起的疾病。

1) 按事故发生的原因分类

按照我国《企业职工伤亡事故分类》(GB 6441—1986)规定,职业伤害事故分为 20 类,见表 9-1。

表 9-1 职业伤害事故的种类

序号	事故类别	说明
1	物体打击	指落物、滚石、锤击、碎裂、崩块、砸伤等伤害,不包括因爆炸而引起的物体打击
2	车辆伤害	包括挤、压、撞、倾覆等

续表

序 号	事故类别	说 明
3	机械伤害	包括碾、碰、割、戳等
4	起重伤害	指起重设备或操作过程所引起的伤害
5	触 电	包括雷电
6	淹 溺	—
7	灼 烫	—
8	火 灾	—
9	高处坠落	包括从架子上、屋顶上坠落以及从平地上坠入坑内等
10	坍 塌	包括建筑物、堆置物倒塌和土石方塌方等
11	冒顶片帮	—
12	透 水	—
13	放 炮	—
14	火药爆炸	指生产、运输、贮藏过程中发生的爆炸
15	瓦斯爆炸	—
16	锅炉爆炸	—
17	容器爆炸	—
18	其他爆炸	包括化学物爆炸、炉膛、钢水包爆炸等
19	中毒和窒息	煤气、油田、沥青、化学、一氧化碳等中毒
20	其他伤害	扭伤、跌伤、冻伤、野兽咬伤等

知识链接

2021年10月31日，深圳市宝安区沙井街道国际酒店项目EPC工程总承包Ⅰ标段项目工地内发生一起高处坠落死亡事故，造成1人死亡。

事故直接原因：①涉事公司排风管班组在三楼预留洞口安装排风管时，未在涉事洞口周边设置安全警戒线及可靠临时防护等措施。②事故人员安全意识不足，借助临时放置于涉事洞口旁的排风管组件为登高设施，导致其不慎从三楼预留洞口坠落，造成本起高处坠落事故。

事故间接原因：①涉事公司对施工现场安全管理不到位，未及时发现并消除事故现场临时防护缺失、不同班组在同一区域内交叉作业统一协调不到位的事故隐患。②涉事公司主要负责人未认真履行安全生产管理职责，未认真督促、检查本单位的安全生产工作，未及时消除施工现场存在的生产安全事故隐患。

工程建设过程中，危险无处不在，现场所有人员必须紧绷安全弦，不粗心、不大意、不侥幸，将自身的人身安全掌握在自己手中，同时将别人的人身安全当作自己的人身安全对待。

2）按事故后果严重程度分类（即按事故造成的人员伤亡或者直接经济损失分类）

《生产安全事故报告和调查处理条例》中规定，根据生产安全事故（以下简称事故）造成的人员伤亡或者直接经济损失，事故一般分为以下等级。

（1）特别重大事故，是指造成30人以上死亡，或者100人以上重伤（包括急性工业中毒，下同），或者1亿元以上直接经济损失的事故。

（2）重大事故，是指造成10人以上30人以下死亡，或者50人以上100人以下重伤，或者5000万元以上1亿元以下直接经济损失的事故。

（3）较大事故，是指造成3人以上10人以下死亡，或者10人以上50人以下重伤，或者1000万元以上5000万元以下直接经济损失的事故。

（4）一般事故，是指造成3人以下死亡，或者10人以下重伤，或者1000万元以下直接经济损失的事故。

国务院安全生产监督管理部门可以会同国务院有关部门，制定事故等级划分的补充性规定。

其中所称的"以上"包括本数，所称的"以下"不包括本数。就是说30人以上包含了30人。

2．职业健康安全事故的处理

1）职业健康安全事故的处理原则

对于发生的安全事故必须坚持"四不放过"的原则。"四不放过"的原则是指在因工伤亡事故处理中，必须坚持"事故原因不清楚不放过，事故责任者和员工没有受到教育不放过，事故责任者没有处理不放过，没有制定整改措施不放过"的原则。

2）职业健康安全事故的处理程序

（1）迅速抢救伤员并保护好事故现场。事故发生后现场人员不要惊慌失措，要有组织、听指挥，首先抢救伤员和排除险情，制止事故蔓延扩大。同时，为了事故调查分析需要，应该保护好事故现场，采取一切可能的措施防止人为或自然因素的破坏。

（2）组织调查组。接到事故报告后的单位负责人应立即赶赴现场组织抢救，并迅速组织调查组开展调查。事故根据严重程度组成相应的调查组来进行调查，如伤亡事故由企业主管部门会同企业所在地区的行政安全部门、公安部门、工会组成事故调查组进行调查，与发生事故有直接利害关系的人员不得作为调查组成员参与调查。

（3）现场勘查。在事故发生后，调查组应迅速到现场进行勘查。现场勘查是技术性很强的工作，涉及广泛的科技知识和实践经验，对事故的现场勘查必须及时、全面、准确、客观。现场勘查的主要内容有现场笔录、现场拍照和现场绘图。

（4）分析事故原因。通过全面的调查来查明事故经过，弄清造成事故的原因（包括人、物、生产管理和技术管理等方面的原因），经过认真、客观、全面、细致、准确的分析，确定事故的性质，以及事故中的直接责任者和领导责任者，再根据其在事故发生过程中的作用确定主要责任者。

（5）制定预防措施。根据事故原因分析，制定类似事故再次发生的预防措施。同时，根据事故后果和事故责任者应负的责任提出处理意见。对于重大未遂事故不可掉以轻心，也应严肃认真按上述要求查找原因，分清责任严肃处理。

（6）写出调查报告。事故调查组应当自事故发生之日起60日内提交事故调查报告；特殊情况下，经负责事故调查的人民政府批准，提交事故调查报告的期限可以适当延长，但延长的期限最长不超过60日。事故调查报告应当包括下列内容。

① 事故发生单位概况。

② 事故发生经过和事故救援情况。

③ 事故造成的人员伤亡和直接经济损失。

④ 事故发生的原因和事故性质。

⑤ 事故责任的认定以及对事故责任者的处理建议。

⑥ 事故防范和整改措施。

调查组应着重把事故发生的经过、原因、责任分析、处理意见，以及本次事故的教训和改进工作的建议等写成报告，经调查组全体人员签字后报批。如调查组内部意见有分歧，应在弄清事实的基础上，对照法律法规进行研究，统一认识。对于个别人员仍持有的不同意见，允许保留，并在签字时写明自己的意见。

（7）事故的审理和结案。

重大事故、较大事故、一般事故，负责事故调查的人民政府应当自收到事故调查报告之日起 15 日内做出批复；特别重大事故，30 日内做出批复。特殊情况下，批复时间可以适当延长，但延长的时间最长不超过 30 日。

有关机关应当按照人民政府的批复，依照法律、行政法规规定的权限和程序，对事故发生单位和有关人员进行行政处罚，对负有事故责任的国家工作人员进行处分。事故发生单位应当按照负责事故调查的人民政府的批复，对本单位负有事故责任的人员进行处理。

负有事故责任的人员涉嫌犯罪的，依法追究刑事责任。

事故处理的情况由负责事故调查的人民政府或者其授权的有关部门、机构向社会公布，依法应当保密的除外。事故调查处理的文件记录应长期完整地保存。

知识链接

接到报告的单位负责人应当于 1 小时内向事故发生地县级以上人民政府应急管理部门和负有安全生产监督管理职责的有关部门报告；相关部门也应逐级上报事故情况，每级上报的时间不得超过 2 小时；事故调查组应当自事故发生之日起 60 日内提交事故调查报告。

应用案例 9-3

职业健康安全事故

【事故概况】

2022 年 5 月 10 日下午，在某市某建设总承包公司、某脚手架公司（专业分包单位）专业分包的某高层住宅工程工地上，因 12 层以上的外粉刷施工基本完成，专业分包单位的架子工班长谭某征得分队长孙某同意后，安排何某等 3 名作业人员进行Ⅲ段 19A 轴～20A 轴的 12～16 层阳台外立面高 5 步、长 1.5m、宽 0.9m 的钢管悬挑脚手架拆除作业。下午 3 时 50 分左右，3 人拆除了 15、16 层全部和 14 层部分悬挑脚手架外立面以及连接于 14 层阳台栏杆上的固定脚手架拉杆和楼层立杆、拉杆。当拆至近 13 层时，悬挑脚手架突然失稳倾覆，致使第 3 步悬挑脚手架上的两名作业人员随悬挑脚手架分别坠落到地面和 3 层阳台平台上（坠落高度分别为 39m 和 31m）。事故发生后，项目部立即将两人送往医院抢救，二人因伤势过重，经抢救无效死亡。

【事故原因分析】

经调查和现场勘测，对事故原因进行分析。

1. 直接原因

作业前何某等3人未对将拆除的悬挑脚手架进行检查、加固，就在上部将水平拉杆拆除，以至架体失稳倾覆，这是本次事故的直接原因。

2. 间接原因

专业分包单位分队长孙某，在拆除前未认真按规定进行安全技术交底，作业人员未按规定佩戴和使用安全带以及未落实危险作业的监护，是本次事故的间接原因。

3. 主要原因

专业分包单位的架子工何某，作为经培训考核持证的架子工特种作业人员，在作业时负责楼层内水平拉杆和连杆的拆除工作，但未按规定进行作业，先将水平拉杆、连杆予以拆除，导致架体失稳倾覆，是本次事故的主要原因。何某对事故应负有主要责任。

【事故预防及控制措施】

（1）分4个小组对Ⅰ至Ⅲ段及转换层以下场容场貌进行整改，重点清理楼层垃圾、钢管、扣件等零星物件，对现场材料重新进行堆放，现场垃圾及时清除。

（2）对楼层临边孔洞彻底进行封闭，设置防护栏杆，封闭楼层孔洞。彻底对大型机械设备进行保养检修，重点对人货电梯、吊篮、电箱、电器等进行检查，并做出书面报告。

（3）对楼层尚存悬挑脚手架，零星排架，防护棚进行彻底清查、整改，该加固的加固，该完善的完善，并在事前做好交底、监护、措施、方案等工作，拆除时必须有施工员、专职安全员在场监控。同时认真按照悬挑脚手架方案，重申交底内容，进行高空作业时，必须有专职安全员、施工员、监护人员到位，并有专项交底及监护措施。

（4）彻底检查安全持证状况，对无证人员立即清退。检查现场方案交底执行情况，完善合同、安全协议内容，完善、落实监护制度。

（5）加强安全管理教育，强化管理人员与分包队伍的安全意识，杜绝安全事故与隐患发生。重申项目内部各岗位的安全生产责任制，层层签订安全生产责任状。

（6）对安全带、安全网、消防器材等安全设备配置情况进行检查，保证储备量。

（7）严格执行国家关于安全生产的规范，以及有关脚手架安全方面的强制性条文，严格按《建筑施工安全检查标准》（JGJ 59—2011）进行自查自纠。

【事故处理结果】

（1）本起事故直接经济损失约为240.09万元。

（2）事故发生后，总、分包单位根据事故调查小组的意见，对本次事故的责任者进行了相应的处理。

① 架子工何某，在拆除此脚手架前未能检查架体情况，在拆除时未能注重架体情况，对本次事故负有直接、重要责任，由上级给予吊销特殊工种操作证、企业予以除名处分。

② 专业分包单位架子工班长谭某，未按规定要求认真进行交底、检查拆除人员的安全带佩带情况，以及未落实监护人员，在人员拆除时未对交底的落实情况进行督促、检查，对本次事故负有直接管理责任，由上级予以除名清退处分。

③ 专业分包单位架子工分队长孙某，未按总承包公司的要求进行安全技术交底，对本

次事故负有直接领导责任，由上级予以除名清退处分。

④ 专业分包单位副经理葛某，作为架子工施工队负责人，自己队伍安全生产工作疏于管理，对本次事故负有领导责任，决定免去其公司副经理职务。

⑤ 总承包公司当班施工员杨某，对施工现场监督不力，检查不严，未能有效地控制事故发生，对本次事故负有一定的管理责任，企业给予警告处分，做出书面检查，并按企业奖惩条例给予经济处罚。

9.4 施工项目文明施工

文明施工是建筑业的窗口，与城市文明建设息息相关，它是保持施工现场整洁、卫生，施工组织科学，施工程序合理的一种施工活动。文明施工搞得好坏，是施工管理素质高低和管理水平高低的体现。只有搞好文明施工，才能充分发挥企业施工管理水平和企业职工的群体意识，创造良好的施工环境，树立企业良好的社会信誉。

9.4.1 施工项目文明施工的内容

文明施工是指保持施工现场良好的作业环境、卫生环境和工作秩序。文明施工主要包括以下几方面的工作。

（1）规范施工现场的场容，保持作业环境的整洁卫生。
（2）科学组织施工，使生产有序进行。
（3）减少施工对周围居民和环境的影响。
（4）遵守施工现场文明施工的规定和要求。
（5）保证职工的安全和身体健康。

项目经理部应对现场人员进行培训教育，提高其文明意识和素质，树立良好形象，并按照文明施工标准，定期进行评定、考核和总结。

9.4.2 施工项目文明施工的意义

（1）文明施工能促进企业综合管理水平的提高。保持良好的作业环境和秩序，对促进安全生产、加快施工进度、保证工程质量、降低工程成本、提高经济和社会效益有较大作用。文明施工涉及人、财、物各个方面，贯穿施工全过程，体现了企业在工程项目施工现场的综合管理水平。

（2）文明施工是适应现代化施工的客观要求。现代化施工更需要采用先进的技术、工艺、材料、设备和科学的施工方案，需要严密组织、严格要求、标准化管理和较好的职工素养等。文明施工能适应现代化施工的要求，是实现优质、高效、低耗、安全、清洁、卫生的有效手段。

(3) 文明施工代表企业的形象。良好的施工环境与施工秩序，可以得到社会的支持和信赖，提高企业的知名度和市场竞争力。

(4) 文明施工有利于员工的身心健康，有利于培养和提高施工队伍的整体素质。文明施工可以提高职工队伍的文化、技术和思想素质，培养尊重科学、遵守纪律、团结协作的生产意识，促进企业精神文明建设。

9.4.3 施工项目文明施工的基本要求

1. 一般规定

(1) 有整套的施工组织设计或施工方案，施工总平面布置紧凑，施工场地规划合理，符合环保、市容、卫生的要求。

(2) 有健全的施工指挥系统和岗位责任制度，工序衔接交叉合理，交接责任明确。

(3) 有严格的成品保护措施和制度，大小临时设施和各种材料、构件、半成品按平面布置堆放整齐。

(4) 施工场地平整，道路畅通，排水设施得当，水电线路整齐，机具设备状况良好，使用合理。施工作业符合消防和安全要求。

(5) 搞好施工区、生活区环境卫生和食堂卫生管理。

(6) 文明施工应贯穿施工结束后的清场。

实现文明施工，不仅要抓好现场的场容管理工作，而且要做好现场材料、机械、安全、技术、保卫、消防和生活卫生等方面的工作。一个工地的文明施工水平是该工地乃至所在企业各项管理工作水平的综合体现。违反文明施工要求的示例如图 9.7 所示，图中施工现场有生火现象，存在火灾的安全隐患。

图 9.7　违反文明施工要求的示例

2. 现场场容管理

(1) 工地主要入口要设置简朴规整的大门，门边设立明显的标牌，标明工程名称、施工单位名称和工程负责人姓名等内容。

(2) 建立文明施工责任制，划分区域。明确管理负责人，实行挂牌作业，做到现场清洁整齐。

（3）施工现场场地平整，道路畅通，有排水措施，基础、地下管道施工完后要及时回填平整，清除积土。

（4）现场施工临时水、电要有专人管理，不得有长流水、长明灯。

（5）施工现场的临时设施（生产、办公、生活用房，仓库，料场，临时上下水管道，以及照明、动力线路），要严格按施工组织设计确定的施工平面图布置、搭设或埋设整齐。

（6）施工现场清洁整齐，做到活完料清，工完场地清，及时消除在楼梯、楼板上的砂浆、混凝土。

（7）砂浆、混凝土在搅拌、运输、使用过程中，要做到不洒、不漏、不剩。盛放砂浆、混凝土应有容器或垫板。

（8）要有严格的成品保护措施，严禁损坏污染成品、堵塞管道。高层建筑要设置临时便桶，严禁随地大小便。

（9）建筑物内清除的垃圾、渣土，要通过临时搭设的竖井或利用电梯等措施稳妥下卸，严禁从门窗口向外抛掷。

（10）施工现场不准乱堆垃圾及余物。应在适当地点设置垃圾及余物临时堆放点，并定期外运。清运渣土、垃圾及流体物品时，要采取遮盖防漏措施，运进途中不得遗撒。

（11）根据工程性质和所在地区的不同情况，采取必要的围护和遮挡措施，保持外观整洁。市区主要路段和其他涉及市容景观路段的工地设置围挡的高度不低于 2.5m，其他工地的围挡高度不低于 1.8m。

（12）针对施工现场情况设置宣传标语和黑板报，并适时更换内容，切实起到表扬先进、督促后进的作用。

（13）施工现场严禁居住家属，严禁居民、家属、小孩在施工现场穿行、玩耍。

图 9.8 所示为建筑临边未设置安全防护措施，存在安全隐患。图 9.9 所示为规范的临边防护措施。

图 9.8　建筑临边未设置安全防护措施

图 9.9　规范的临边防护措施

3．现场机械管理

（1）现场使用的机械设备，要按平面布置规划固定点存放，遵守机械安全规程，保持机身及周围环境的清洁，机械的标识、编号明显，安全装置可靠。

（2）对清洗机械排出的污水，要有排放措施，不得随地流淌。

（3）在搅拌机、砂浆机旁应设沉淀池，不得将浆水直接排放入下水道及河流等处。

（4）塔式起重机轨道按规定铺设整齐、稳固，塔边要封闭，道砟不外溢，路基内外排水畅通。

9.5　施工项目现场管理

9.5.1　施工项目现场管理的概念和内容

1．施工项目现场管理的概念

施工项目现场是指从事工程施工活动经批准占用的场地。它既包括红线以内占用的建筑用地和施工用地，又包括红线以外现场附近，经批准占用的临时施工用地。

施工项目现场管理是指项目经理部按照施工现场管理规定和城市建设管理的有关法规，科学合理地安排使用施工现场，协调各专业管理和各项施工活动，控制污染，创造文明安全的施工环境和人流、物流、资金流、信息流畅通的施工秩序所进行的一系列管理工作。

2．施工项目现场管理的内容

（1）合理规划施工用地，保证场内占地的合理使用。在满足施工的条件下，要紧凑布置，尽量不占或少占农田。当场内空间不充分时，项目经理部应会同建设单位按规定向城市规划部门和公安交通部门申请，经批准后才能获得并使用场外临时施工用地。

（2）在施工组织设计中，科学地进行施工总平面设计。施工总平面设计的目的就是对施工场地进行科学规划，合理利用空间，以便于工程施工。

（3）根据施工进展的具体需要，按阶段调整施工现场的平面布置。不同的施工阶段，施工的需要不同，现场的平面布置也应该随之进行调整。

（4）加强对施工现场使用的检查。现场管理人员经常检查现场布置是否按平面布置图进行，如不按平面布置图进行，应及时改正。

（5）文明施工。文明施工是指按照有关法规的要求，使施工现场和临时占地范围内秩序井然。文明施工有利于提高工程质量和工作质量，提高企业信誉。

（6）完工清场。施工结束，及时组织清场，将临时设施拆除，剩余物资退场，组织向新工程转移。

为便于安全文明施工，施工现场在进行平面布置时应注意哪些内容？

9.5.2 施工项目现场环境保护

为了保护和改善生活环境和生态环境，防止建筑施工造成的作业污染和扰民，保障建筑工地附近居民和施工人员的身体健康，必须做好建筑施工现场的环境保护工作。施工现场的环境保护是文明施工的具体体现，也是施工现场管理达标考评的一项重要指标，所以必须采取现代化的管理措施来做好这项工作。

1．施工项目现场环境保护的基本规定

（1）把环保指标以责任书的形式层层分解到有关单位和个人，列入承包合同和岗位责任制，建立一套懂行善管的环保自我监控体系。

（2）要加强检查，加强对施工现场粉尘、噪声、废气的监测和管控工作。要与文明施工现场管理一起检查、考核、奖罚。及时采取措施消除粉尘、废气和污水的污染。

（3）施工单位要采取有效措施控制人为噪声、粉尘的污染，采取技术措施控制烟尘、污水、噪声污染。建设单位应该负责协调外部关系，同当地居委会、村委会、办事处、派出所、居民、施工单位、环保部门加强联系。

（4）要有技术措施，严格执行国家的法律、法规。在编制施工组织设计时，必须有环境保护的技术措施。在施工现场平面布置和组织施工过程中都要执行国家、地区、行业和企业有关防治空气污染、水源污染、噪声污染等环境保护的法律、法规和规章制度。

（5）建筑工程施工由于技术、经济条件限制，对环境的污染不能控制在规定的范围内的，建设单位应当会同施工单位事先报请当地人民政府建设行政主管部门和环境行政主管部门的批准。

2．施工项目现场环境保护的具体防治措施

1）采取措施防止噪声污染

采取的措施包括严格控制人为噪声，进入施工现场不得高声喊叫、无故敲打模板，最大限度地减少噪声扰民；在人口稠密区进行强噪声作业时，应严格控制作业时间；从声源

上降低噪声，如尽量选用低噪声设备和工艺代替高噪声设备与工艺，采用低噪声振捣器、风机、空压机、电锯等；采用吸声、隔声、隔震和阻尼等声学处理的方法，在传播途径上控制噪声。

2) 采取措施防止水源污染

禁止将有毒、有害废弃物作为土方回填；施工现场搅拌站废水、现制水磨石的污水、电石的污水，应经沉淀池沉淀合格后再排入污水管道或河流，当然最好能采取措施回收利用；现场存放的油料，必须对库房地面进行防渗处理，防止油料跑、冒、滴、漏，污染水体；化学药品、外加剂等应妥善保管，库内存放，防止污染环境。

3) 采取措施防止大气污染

施工现场垃圾要及时清理出现场。高层建筑物和多层建筑物清理施工垃圾时，应搭设封闭式专用垃圾道，采用容器吊运，或将永久性垃圾道随结构安装好以供施工使用，严禁凌空随意抛撒。

施工现场道路采用焦渣级配砂石、粉煤灰级配砂石、沥青混凝土或水泥混凝土等，有条件的可以利用永久性道路并指定专人定期洒水清扫，防止道路扬尘。袋装水泥、白灰、粉煤灰等易飞扬的细颗粒散体材料应在库内存放；室外临时露天存放时必须下垫上盖，防止扬尘。

除设有符合规定的装置外，禁止在施工现场焚烧油毡、橡胶、皮革、树叶等，以及其他会产生有毒、有害烟尘的物质。

施工现场的混凝土搅拌站是防止大气污染的重点。有条件的应修建集中搅拌站，利用计算机控制进料、搅拌和输送全过程，在进料仓上方安装除尘器。采用普通搅拌站时，应将搅拌站封闭严密，尽量不使粉尘外扬，并利用水雾除尘。

9.5.3 施工项目现场环境卫生管理

为了创造一个舒适的工作环境，养成良好的施工作风，保证职工身体健康，明确划分施工区和生活区，将施工区和生活区分成若干片，分片包干。建立责任区，从道路交通、消防器材、材料堆放，到垃圾、厕所、厨房、宿舍、火炉、吸烟等都应有专人负责，责任落实到人，使文明施工、环境卫生工作常态化、制度化。

(1) 施工现场要勤打扫，保持整洁卫生，场地平整，道路畅通，做到无积水、无垃圾、排水顺畅。应该分别定点堆放生活垃圾与建筑垃圾，并及时清运。

(2) 施工现场严禁大小便，发现有随地大小便现象，要对负责区责任人进行处罚。施工区、生活区有明确划分的标识牌，标识牌上注明负责人姓名和管理范围。

(3) 按比例绘制卫生区的平面图，并注明负责区编号和负责人姓名。

(4) 施工现场零散材料和垃圾，要及时清理，垃圾临时堆放不得超过 3d。

(5) 保持办公室整洁卫生，做到窗明地静，文具摆放整齐，达不到要求的对当天卫生值班员进行处罚。

(6) 职工宿舍上、下铺做到整洁有序，室内和宿舍四周保持干净，污水和污物、生活垃圾集中堆放，及时外运，发现不符合此条要求的，处罚当天卫生值班员。

（7）冬季办公室和职工宿舍取暖炉，应有验收手续，合格后方可使用。

（8）楼内清理出的垃圾要用容器或小推车，用塔式起重机或提升设备运下，严禁高空抛撒。

（9）施工现场的厕所，坚持天天打扫，每周撒白灰或打药1~2次，以消灭蝇虫，便坑须加盖。

（10）为保证全体员工身体健康，施工现场应设置保温桶和开水，并存有一次性杯子，开水桶要有盖加锁。

（11）要定期检查施工现场，发现问题，限期改正，并且要保存检查评分记录。

图9.10所示为露天堆放的水泥，须按环境卫生要求进行堆放。

图9.10　露天堆放的水泥

9.5.4　施工项目现场消防保安管理

（1）现场设立门卫，根据需要设置警卫，负责施工现场保卫工作，并采取必要的防盗措施。施工现场的主要管理人员在施工现场应当佩戴证明其身份的证卡，其他现场施工人员宜有标识。有条件时可对进出场人员使用磁卡管理。

（2）承包人必须严格按照《中华人民共和国消防法》的规定，建立和执行消防管理制度。现场必须有满足消防车出入和行驶的道路，并设置符合要求的防火报警系统和固定式灭火系统，消防设施应保持良好的备用状态。在火灾易发地区施工或储存、使用易燃、易爆器材时，承包人应当采取特殊的消防安全措施。现场严禁吸烟，必要时可设吸烟室。

（3）施工现场的通道、消防出入口、紧急疏散楼道等，均应有明显标志或指示牌。有高度限制的地点应有限高标志。

（4）施工中需要进行爆破作业的，必须经政府主管部门审查批准，并提供爆破器材的品名、数量、用途、爆破地点、四邻距离等文件和安全操作规程，向所在地县、市（区）公安局申领爆破物品使用许可证，由具备爆破资质的专业队伍按有关规定进行施工。

施工现场的指示标志、消防设施、临时设施、指示牌分别如图9.11~图9.14所示。

图 9.11　施工现场指示标志

图 9.12　施工现场消防设施

图 9.13　施工现场临时设施

图 9.14 施工现场指示牌

综合应用案例

某施工项目职业健康安全文明施工组织设计

一、工程概况

本工程建筑面积为 16780m²,为钢筋混凝土框架结构,属一类建筑物,地下一层,地上 17 层,地下室及一层层高 5.4m,其余各层 4.5m,建筑总高度为 83.9m;框架抗震等级为二级,抗震设防烈度 6 度,按乙类设防。基础采用大直径钻孔灌注桩上做筏板式的复合基础,桩混凝土强度等级 C25,筏板 C35。框架填充墙采用砌块及普通黏土砖,室内装修根据房间使用功能不同,分别采用防水砂浆、乳胶漆及瓷砖等。地下室防水采用结构自防水结合外墙外防水方式,屋面为 SBC120 卷材防水。

本工程合同工期 518d,中标价××××万元,质量评定达到××市优良工程。

二、安全管理

1. 安全生产责任制

(1) 公司、项目、班组建立安全生产责任制,项目负责人、工长、班组长等生产指挥系统及生产、技术、机械、器材、后勤等有关部门均应按照其职责分工,确定安全生产责任。

(2) 由项目工会负责对各级、各部门安全生产责任按照公司规定的检查和考核办法进行检查,并定期进行考核,保留考核结果及兑现情况记录。

(3) 工程承包合同中应有明确的安全生产工作的具体指标和要求。对由业主指定的分承包方(水电部分),在签订分包合同的同时必须签订安全生产合同,签订合同前要检查分包单位的营业执照、企业资质、安全资格证等。在安全生产合同中明确总分包单位各自的安全职责,分包单位向总包单位负责,服从总包单位对施工现场的安全管理。分包单位在其分包范围内建立施工现场安全生产管理制度,并组织实施。

2. 目标管理

(1) 伤亡事故控制目标:杜绝重伤死亡事故,轻伤事故率控制在 0.15‰以下。

安全达标目标:优良。

文明施工目标：创××市文明施工样板工地。

（2）制定安全管理目标，根据安全责任目标的要求，按照专业管理将安全管理目标分解到人。

（3）建立奖罚制度，对分解的安全管理目标及执行人的执行情况与经济挂钩，每月进行考核并记录。

3. 分部、分项工程技术交底

（1）现场施工应严格执行三级技术交底制度，正式作业前必须进行交底，通过口头讲解，使交底内容更具操作性，并附有文字资料，履行签字手续。

（2）安全技术交底内容：一是在施工组织设计及方案基础上，对方案进行细化和补充；二是明确操作者的安全注意事项，保证操作者的人身安全。

（3）安全技术交底要严肃认真执行，不能流于形式。

4. 安全检查

（1）公司每季度组织一次安全检查，项目每周组织一次定期的安全检查。检查要做到"三落实"，落实时间、落实人、落实措施。

（2）各级安全检查，主管领导务必参加。对发现问题，查出的隐患要及时解决。

（3）开展经常性的安全检查活动；各级行政领导、安全部门、专职人员要经常深入现场查找事故隐患，查出的隐患要及时解决。

5. 安全教育

（1）新入职职工必须进行公司、项目、班组的三级安全教育。

（2）企业安全人员每年培训学时不少于40学时，施工管理人员每年进行安全培训，考核合格后持证上岗。

6. 特种作业持证上岗

架子工、起重工、电工、焊工、机械工、塔式起重机司机等特种作业工种，应按照规定参加上级有关部门进行的培训并经考核合格持证上岗，特种作业人员由专人管理并进行登记造册，记录合格证号码。

7. 工伤事故处理

现场发生事故均应进行登记，并按照国家有关规定进行逐级上报，建立工伤事故档案。没有发生伤亡事故时，也应如实填写建设系统伤亡事故月报表，按月向上级主管部门上报。

8. 安全标志

施工现场应悬挂符合《安全标志及其使用导则》（GB 2894—2008）的安全色标。安全色标应由专人管理，作业条件变化或损坏时及时更换。

三、现场安全文明施工的具体措施

1. 脚手架工程

（1）本工程结构脚手架采用满堂红碗扣式脚手架，借助于整体电动提升爬架体系提升，架体高16.8m。脚手架外侧设置双层密目安全网。

（2）脚手架搭设的基本要求：横平竖直，整齐清晰，图形一致，结构牢固，有安全操作空间，不变形，不摇晃。立杆接头交错布置，将其对接接头错开，位于不同高度上，使立柱受荷载的薄弱截面错开。在脚手架的转角、端头及沿纵向每隔12m设十字撑，从底到顶连续布置。斜撑采用单钢管，钢管与地面呈45°～60°。

（3）立柱接杆、扶手接长应用对接扣件，不宜采用旋转扣件。大、小横杆与立柱连接，扶手与立柱连接采用直角扣件。剪刀撑和斜撑与立杆和大横杆的连接应采用旋转扣件。剪刀撑的纵向接长应采用旋转扣件，不宜采用对接扣件，所有扣件开口必须向外，防止闭口缝的螺栓钩挂操作者的衣裤，影响操作和造成事故。

（4）在搭设脚手架时，每完成一步都要及时校正立柱的垂直度和大、小横杆的水平度，使脚手架的步距、横距、纵距始终保持一致。其搭设进度一般应高于施工面一步，使操作面上的施工人员有可靠的安全围护。

（5）建筑物出入口处设置安全隔离防护，在出入口处的外侧设双层防护棚以保护人员出入安全。

2. 高处作业

（1）从事高处（空）作业的人员，要定期体检，凡有高血压、心脏病、贫血病、精神病等不适应高处作业的人员，禁止攀高作业。

（2）防护用品穿戴整齐，裤脚要扎住，戴好安全帽，不穿光滑的硬底鞋，要有足够强度的安全带，并将绳子牢系在坚固的建筑结构上或金属结构架上。

（3）高处作业所用的工具、零件、材料等必须装入袋内，不得在高处往下投扔材料或工具等，不得将易滚滑的工具、材料堆在脚手架上，不准打闹，工作完毕，应及时清理工具、零星材料等。

（4）如靠近电源线路作业，应先联系停电，确认停电后方可工作，并设置绝缘挡板，作业者最少离开电线2m以外。

（5）登高前必须办理登高作业许可证，施工负责人对全体人员进行现场安全教育（特殊高空作业）。

（6）严禁坐在高处无遮拦处休息、睡觉，防止坠落。

3. 基坑支护

本工程按照地质资料，土质较好且无地下水，因而基坑支护按照施工组织设计中的基础施工措施执行；基坑周边按照临边防护的相关要求实施；对地表渗水及雨水设明沟排水；基坑施工作业人员上下设置专用通道以确保安全。

4. 模板工程

（1）模板配制应保证工程结构和构件各部分形状尺寸和相互位置准确；具有足够的承载能力、刚度和稳定性，能可靠地承受新浇筑混凝土的自重和侧压力，以及在施工过程中所产生的荷载。构造简单、装拆方便，并便于钢筋的绑扎、安装和混凝土的浇筑、养护等。施工中梁、板、柱主要采用竹胶大模板，以其他模板为辅。

（2）非承重模板（墙、柱、梁侧模）拆除时，结构混凝土强度不低于1.2MPa。

（3）承重模板（梁板底模）的拆除时间见表9-2。

表9-2 承重模板（梁板底模）的拆除时间

结构名称	结构跨度/m	达到混凝土标准强度的百分比/%
板	≤2	50
	>2且≤8	75

续表

结构名称	结构跨度/m	达到混凝土标准强度的百分比/%
梁	≤8	75
	>8	100
悬臂构件	≤2	75
	>2	100

（4）拆除顺序：先支后拆，后支先拆，先拆非承重模板，后拆承重模板。

（5）拆除跨度较大的梁底模时，从跨中开始分别拆向两端。

（6）拆模时不要用力过猛，拆下的木模要及时运走，清理干净，按规格分类堆放整齐。

5. 安全保护措施

（1）安全帽。进入施工现场必须按照规定戴好安全帽，每顶安全帽必须有检验部门批量验证和工厂检验合格证。

（2）安全网。

① 为了防止落物和减少污染，采用密目安全网对建筑物进行封闭。

② 每张安全网出厂前，必须有国家指定的监督检验部门批量验证和工厂检验合格证。

（3）安全带。

工地内从事独立悬空作业的人员，必须按照规定佩戴安全带，安全带应符合相应质量标准。

（4）预留洞口。

① 边长或直径 20～25cm 的洞口，可利用混凝土板内钢筋或固定盖板防护。

② 边长或直径 60～150cm 的洞口，可用混凝土板内钢筋贯穿洞径，网格一般不得大于 20cm。

③ 边长或直径 150cm 以上的洞口，四周应设护栏，洞口下张安全网，按栏高 1m 设两道水平杆。

④ 预制构件的洞口（包括缺件临时形成的洞口），参照上述规定防护或架设脚手板、满铺竹笆，固定防护。

（5）楼梯口。

① 分层施工楼梯口应装临时防护。

② 梯段边设临时防护栏杆（用钢管）。

③ 顶层楼梯口应随施工安装正式栏杆或临时防护栏杆。

④ 临边防护经有关部门验收后，方可使用。

6. 施工用电

（1）编制临时用电施工组织设计和制定安全用电技术措施及电气防火措施。

（2）室外线路的安全距离，必须符合《施工现场临时用电安全技术规范》（JGJ 46—2005）的具体规定。

（3）接地与接零保护系统采用 TN-S 系统。保护零线与工作零线不能混接。

（4）配电箱、开关箱符合"三级配电两极保护"和"一机、一闸、一漏、一箱"的要求，电箱要有门、有锁、有防雨措施。

（5）照明专用电路要有漏电保护，室内线路及灯具安装高度不得低于 2.4m，潮湿作业作用 36V 以下安全电压。

（6）配电线路的电线不得老化、破皮，应使用五芯线或电缆。

（7）不能用其他金属丝代替熔丝。

（8）用电档案应内容齐全，由专人管理，电工巡视维修记录填写真实。

7. 塔式起重机

（1）塔式起重机的指挥人员必须经过培训取得合格证后，方可担任指挥。作业时指挥人员应与操作人员密切配合。操作人员应严格执行指挥人员的信号，当信号不清或错误时，操作人应拒绝执行。如果由于指挥失误而造成事故，应由指挥人员负责。

（2）塔式起重机作业时，重物下方不得有人停留或通过。严禁用吊篮载运人员。

（3）起重机械必须按规定的起重性能作业，不得超载荷和起吊不明重量的物件。在特殊情况下需超载荷使用时，必须有保证安全的技术措施，经企业技术负责人批准，有专人在现场监护，方可起吊。

（4）起吊重物时绑扎应平稳、牢固，不准斜拉斜吊物品，不准抽吊交错挤压物品，不准起吊埋在土里或冻黏在地上的物品，不得在重物上堆放或悬挂零星物件。

（5）司机必须认真做好起重机的使用、维修、保养和交接班的记录工作，定期对机械进行维修保养，做好设备"十字"作业（清洁、润滑、调整、紧固、防腐）。

8. 防火安全

（1）工地建立防火责任制，职责明确。按规定设专职防火干部和专职消防员，建立防火档案并正确填写。

（2）按规定建立义务消防队，有专人负责，订出教育训练计划和管理办法。

（3）重点部位（危险仓库、油漆间、木库、木工间等）必须建立安全规定，有专人管理，落实责任。按要求设置警告标志，配置相应的消防器材。

（4）建立动用明火审批制，按规定划分级别，明确审批手续，并有监护措施。

（5）一般建筑各楼层、非重点仓库及宿舍，明确用火审批手续，并有监护措施。

（6）焊割作业应严格执行"十不烧"及压力容器使用规定。

（7）危险品押运人员、仓库管理人员和特殊工种人员必须经培训和审证，做到持有效证件上岗。

四、确保文明施工的环境管理措施

1. 场内规划

（1）场内道路采用 C20 以上混凝土浇筑，厚度不小于 10cm，其宽度不小于 3.0m，办公室前面栽种花草，办公室外面设置××市"文明公约和十不准"规定牌等。

（2）施工现场道路平整，不得用模板、木板垫路。

（3）道路的两边设置防护栏杆，高度 1.2～1.5m，采用警示色标（红白相隔）。

（4）施工现场人员在施工现场必须佩证（工人的上岗证、管理人员胸卡）上岗。

（5）施工现场按施工平面布置图布置，西侧设置两幢不小于 $40m^2$ 二层活动房作为办公室，办公室墙壁上应悬挂安全责任牌、安全保证体系图、劳资纠纷处理程序图、安全消防文明施工领导小组成员牌、项目组织机构图、质量保证体系图、企业质量方针及目标牌、企业精神牌、防台防汛领导小组成员牌。办公室内保持清洁整齐，办公用品整齐堆放。

（6）办公室的活动房采用白色涂料刷白，办公室周围设置花坛。门窗框边刷蓝色边。墙应刷蓝底蓝头。

（7）施工现场悬挂警示牌、大幅宣传标语及宣传画。

（8）操作面及楼层的落地灰、砖渣废料必须做到工完场清，物尽其用。施工现场应有防尘防漏措施，建筑垃圾应集中堆放，及时清运。

2. 场具、料具管理

（1）各种材料、成品、半成品、机械设置的堆放位置应与施工平面布置图相符。

（2）现场的砂、砾石、碎石应分类堆放，砌 240cm×600cm 围墙隔断堆放，管材、竹竿、木杆、架板、模板、石料等分类堆放，并挂设标识牌。

（3）水泥库挂设产品标识牌，产品标识牌内容包括名称、品种、规格、数量、产地、使用性能、出厂日期、材质合格证号、检验状态。水泥按不同种类和等级堆放整齐，每堆不能超过 15 包。水泥库应有防潮、防雨水处理措施，水泥纸袋及时打捆归库。

（4）钢材按规格分类整齐，并挂设产品标识牌（标识牌内容同上），加工的半成品应分门别类搁置在物架上。

（5）现场材料库应设货架，分类摆好，挂设标签，库内整洁，行走道畅通。

（6）垂直运输设备（如塔式起重机）安装好后由公司安全科组织有关部门验收，并留记录，验收合格后方可使用。

（7）搅拌机、砂浆机、钢筋机械操作场、通道口、井架（龙门架）操作点、进料口等处应搭设防护棚，每天使用后的机具应洗干净，做好日常保养。

3. 环境卫生

（1）遵守国家、省市有关环境保护法律、条例、细则规定。在施工过程中采取有效的措施，控制施工现场的各种粉尘、废气、废水、固体废弃物，以及噪声、振动对环境的污染和危害。

（2）各楼层、操作层的建筑垃圾必须及时清运到指定地点。严禁从高处向下抛撒建筑垃圾；严禁将有毒、有害废弃物作场回填。

（3）施工现场男女厕浴地面采用防滑地板砖铺设。男厕浴设置 12 个蹲位，女厕浴设置 4 个蹲位，其余的部分刷白。室外配置 4 个洗衣池。

（4）厕所卫生应设专人负责，定期进行冲刷清理、消毒，防止蚊鼠滋生。

（5）项目部设置职工食堂、工人食堂。食堂内周边采用白色面砖贴墙，高度 1.5m，地面用防滑地板砖铺设。餐厅地面用水泥砂浆找平，厅内其余的部位采用白色添料刷白。

（6）食堂内设置冰箱、消毒柜、灭蚊器等设备，安装纱门和纱窗及通风、排气、排污水设施。

（7）炊事用具应清洁卫生，食品贮藏柜和菜饭应生、熟分开并有标记。

（8）炊事人员应持证（健康证）上岗，穿戴好工作服、帽子，做到"三白"（白衣、白帽、白口罩），并保持清洁整齐，做到文明操作，不赤臂，不光脚，禁止随地吐痰，炊事人员必须做好个人卫生，要坚持"四勤"（勤理发、勤洗澡、勤换衣、勤剪指甲），炊事员和食堂管理人员应每年进行一次健康检查。

(9) 职工食堂配备面积为 7m×17.2m，工人食堂餐厅为 34.2m×12.59m。食堂配置简易的桌凳，同时设有专用保温水桶，水桶加盖加锁并有标识。食堂配置垃圾桶（或垃圾篓子），严禁乱丢废物和剩饭剩菜。

(10) 食堂周围的场地平整、清洁、排污水畅通，定期灭蚊、灭鼠、灭菌，专人管理，达到有关卫生规定。

(11) 宿舍内通风良好，电源线、电灯、插头均符合安全有关标准，每间宿舍照明灯泡控制在每 8 人用 1 个 36V 的灯泡。

(12) 宿舍内日常用品要放置在指定的地方，整齐有序，衣物被裤折叠整齐，鞋类摆好，室外设置晾衣区，不得在室内晾衣物。

本章小结

本章详细阐述了职业健康安全与环境管理的具体内容，包括概述、安全管理的具体措施、施工项目职业健康安全隐患和事故、施工项目文明施工和施工项目现场管理。

概述中介绍了施工项目职业健康安全与环境管理体系产生的背景及体系内容。

安全管理的具体措施有建立职业健康安全生产责任制、完善安全生产管理体制、进行职业健康安全教育培训、进行职业健康安全技术交底、进行职业健康安全检查。

在施工项目职业健康安全隐患和事故中介绍了安全事故的分类以及职业健康安全事故处理的程序。

施工项目文明施工的内容有文明施工的意义、基本要求以及文明施工的具体内容。

施工项目现场管理包括现场管理的概念和内容及现场环境保护、现场环境卫生管理、现场消防保安管理等。

本章的教学目标是使学生熟悉职业健康安全与环境管理的具体措施，通过案例来了解实践中编制相关内容的一些基本要求。

习 题

一、单选题

1. 一次事故中死亡 3 人以下的事故称为（　　）。
   A. 一般事故　　　　　　　　B. 特别重大事故
   C. 死亡事故　　　　　　　　D. 重大事故
2. 防止噪声污染的最根本措施是（　　）。
   A. 从声源上降低噪声　　　　B. 采用隔声装置
   C. 从传播途径上控制　　　　D. 对接收者进行防护
3. 施工安全技术交底就是在建设工程施工前，由（　　）向施工班组和作业人员进行有关工程安全施工的详细说明，并由双方签字确认。
   A. 项目部的技术人员　　　　B. 设计单位代表
   C. 监理工程师　　　　　　　D. 项目部的预算人员

4. 关于现场文明施工基本要求的说明，不正确的是（　　）。
   A. 在车辆、行人通行的地方施工，应当设置施工标志，并对沟、井、坎、穴进行覆盖
   B. 施工现场的管理人员在施工现场应佩带证明其身份的证卡
   C. 施工现场必须设置明显的标牌，业主单位负责现场标牌的保护工作
   D. 应当做好施工现场安全工作，采取必要的防盗措施，在现场周边设立围护
5. 发生安全事故后，首先应该做的工作是立即（　　）。
   A. 进行事故调查　　　　　　B. 对事故责任者进行处理
   C. 编写事故调查报告并上报　　D. 抢救伤员，排除险情
6. 所有新员工必须经过三级安全教育，即（　　）。
   A. 进公司教育、进项目教育、进班组教育
   B. 进厂教育、进车间教育、上岗教育
   C. 厂领导教育、项目经理教育、班组长教育
   D. 厂领导教育、生产负责人教育、项目经理教育

二、多选题

1. 建设工程职业健康安全事故处理的原则包括（　　）。
   A. 事故原因不清楚不放过
   B. 事故责任者和员工没有受到教育不放过
   C. 事故责任者没有处理不放过
   D. 没有制定防范措施不放过
   E. 事故没有受到调查不放过
2. 属于安全检查主要内容的选项有（　　）。
   A. 查制度　　　B. 查思想　　　C. 查整改
   D. 查施工现场　　E. 查事故处理
3. 伤亡事故按受伤性质可分为（　　）。
   A. 轻伤、重伤、死亡　　　　B. 电伤、挫伤、割伤、擦伤
   C. 刺伤、撕脱伤、扭伤　　　D. 物体打击、火灾、机械伤害
   E. 倒塌压埋伤、冲击伤

三、简答题

1. 试述何为职业健康安全与环境管理以及它们的特点。
2. 施工项目职业健康安全管理的措施有哪些？
3. 试述职业健康安全事故的处理程序。
4. 施工项目文明施工包括哪些内容？

四、案例题

某综合楼为 4 层砖混结构。该工程施工时，在安装 3 层预制楼板时，发生墙体倒塌，先后砸断部分 3 层和 2 层楼板共 12 块，造成 3 层楼面上的一名工人随倒塌物一起坠落而死亡，直接经济损失 21 万元。经调查，该工程设计没有问题。施工时若按正常施工顺序，应先浇筑现浇梁，安装楼板后再砌 3 层的砖墙。实际施工中由于现浇梁未能及时完成，施工

中先砌了 3 层墙，然后预留楼板槽，槽内放立砖，待浇筑现浇梁后，再嵌装楼板，在嵌装楼板时，先撬掉槽内立砖，边安装楼板、边塞缝。在实际操作中，工人以预留楼板槽太小，楼板不好安装为理由，把部分预留楼板槽加大，并且也未按边安装楼板、边塞缝的要求施工。

问题：
（1）简要分析这起事故发生的原因。
（2）这起事故可认定为哪种等级？依据是什么？
（3）若需要对该事故进行现场勘查，应勘查哪些内容？

【分析】
（1）违反施工程序，擅自修改组织设计的规定，指定并实施了错误的施工方案是这起事故发生的主要原因；工人不按规定施工，扩大预留楼板槽且装板时不塞缝是这起事故发生的直接原因。

（2）按照《生产安全事故报告和调查处理条例》，可认定为一般事故。一般事故是指造成 3 人以下死亡，或者 10 人以下重伤，或者 1000 万元以下直接经济损失的事故。

（3）①做好事故调查笔录，内容包括发生事故的时间、地点、气象情况等；事故现场勘查人员的姓名、单位职务；勘查的起止时间、过程；现场破坏情况、状态、过程；设施设备损坏或异常情况，事故发生前后的位置；事故发生前的劳动组合，现场人员的具体位置和当时的行动；重要的物证特征、位置及检验情况等。②事故现场的实物拍照。③事故现场绘图。

第 10 章　施工项目合同管理

思维导图

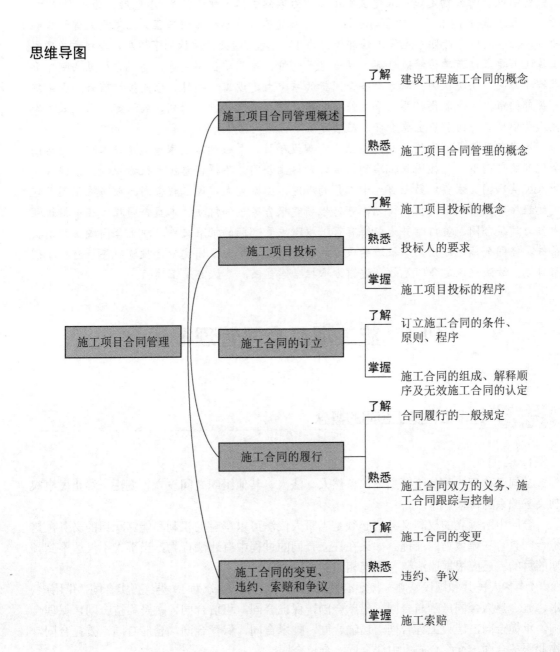

章节导读

某市拟建一个大型火车站,各有关部门组织成立建设项目工作组,在项目建议书、可行性研究报告、设计任务书等经相关部门审核后,向国家发展改革委申请国家重大建设工程立项。审批过程中,项目工作组以公开招标方式与3家中标的一级建筑单位签订《建设工程总承包合同》,约定该3家建筑单位共同为车站主体工程承包商,承包形式为一次包干,估算工程总造价18亿元。但合同签订后,国家发展改革委公布该工程为国家重大建设工程项目,批准的投资计划中主体工程部分仅为15亿元。因此,该计划下达后,委托方(项目工作组)要求建筑单位修改合同,降低包干造价,建筑单位不同意,委托方诉至法院,要求解除合同。法院认为,双方所签合同标的系重大建设工程项目,合同签订前未经国务院有关部门审批,未取得必要批准文件,并违背国家批准的投资计划,故认定合同无效,委托人(项目工作组)负主要责任,赔偿建筑单位损失若干。

本案车站建设项目属2亿元以上大型建设项目,并被列入国家重大建设工程,应经国务院有关部门审批并按国家批准的投资计划订立合同,不得任意扩大投资规模。根据《中华人民共和国民法典》第七百九十二条的规定,国家重大建设工程合同,应当按照国家规定的程序和国家批准的投资计划、可行性研究报告等文件订立。本案合同双方在审批过程中签订建筑合同,签订时并未取得有审批权限主管部门的批准文件,缺乏合同成立的前提条件,合同金额也超出国家批准的投资有关规定,扩大了固定资产投资规模,违反了国家计划,故法院认定合同无效,过错方承担赔偿责任,其认定是正确的。

10.1 施工项目合同管理概述

10.1.1 建设工程施工合同的概念

1. 合同

合同又称契约,是平等主体的自然人、法人、其他组织之间设立、变更、终止民事权利义务关系的协议。

合同中所确立的权利义务,必须是当事人依法可以享有的权利和能够承担的义务,这是合同具有法律效力的前提。如果在订立合同的过程中有违法行为,当事人不仅达不到预期的目的,还应根据违法情况承担相应的法律责任。

《中华人民共和国民法典》按照合同标的的特点将合同分为19类:买卖合同,供用电、水、气、热力合同,赠与合同,借款合同,保证合同,租赁合同,融资租赁合同,保理合同,承揽合同,建设工程合同,运输合同,技术合同,保管合同,仓储合同,委托合同,物业服务合同,行纪合同,中介合同,合伙合同。

2. 建设工程合同

建设工程合同是承包人进行工程建设、发包人支付价款的合同。

建设工程合同是一种双务、有偿合同。承包人的主要义务是进行工程建设，权利是得到工程价款。发包人的主要义务是支付工程价款，权利是得到完整、符合约定的建筑产品。建设工程合同也是一种诺成合同，合同订立生效后，双方应当严格履行。

建设工程合同按工程建设阶段，可以分为建设工程勘察合同、建设工程设计合同和建设工程施工合同等。建设工程勘察合同是发包人与勘察人就完成商定的勘察任务，明确双方权利义务的协议。建设工程设计合同是发包人与设计人就完成商定的工程设计任务，明确双方权利义务的协议。建设工程施工合同是发包人与承包人为完成商定的建设工程项目的施工任务，明确双方权利义务的协议。

3. 建设工程施工合同

建设工程施工合同（以下简称施工合同）即建筑安装工程承包合同，是建设工程的主要合同之一，是发包人与承包人为完成商定的建筑安装工程，明确双方权利和义务的协议。

施工合同的当事人是发包人和承包人，双方是平等的民事主体。施工合同有施工承包合同、专业分包合同和劳务作业分包合同之分。施工承包合同的发包人是建设工程的建设单位或项目总承包单位，承包人是施工单位。专业分包合同和劳务作业分包合同的发包人是取得施工承包合同的施工单位，一般仍称为承包人。而专业分包合同的承包人是专业工程施工单位，一般称为分包人。劳务作业分包合同的承包人是劳务作业单位，一般称为劳务分包人。

施工合同按计价方式，可以分为总价合同、单价合同和成本加酬金合同。总价合同是指投标人按照招标文件要求报一个总价，在总价下完成合同规定的全部项目。总价合同又分固定总价合同和变动总价合同两种。单价合同是指发包人和承包人在合同中确定每一个单项工程单价，结算按实际完成工程量乘以每项工程单价计算。成本加酬金合同是指成本费按承包人的实际支出由发包人支付，发包人同时另外支付一定数额或百分比的管理费和双方商定的利润。

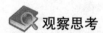

观察思考

总价合同、单价合同和成本加酬金合同，风险分别偏向于哪一方？这3种合同形式分别适用于哪种类型的项目？

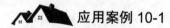

应用案例 10-1

【案例概况】

某施工单位根据领取的建筑面积为 $2000m^2$ 的两层厂房工程项目招标文件和全套施工图纸，采用低报价策略编制了投标文件并且中标。该施工单位于某年某月与建设单位签订了固定总价合同，合同工期为 8 个月。该工程采取的合同形式是否合适？

【案例解析】

合适。因为固定总价合同适用于施工条件明确、工程量能够较准确计算、工期较短、技术不太复杂、合同总价较低且风险不大的项目。该工程基本符合这些条件，故采用固定总价合同是合适的。

4. 建设工程施工合同的特点

建设工程施工合同有以下特点。

（1）合同主体的严格性。施工合同的主体一般只能是法人。发包人一般是经过批准的进行工程项目建设的法人，须有国家批准的建设项目，落实投资计划，并具备相应的协调能力。承包人必须具备法人资格，而且具备相应的从事工程施工的资质。无营业执照或无承包资质的单位不能作为建设工程施工合同的主体，资质等级低的不能越级承包建设工程。

（2）合同标的的特殊性。施工合同的标的是各类建筑产品，建筑产品是不动产，其基础部分与大地相连，不能移动，具有固定性特点。这就决定了每个施工合同的标的都是特殊的，相互间不可替代。另外，每一个建筑产品都需要单独设计和施工，即单件性生产，这也决定了施工合同标的的特殊性。

（3）合同履行时间长。建筑物的施工由于结构复杂、体积大、建筑材料类型多、工作量大，使得合同履行期限都较长。而且，施工合同的订立和履行一般都需要较长的准备期，在合同的履行过程中，还可能因为不可抗力、工程变更、材料供应不及时等原因而导致合同期限延长。所有这些情况，决定了施工合同履行时间长。

> **特别提示**
>
> 合同确定了工程项目的价格、工期、质量等目标，规定着合同双方的权利、义务和责任。合同管理是工程项目管理的一个重要组成部分，是工程项目管理的核心。

10.1.2 施工项目合同管理的概念

施工项目合同管理是对施工合同的编制、签订、实施、变更、索赔和终止等的管理活动。施工项目合同管理应遵循下列程序。

1. 合同订立

承包人对建设单位和建设项目进行了解和分析，对招标文件和合同条件进行审查、认定和评价，中标后还需与发包人进行谈判，双方达成一致意见后，即可正式签订合同。

2. 合同实施

施工合同签订后，承包人必须就合同履行做出具体安排，制订合同实施计划。合同实施计划应包括合同实施的总体策略、合同实施总体安排、工程分包策划以及合同实施保证体系的建立等内容。

承包人还应进行合同实施控制。合同实施控制包括合同交底、合同实施监督、合同跟踪、合同实施诊断、合同变更管理和索赔管理等工作。

3. 合同终止和综合评价

合同履行结束即合同终止。承包人在合同履行结束时，应及时进行合同综合评价，总结合同签订和执行过程中的得失利弊、经验教训，提出总结报告。

 知识链接

FIDIC 简介

FIDIC 是国际咨询工程师联合会的法文缩写。该联合会于 1913 年成立,是最有权威的咨询工程师组织,我国于 1996 年正式加入。

FIDIC 的各专业委员会编制了一系列规范性合同条件,构成了 FIDIC 合同条件体系。1999 年,FIDIC 又出版了 4 种新版合同条件:施工合同条件(简称新红皮书)、生产设备和设计——施工合同条件(简称新黄皮书)、设计采购施工(EPC)/交钥匙工程合同条件(简称银皮书)和简明合同格式(简称绿皮书)。

10.2 施工项目投标

10.2.1 施工项目投标的概念

施工项目投标是指投标人在获得招标信息后,按照招标人的要求,向招标人提交相应的投标文件,即向招标人提出自己的报价,以期获得该施工项目承包权的过程。

投标行为实质上是参与建筑市场竞争的行为,是众多投标单位综合实力的较量,投标单位通过竞争取得承包权。

> **特别提示**
>
> 招标投标是订立合同的一种主要方式。投标是建筑业企业取得承包合同的主要途径。投标关系着企业的兴衰存亡,参加投标不仅比报价,而且比技术、比实力、比信誉、比经验。

知识链接

施工项目招标的方式分为公开招标和邀请招标。公开招标是招标人以招标公告的方式邀请不特定的法人或者其他组织投标,只要达到公开要求的资质要求就可以参与投标;而邀请招标是招标人以投标邀请书的方式邀请特定的法人或者其他组织投标,但邀请投标单位要 3 家或 3 家以上。

小案例

2002 年,北京市规划委员会正式发布消息,采用公开招标的方式征集奥林匹克公园和五棵松文化体育中心的规划方案。

公开招标的消息公布后,很多建筑师对这种方式表示不理解。一位曾经参与过申奥规

划招标的设计师说，这是浪费，就像申奥时的招标一样，大家把方案拿出来之后选定几个，再由一家或几家设计单位综合这些方案，最后弄出一个面目全非的定稿，完全没有意义。不如请几家有实力的单位，采取邀请招标的方式，没有必要如此兴师动众。

另一位同样持反对态度的建筑师表示，悉尼奥运会和亚特兰大奥运会都没有采取公开招标的方式。一个城市有自己的历史，毕竟只有这个国家的建筑师和设计师最了解自己城市的历史背景和人文特色，才能作出最适合这个国家的规划方案。"人文奥运"是北京2008年奥运会的主要口号，外国设计师的作品在这样的大主题之下要么不会被采用，要么采用后还要由本土设计师重新加工。在这样紧迫的时间里，进行这些工作是非常大的浪费。

对于公开招标的原因北京市规划委员会工作人员做了如下解释。

第一，目前北京市政府重新规划奥林匹克公园和五棵松文化体育中心，现阶段还没有一个完整、明晰的思路，希望通过这种方式向全世界有才华的设计师、有能力的设计单位征集新想法，新思路。竞标的结果出来之后，肯定还要请一家或者几家设计单位来整合这些规划方案，才能最后确定。

第二，奥林匹克公园和五棵松文化体育中心的招标虽然采取公开方式，但是并不是所有前来报名的单位和个人都能参加招标，会选择那些具有一定资格、在体育场馆的建设方面有丰富的经验，同时还要了解北京的文化背景的设计单位参加招标。有这些条件作为基本的竞标因素，就会把一些不具备规划奥林匹克公园和五棵松文化体育中心能力的单位和建筑设计师淘汰掉，与邀请招标相比并不会增加工作量，反而可以获取更多的创意和想法。

第三，北京申奥成功之后，国际上有很多非常优秀的公司和北京市相关部门联系，希望参加奥运会场馆的设计和建设。如果采取邀请招标的方式，对于优秀的公司可能会在短时间内难以取舍。

第四，采用公开招标的方式在费用支出上和邀请招标相比不会增加，可能还会更加节省，更不会形成资金浪费。北京2008年奥运会曾经向世界承诺——北京将举办公开、公正、公平的奥运会，这个原则不会局限于体育比赛，还要贯彻到奥运会的每一个环节。公开招标正是体育场馆建设方面的这个原则的主要体现，也是现阶段最好的方式。

通过这个案例思考公开招标及邀请招标各自的优缺点，各适用于何种情况。

10.2.2 投标人的要求

投标人是指响应招标、参加投标的法人或者其他组织。参加投标活动必须具备一定的条件，不是任何法人或者其他组织都可以参加投标。对投标人有以下几点要求。

（1）投标人应当具备承担招标项目的能力。对于建筑业企业而言，这种能力主要体现在不同资质等级的认定上。参加建设工程施工投标的企业，应当持有依法取得的资质证书，并应当按照其资质证书所许可的范围进行投标。建筑业企业不得超越本企业资质等级许可的业务范围承揽工程。

（2）投标人不得相互串通投标报价；投标人不得与招标人串通投标；投标人不得以行贿的手段谋取中标；投标人不得以低于成本的报价竞标；投标人不得以他人名义投标或者以其他方式弄虚作假，骗取中标。

10.2.3 施工项目投标的程序

施工项目投标程序如图 10.1 所示。

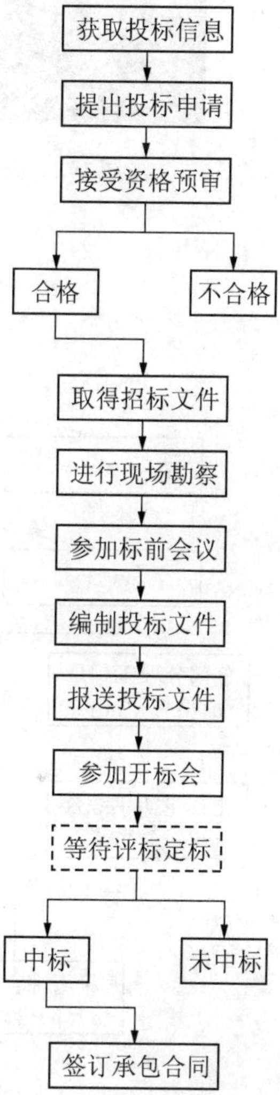

以下着重介绍施工项目投标程序中的几个重要内容。

1. 资格预审

对承包商来说,资格预审能否通过是投标过程中的第一关。只有资格预审合格,才能参加投标的实质性竞争。投标人在申报资格预审时,应注意以下事项。

(1) 要按业主的要求填写所有表格。

(2) 尽量突出自己的特长,如施工经验、施工技术、施工水平和施工组织管理能力等。

(3) 注意平时的资料积累,做好资料储存工作,以便随时调用。

知识链接

资格审查分为资格预审和资格后审,资格预审是在招标开始前审查,资格后审是在开标后审查。

2. 投标文件

投标文件是投标人根据招标人的要求及其拟定的文件格式填写的文件。它表明投标人的具体投标意见,关系着投标的成败及其中标后的盈亏。

投标文件是由一系列有关投标方面的书面资料组成的。投标文件一般包括下列内容:①投标书;②投标保证金;③商务标;④技术标;⑤其他资料。

3. 开标

投标人在编制和提交完投标文件后,应按时参加开标会。开标会由招标人或招标代理机构组织并主持,邀请所有投标人参加。开标应当在招标文件确定的提交投标文件截止时间的同一时间公开进行;开标地点应当为招标文件中确定的地点。开标时当众开封并宣读投标文件,但不解答任何问题。开标现场如图 10.2 所示,开标会如图 10.3 所示,建设项目施工投标工程量清单报价流程简图如图 10.4 所示。

图 10.1 施工项目投标程序

图 10.2 开标现场

图 10.3 开标会

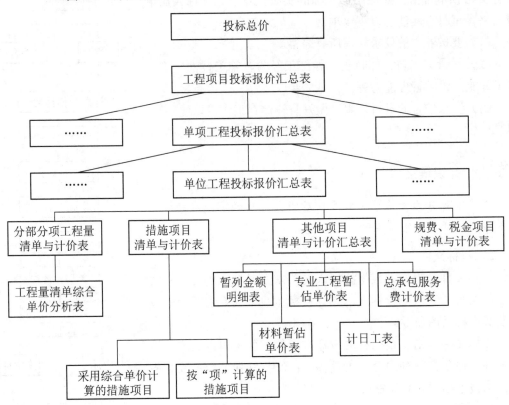

图 10.4 建设项目施工投标工程量清单报价流程简图

开标时如果发现有下列情况之一者,应宣布为废标:①逾期送达;②投标书未密封;③无单位和法定代表人或其代理人的印鉴;④未按规定的格式填写,内容不全或关键字迹模糊、无法辨认;⑤投标人未参加开标会;⑥投标人名称或组织机构与资格预审时不一致;⑦未按招标文件要求提交投标保证金;⑧联合体投标未附联合体各方共同投标协议。

观察思考

投标时施工单位可采取哪些技巧争取中标且尽可能多地获得利润?

 知识链接

建筑业企业资质等级

建筑业企业资质分为施工总承包、专业承包和劳务分包3个序列。每个序列按照工程性质和技术特点划分为若干资质类别，各资质类别各有其相应的等级。建筑业企业按照其拥有的注册资本、净资产、专业技术人员、技术装备和工程业绩等资质条件申请资质，经审查合格，取得相应等级的资质证书后，方可在其资质等级许可的范围内承揽工程。

10.3 施工合同的订立

合同是当事人之间的协议，合同的订立就是当事人就合同的内容经协商达成协议的过程。施工合同的订立，是合同当事人权利义务关系得以实现的前提条件。合同反映的是一个动态全过程，始于合同的订立，其后还会涉及合同的履行、变更、索赔、争议、违约责任等诸多环节。只有合同订立，才能启动这些环节。综上所述，合同的订立具有十分重要的意义。

10.3.1 订立施工合同的条件

（1）初步设计已经批准。
（2）工程项目已经列入年度建设计划。
（3）有能够满足施工需要的设计文件和有关技术资料。
（4）建设资金和主要建筑材料设备来源已经落实。
（5）招投标工程中标通知书已经下达。

10.3.2 订立施工合同的原则

1. 合法原则

订立施工合同，必须遵守国家法律、行政法规，也要遵守国家的建设计划和强制性的管理规定。只有遵守法律法规，施工合同才受国家法律的保护，合同当事人预期的经济利益目标才有保障。

2. 平等、自愿原则

合同的当事人都是具有独立地位的法人或组织，他们之间的地位平等，只有在充分协商取得一致的前提下，合同才有可能成立并生效。施工合同当事人一方不得将自己的意志强加给另一方，当事人依法享有自愿订立施工合同的权利，任何单位和个人不得非法干预。

3. 公平、诚实信用原则

发包人与承包人的合同权利、义务要对等而不能有失公平。施工合同是双务合同，双方都享有合同权利，同时承担相应的义务。在订立施工合同过程中，要求当事人诚实，实事求是地向对方介绍自己订立合同的条件、要求和履约能力，充分表达自己的真实意愿，不得有隐瞒、欺诈的成分。

10.3.3 订立施工合同的程序

合同的订立必须经过要约和承诺两个阶段。所谓要约是希望与他人订立合同的意思表示，所谓承诺是受要约人接受要约的意思表示。承诺生效时合同成立，也就是说承诺生效的时间即为合同成立的时间。

与一般合同的订立过程一样，施工合同的订立也应经过要约和承诺两个阶段。其订立方式有两种：直接发包和招标发包。这两种方式实际上都包含要约和承诺的过程。除某些特殊工程外，工程建设的施工都应通过招标、投标的方式选择承包人及签订施工合同。工程招标投标过程中，投标人根据发包人提供的招标文件在约定的报送期内发出的投标文件即为要约，招标人通过评标，向投标人发出中标通知书即为承诺。中标通知书发出30日内，中标人应与建设单位依据招标文件、投标文件等签订施工合同。签订合同的承包人必须是中标人，投标文件中确定的合同条款在签订时不得更改，合同价应与中标价相一致。如果中标人拒绝与建设单位签订合同，则建设单位将不再返还其投标保证金。

> **特别提示**
>
> 2019年对自2012年2月1日起施行的《中华人民共和国招标投标法实施条例》进行第三次修订，对投标保证金的规定做了相应修改，由原来的"投标保证金一般不得超过投标总价的2%，但最高不得超过80万元人民币。投标保证金有效期应当超出投标有效期三十天"，改为现在的"投标保证金不得超过招标项目估算价的2%。投标保证金有效期应当与投标有效期一致"。且增加了"依法必须进行招标的项目的境内投标单位，以现金或者支票形式提交的投标保证金应当从其基本账户转出"的限制条件。

10.3.4 施工合同的组成及解释顺序

1. 组成施工合同的文件

组成施工合同的文件主要有以下几种。

（1）施工合同协议书。施工合同协议书是契约的一种形式，通常比较简明，主要作为确定签约各方承担义务和拥有权利的文件。

（2）中标通知书。中标通知书是发包人通知承包人中标的函件，是合同文件的重要组成部分。

(3) 投标书及其附件。投标书是承包人按照招标文件要求的格式、内容编制提交的总价认可书，也是承包人按照其确定的价格和要求条件实施工程或服务的保证契约。

(4) 施工合同条款。施工合同条款是合同中最关键的文件，它具体规定了待实施项目的实施条件。施工合同条款包括专用合同条款和通用合同条款两部分，专用合同条款优先于通用合同条款。

(5) 施工技术标准、规范和图纸。

(6) 工程量清单。

(7) 工程报价单或预算书。

(8) 合同履行中，发包人、承包人有关工程的洽商、变更等书面协议或文件。

2. 施工合同文件的解释顺序

构成施工合同的上述文件应该互为解释，互相说明。当合同文件中出现不一致时，施工合同应遵循以下优先解释顺序：施工合同协议书、中标通知书、投标书及其附件、专用合同条款、通用合同条款、标准规范及有关技术文件、图纸、工程量清单、工程报价单或预算书。

当合同文件出现含糊不清或者当事人有不同理解时，按照合同争议的解决方式处理。

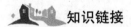 知识链接

施工合同示范文本

为规范建筑市场秩序，维护建设工程施工合同当事人的合法权益，住房和城乡建设部、工商总局（原）于 2017 年对《建设工程施工合同（示范文本）》（GF—2013—0201）进行了修订，制定了《建设工程施工合同（示范文本）》（GF—2017—0201）（以下简称《示范文本》）。《示范文本》由合同协议书、通用合同条款和专用合同条款 3 部分组成。

2003 年发布了《建设工程施工专业分包合同（示范文本）》（GF—2003—0213），该文件由协议书、通用条款和专用条款 3 部分组成，主要适用于施工专业分包合同。

2003 年发布了《建设工程施工劳务分包合同（示范文本）》（GF—2003—0214），规范了劳务分包合同的主要内容。

10.3.5 无效施工合同的认定

无效施工合同是指虽由发包人与承包人订立，但因违反法律规定而没有法律约束力，国家不予承认和保护，甚至要对违法当事人进行制裁的施工合同。具体而言，施工合同属下列情况之一的，合同无效。

(1) 没有从事建筑经营资格而签订的合同。

(2) 超越资质等级所订立的合同。

(3) 违反国家、部门或地方基本建设计划的合同。

(4) 未依法取得土地使用权而签订的合同。

(5) 未取得《建设用地规划许可证》而签订的合同。

(6)未取得或违反《建设工程规划许可证》进行建设、严重影响城市规划的合同。

(7)应当办理而未办理招标投标手续所订立的合同。

(8)非法转包的合同。

(9)违法分包的合同。

(10)采取欺诈、胁迫的手段所签订的合同。

(11)损害国家利益和社会公共利益的合同。

无效的施工合同自订立时起就没有法律约束力。合同无效后，因该合同取得的财产，应当予以返还；不能返还或者没有必要返还的，应当折价补偿。有过错的一方应当赔偿对方因此所受到的损失，双方都有过错的，应当各自承担相应的责任。

知识链接

协 议 书

发包人（全称）：_____

承包人（全称）：_____

依照《中华人民共和国民法典》（第三编 合同）、《中华人民共和国建筑法》，以及其他有关法律法规，遵循平等、自愿、公平和诚实信用的原则，双方就本建设工程施工事项协商一致，订立本合同。

一、工程概况

1. 工程名称：_____。

2. 工程地点：_____。

3. 工程立项批准文号：_____。

4. 资金来源：_____。

5. 工程内容：_____。

群体工程应附《承包人承揽工程项目一览表》。

6. 工程承包范围：

_____

_____。

二、合同工期

计划开工日期：_____年_____月_____日。

计划竣工日期：_____年_____月_____日。

工期总日历天数：_____天。工期总日历天数与根据前述计划开竣工日期计算的工期天数不一致的，以工期总日历天数为准。

三、质量标准

工程质量符合_____标准。

四、签约合同价与合同价格形式

1. 签约合同价为：

人民币（大写）_____（¥_____元）；

其中:
(1) 安全文明施工费:
人民币（大写）_____ （¥_____元）;
(2) 材料和工程设备暂估价金额:
人民币（大写）_____ （¥_____元）;
(3) 专业工程暂估价金额:
人民币（大写）_____ （¥_____元）;
(4) 暂列金额:
人民币（大写）_____ （¥_____元）。
2. 合同价格形式:_____。
五、项目经理
承包人项目经理:_____。
六、合同文件构成
本协议书与下列文件一起构成合同文件:
(1) 中标通知书（如果有）;
(2) 投标函及其附录（如果有）;
(3) 专用合同条款及其附件;
(4) 通用合同条款;
(5) 技术标准和要求;
(6) 图纸;
(7) 已标价工程量清单或预算书;
(8) 其他合同文件。
在合同订立及履行过程中形成的与合同有关的文件均构成合同文件组成部分。
上述各项合同文件包括合同当事人就该项合同文件所作出的补充和修改，属于同一类内容的文件，应以最新签署的为准。专用合同条款及其附件须经合同当事人签字或盖章。
七、承诺
1. 发包人承诺按照法律规定履行项目审批手续、筹集工程建设资金并按照合同约定的期限和方式支付合同价款。
2. 承包人承诺按照法律规定及合同约定组织完成工程施工，确保工程质量和安全，不进行转包及违法分包，并在缺陷责任期及保修期内承担相应的工程维修责任。
3. 发包人和承包人通过招投标形式签订合同的，双方理解并承诺不再就同一工程另行签订与合同实质性内容相背离的协议。
八、签订时间
本合同于_____年_____月_____日签订。
九、签订地点
本合同在_____签订。
十、补充协议
合同未尽事宜，合同当事人另行签订补充协议，补充协议是合同的组成部分。

十一、合同生效

本合同自_____生效。

十二、合同份数

本合同一式____份，均具有同等法律效力，发包人执____份，承包人执____份。

发包人：　　（公章）　　　　　　承包人：　　（公章）
法定代表人或其委托代理人：　　　法定代表人或其委托代理人：
（签字）　　　　　　　　　　　　（签字）

组织机构代码：_____　　　组织机构代码：_____
地　　址：_____　　　　　地　　址：_____
邮政编码：_____　　　　　邮政编码：_____
法定代表人：_____　　　　法定代表人：_____
委托代理人：_____　　　　委托代理人：_____
电　　话：_____　　　　　电　　话：_____
传　　真：_____　　　　　传　　真：_____
电子信箱：_____　　　　　电子信箱：_____
开户银行：_____　　　　　开户银行：_____
账　　号：_____　　　　　账　　号：_____

10.4　施工合同的履行

10.4.1　合同履行的一般规定

1. 合同履行的概念

合同履行是指合同当事人双方按照合同规定的内容，全面完成各自承担的义务，实现各自享有的合同权利。合同履行，可概括为完成合同的行为。合同的履行，就其实质来说，是合同当事人在合同生效后，全面地、适当地完成合同义务的行为。

2. 合同履行的原则

合同履行要遵循以下原则。

1）实际履行原则

实际履行原则即合同当事人按照合同规定的标的履行。除非由于不可抗力，否则签订合同当事人应交付和接受标的，不得任意降低标的物的标准、变更标的物或以货币代替实物。

2）全面履行原则

全面履行原则即合同当事人必须按照合同规定的标的、质量和数量、履行地点、履行价格、履行时间和履行方式等全面地完成各自应当履行的义务。

3）诚实信用原则

诚实信用原则即合同当事人在履行合同时，要诚实守信、以善意的方式履行义务，不得滥用权利、规避法律和曲解合同条款等。

4）协作履行原则

协作履行原则即合同当事人应团结协作，相互帮助，共同完成合同的标的，履行各自应尽的义务。

> **特别提示**
>
> 施工项目的实施过程实质上就是施工合同的履行过程。在工程施工阶段合同管理的基本目标是全面地完成合同责任，按合同规定的工期、质量、价格要求完成工程。履行合同，才能使合同顺利实施，确保工程圆满完成。

10.4.2 施工合同双方的义务

下面介绍在工程项目施工合同的履行过程中，施工合同当事人应承担的义务。

1. 发包人应承担的义务

（1）办理土地征用、拆迁补偿、平整施工场地等工作，使施工场地具备施工条件，在开工后继续负责解决以上事项遗留问题。

（2）将施工所需水、电、通信线路从施工场地外部接至合同约定地点，保证施工期间的需要。

（3）开通施工场地与城乡公共道路的通道，以及合同约定的施工场地内的主要道路，满足施工运输的需要，保证施工期间的畅通。

应用案例 10-2

【案例概况】

某工程项目，合同规定发包人为承包人提供三级公路标准的现场公路。由于发包人原因，现场公路在相当一段时间内未达到合同标准，承包人的车辆只能在路面块石垫层上行驶，造成轮胎严重超常磨损，故承包人提出轮胎及其他零配件的费用索赔共计59000元。这样要求这合理吗？

【案例解析】

合理。因为这是发包人应承担的义务，属于发包人违约，工程师应批准该项索赔。

（4）向承包人提供施工场地的工程地质和地下管线资料，对资料的真实准确性负责。

应用案例 10-3

【案例概况】

2021 年,某承包人投标获得一项管道铺设工程,根据标书中介绍,5 月中旬(当地旱季季尾)对该地区进行钻探,结果认为管道铺设位置在地下水位以上。工程于 8 月(当地雨季)开工,当挖掘深度 7.5m 的坑时,遇到了严重的地下渗水,不得不安装抽排水系统,抽排水系统运行长达 35d,承包人认为这是发包人提供的地质资料不实造成的,你认为应属于谁的责任?

【案例解析】

属于承包人的责任。本工程可以认为地质资料是真实的,因为钻探是在 5 月中旬进行,这正是当地旱季,而承包人工作又恰是在雨季进行,承包人应预先考虑到会有较高的水位,这种风险是一个有经验的承包人应该能够合理预见到的。并且承包人投标时也承认已考察过现场并了解现场情况,包括地表、地下水文条件,故属于承包人的责任。

(5)办理施工许可证及其他施工所需证件、批件,以及临时用地、停水、停电、中断道路交通、爆破作业等的申请批准手续(证明承包人自身资质的证件除外)。

(6)确定水准点与坐标控制点,以书面形式交给承包人,进行现场交验。

(7)组织承包人与设计单位进行图纸会审和设计交底。

(8)协调处理施工场地周围地下管线和邻近建筑物、构筑物(包括文物保护建筑)、古树名木的保护工作,承担有关费用。

(9)双方在合同中约定的发包人应做的其他工作。

发包人可以将上述部分工作委托承包人办理,具体内容由双方在合同中约定,费用由发包人承担。发包人不按合同约定完成以上义务,导致工期延误或给承包人造成损失的,赔偿承包人的有关损失,延误的工期相应顺延。

2. 承包人应承担的义务

(1)根据发包人委托,在其设计资质等级和业务允许的范围内,完成施工图设计或与工程配套的设计,经工程师确认后使用,发包人承担由此发生的费用。

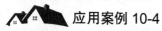 **应用案例 10-4**

【案例概况】

某工程在施工进行过程中发生了如下两个事件。

事件 1:因设计变更,某工作由招标文件中的 $300m^3$ 增加到 $350m^3$,合同中该工作的全费用单价为 110 元/m^3,合同规定超过了 10%的部分其单价调整为 100 元/m^3。

事件 2:为保证施工质量,乙方(施工方)在施工中将某工作原设计尺寸扩大,增加工程量 $15m^3$,该工作全费用单价为 128 元/m^3。

施工方就上述两个事件中超出的工程量进行索赔,能否得到批准?

【案例解析】

事件 2 不能得到批准,因为保证施工质量的技术措施费应由乙方承担。

事件 1 可以得到批准,因为设计变更是甲方的责任,索赔费用为 300×10%×110+[350−300×(1+10%)]×100=5300(元)

(2）向工程师提供年、季、月度工程进度计划及相应进度统计报表。

(3）根据工程需要，提供和维修非夜间施工使用的照明、围栏设施，并负责安全保卫。

(4）按合同约定的数量和要求，向发包人提供施工场地办公和生活的房屋及设施，发包人承担由此发生的费用。

(5）遵守政府有关主管部门对施工场地交通、施工噪声，以及环境保护和安全生产等的管理规定，按规定办理有关手续，并以书面形式通知发包人，发包人承担由此发生的费用，因承包人责任造成的罚款除外。

(6）已竣工工程未交付发包人之前，承包人按合同约定负责已完工程的保护工作，保护期间发生损坏，承包人自费予以修复；发包人要求承包人采取特殊措施保护的工程部位和相应的追加合同价款，双方在合同中约定。

(7）按合同约定做好施工场地地下管线和邻近建筑物、构筑物（包括文物保护建筑）、古树名木的保护工作。

(8）保证施工场地清洁符合环境卫生管理的有关规定，交工前清理现场达到合同约定的要求，承担因自身原因违反有关规定造成的损失和罚款。

(9）双方在合同中约定的承包人应做的其他工作。

承包人不履行上述各项义务，造成发包人损失的，应对发包人的损失给予赔偿。

10.4.3 施工合同跟踪与控制

合同签订以后，合同中各项任务的执行要落实到具体的项目经理部或具体的项目参与人身上，所以项目经理部或项目参与人即为合同执行者。合同执行者应对合同的履行情况进行跟踪、监督和控制，确保合同义务的完全履行。

1. 施工合同跟踪

对合同执行者而言，应该掌握合同跟踪的以下方面。

(1）合同跟踪的依据。合同跟踪的重要依据是合同以及依据合同而编制的各种计划文件；还要依据各种实际工程文件，如原始记录、报表、验收报告等；另外，还要依据管理人员对现场情况的直观了解，如现场巡视、交谈、会议、质量检查等。

(2）合同跟踪的对象。合同跟踪的对象主要有以下几类。

① 承包的任务。其内容具体为工程施工的质量是否符合合同要求；工程进度是否在预定期限内，工期有无延长；是否按合同要求完成全部施工任务；工程成本有无增加或减少。

② 工程小组或分包人的工程和工作。合同执行者可以将工程施工任务分解，交由不同的工程小组完成，或发包给专业分包完成，必须对这些工程小组或分包人及其所负责的工程进行跟踪检查，协调关系，提出意见、建议或警告，保证工程总体质量和进度。

③ 业主及其委托工程师的工作。业主是否及时、完整地提供了工程施工的实施条件，如场地、图纸、资料等；业主和工程师是否及时给予了指令、答复和确认等；业主是否及时并足额地支付了应付的工程价款。

2. 合同实施的偏差分析

通过合同跟踪，可能会发现合同实施中存在着偏差，应该及时进行偏差分析。合同实施偏差分析的内容主要包括以下方面。

1）产生偏差的原因分析

通过对合同执行实际情况与实施计划的对比分析，不仅可以发现合同实施的偏差，而且可以探索引起偏差的原因。

2）合同实施偏差的责任分析

责任分析即分析产生合同偏差的原因是由谁引起的，应由谁承担责任。责任分析必须以合同为依据，按合同规定落实双方的责任。

3）合同实施趋势分析

针对合同实施偏差情况，可以采取不同的措施，应分析在不同措施下合同执行的结果与趋势。分析的内容包括最终的工程状况，承包人将承担的后果，最终工程经济效益水平。

3. 合同实施偏差处理

根据合同实施偏差分析的结果，承包人应该采取相应的调整措施。

1）组织措施

增加人员投入，调整人员安排，调整工作流程和工作计划等。

2）技术措施

变更技术方案，采用新的高效率的施工方案等。

3）经济措施

增加投入，采取经济激励措施等。

4）合同措施

进行合同变更，签订附加协议，采取索赔手段等。

10.5 施工合同的变更、违约、索赔和争议

10.5.1 施工合同的变更

施工合同变更是指在工程施工过程中，根据合同约定对施工的程序，工程的内容、数量、质量要求及标准等作出的变更。

一般工程项目施工合同的变更遵循以下程序。

1. 提出施工合同变更

根据合同实施的实际情况，承包人、业主、监理方、设计方都可以提出合同变更。

2. 合同变更的批准

承包人提出的合同变更，应该由工程师审查并批准；设计方提出的合同变更，应该与业主协商或经业主审查并批准；业主提出的合同变更，涉及设计修改的应该与设计方协商，并一般通过工程师发出；监理方有发出合同变更的权利，一般会在施工合同中明确约定，通常在发出变更通知前应征得业主批准。

3. 变更指令的发出及执行

施工合同变更指令的发出有两种形式：书面形式和口头形式。一般情况下要求用书面形式发布变更指令，如果由于情况紧急而来不及发出书面指示，承包人应该根据合同规定，要求工程师书面认可。

根据工程惯例，除非工程师明显超越合同权限，承包人应无条件地执行变更指令。即使变更价款没有确定，或者承包人对工程师答应给予付款的金额不满意，承包人也必须一边进行变更工作，一边根据合同寻求解决办法。

10.5.2 违约

违约是指合同当事人不履行合同义务或履行义务不符合合同约定条件。当事人一方不履行合同义务或履行义务不符合合同约定的，应当承担违约责任。违约责任的承担方式有以下几种。

1. 继续履行

继续履行是当事人一方违约时，另一方不愿意解除合同，而坚持要求违约方履行合同约定的情形。违约方应根据对方的要求，在自己能够履行的条件下，对合同未履行部分继续履行。

2. 采取补救措施

采取补救措施是违约方所采取的旨在消除违约后果的补救措施。这种责任形式，主要发生在质量不符合约定的情况下。

3. 赔偿损失

违约方在履行义务或者采取补救措施后，对方还有其他损失的，应当赔偿损失。赔偿损失是违约方给对方造成损失时，依法或者根据合同约定赔偿对方所受损失的行为。损失赔偿额应相当于违约造成的损失。当违约相对方不采取措施致使损失扩大时，不得就扩大的损失请求赔偿。

4. 支付违约金

违约金是指当事人一方违反合同时应当向对方支付的一定数量的金钱或财物。合同当事人可以约定一方违约时应当根据违约情况向对方支付一定数额的违约金，也可以约定因违约产生的损失赔偿额的计算方法。

5. 执行定金罚则

定金是指合同当事人为了确保合同的履行，根据双方约定，由一方按合同标的额的一定比例预先给付对方的金钱或其他替代物。定金可以由当事人约定，但最高不得超过主合同标的额的 20%。定金罚则是指给付定金的一方不履行约定的债务的，无权要求返还定金；收受定金的一方不履行约定的债务的，应当双倍返还定金。

10.5.3 施工索赔

索赔是指在合同履行过程中，对于并非自己的过错，而是应由对方承担责任的情况造成的实际损失，向对方提出经济补偿和（或）工期顺延的要求。

广义地讲，索赔应当是双向的，既可以是承包人向业主提出的索赔，也可以是业主向承包人提出的索赔。一般称后者为反索赔。通常讲的施工索赔是狭义的索赔，是前者，即承包人向业主提出的索赔。

施工索赔是承包人由于非自身原因，发生合同规定之外的额外工作或损失时，向业主提出费用或时间补偿要求的活动。施工索赔是法律和合同赋予承包人的正当权利。承包人应当树立起索赔意识，重视索赔，善于索赔。表 10-1 所示为可以合理补偿承包人索赔的条款。

表 10-1 可以合理补偿承包人索赔的条款

主要内容	可补偿内容		
	工期	费用	利润
施工过程发现文物、古迹，以及其他遗迹、化石、钱币或物品	√	√	
承包人遇到不利物质条件	√	√	
发包人要求提前交付材料和工程设备		√	
发包人提供的材料和工程设备不符合合同要求	√	√	√
发包人提供基准资料错误，导致承包人返工或造成工程损失	√	√	√
发包人的原因造成工期延误	√	√	√
异常恶劣的气候条件	√		
发包人要求承包人提前竣工		√	
发包人原因引起的暂停施工	√	√	√
发包人原因造成暂停施工后无法按时复工	√	√	
发包人原因造成工程质量达不到合同约定验收标准的	√	√	√
监理人对隐蔽工程重新检查，经检验证明工程质量符合合同要求的	√	√	√
法律变化引起的价格调整		√	
发包人在全部工程竣工前，使用已接收的单位工程导致承包人费用增加		√	√
发包人的原因导致试运行失败的		√	√
发包人原因导致的工程缺陷和损失		√	√
不可抗力	√		

知识链接

不可抗力导致的人员伤亡、财产损失、费用增加和（或）工期延误等后果，由合同双方按以下原则承担。

（1）永久工程，包括已运至施工场地的材料和工程设备的损害，以及因工程损害造成的第三方人员伤亡和财产损失由发包人承担。

（2）承包人设备的损坏由承包人承担。

（3）发包人和承包人各自承担其人员伤亡和其他财产损失及其相关费用。

（4）承包人的停工损失由承包人承担，但停工期间应监理人要求照管工程和清理、修复工程的费用由发包人承担。

（5）不能按期竣工的，应合理延长工期，承包人不需支付逾期竣工违约金。发包人要求赶工的，承包人应采取赶工措施，赶工费用由发包人承担。

1. 施工索赔的分类

(1) 按索赔事件所处合同状态可分为正常施工索赔、工程停缓建索赔和解除合同索赔。
(2) 按索赔依据的范围可分为合同内索赔、合同外索赔和道义索赔。
(3) 按索赔的目的可分为工期索赔和费用索赔。
(4) 按索赔的处理方式可分为单项索赔和综合索赔。

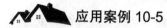应用案例 10-5

【案例概况】

已知某工程网络计划如图 10.5 所示。

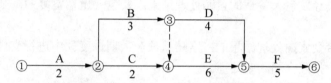

图 10.5 某工程网络计划（单位：天）

若由于业主的原因造成工作 B 延误 2 天，C 延误 1 天；因不可抗力事件使 D 延误 4 天；因施工机械故障使 F 延误 1 天。请问施工方该如何向业主提出索赔？

【案例解析】

处理工期索赔时，应首先区分拖延的工作是否为关键工作，如果延误的工作为关键工作，则总延误的时间为批准延续的工期；如果延误的工作为非关键工作，则应看该工作延误时间与总时差的关系：如果延误超过总时差则可以批准的时间为延误时间与总时差的差值；如果延误时间小于或刚好等于总时差，则不会影响总工期，故不得索赔工期。

该网络计划关键工作为 A、B、E、F。由于业主原因造成工作 B 延误 2 天，B 为关键工作，对总工期将造成 2 天的延误，故应向业主索赔 2 天。

由于工作 C 为非关键工作，有 1 天的总时差，即有 1 天的机动时间，故延误 1 天不会对工期造成影响，因而不应索赔。

不可抗力事件造成的工期拖延责任由业主承担，可进行索赔，D 延误 4 天，由于 D 为非关键工作，有 2 天的总时差，对总工期造成的延误为 4－2＝2（天），故可以向业主索赔 2 天。

F 虽为关键工作，但施工机械故障为施工方自身原因造成的拖延，故不应提出索赔。

2. 施工索赔的程序

依据《建设工程施工合同（示范文本）》（GF－2017－0201），承包人认为有权得到追加付款和（或）延长工期的，应按以下程序向发包人提出索赔。

(1) 承包人应在知道或应当知道索赔事件发生后 28 天内，向监理人递交索赔意向通知书，并说明发生索赔事件的事由；承包人未在前述 28 天内发出索赔意向通知书的，丧失要求追加付款和（或）延长工期的权利。

(2) 承包人应在发出索赔意向通知书后 28 天内，向监理人正式递交索赔报告；索赔报告应详细说明索赔理由以及要求追加的付款金额和（或）延长的工期，并附必要的记录和证明材料。

（3）索赔事件具有持续影响的，承包人应按合理时间间隔继续递交延续索赔通知，说明持续影响的实际情况和记录，列出累计的追加付款金额和（或）工期延长天数。

（4）在索赔事件影响结束后 28 天内，承包人应向监理人递交最终索赔报告，说明最终要求索赔的追加付款金额和（或）延长的工期，并附必要的记录和证明材料。

发包人对承包人索赔的处理如下。

（1）监理人应在收到索赔报告后 14 天内完成审查并报送发包人。监理人对索赔报告存在异议的，有权要求承包人提交全部原始记录副本。

（2）发包人应在监理人收到索赔报告或有关索赔的进一步证明材料后的 28 天内，由监理人向承包人出具经发包人签认的索赔处理结果。发包人逾期答复的，则视为认可承包人的索赔要求。

（3）承包人接受索赔处理结果的，索赔款项在当期进度款中进行支付；承包人不接受索赔处理结果的，按照合同约定处理。

索赔的一般程序如图 10.6 所示。

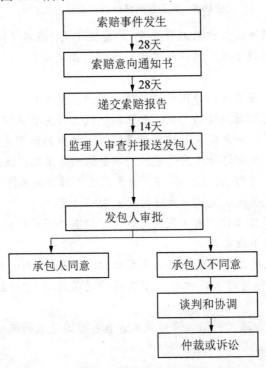

图 10.6　索赔的一般程序

10.5.4　争议

合同当事人在履行施工合同发生争议时，通常有和解、调解、仲裁和诉讼 4 种解决办法。

1. 和解

和解是指发生合同纠纷时，当事人在自愿友好的基础上，相互沟通、相互谅解，从而解决纠纷的一种方法。合同发生争议时，当事人应首先考虑通过和解的方式解决。事实上，在合同履行过程中，绝大多数争议都可以通过和解的方式解决。和解的办法简便易行、迅速及时，能避免当事人经济损失扩大，不伤和气，有利于合作和继续履行合同。

2. 调解

调解是指发生争议后，由第三者在查明事实、分清是非的基础上，采取说服动员的方法从中调和，使合同当事人双方相互谅解，由此解决争议的一种活动。

调解的主持人必须是合同当事人以外的第三者。调解的对象是经济争议或民事纠纷，不能是刑事案件。调解只能采取动员的办法，说服当事人平息争端，不能采取强制、欺骗、胁迫等手段。

3. 仲裁

仲裁是当事人双方在争议发生前或争议发生后达成协议，自愿将争议交给第三者做出裁决，并负有自动履行义务的一种解决争议的方式。这种争议解决方式必须是自愿的，因此必须有仲裁协议。

在国内外商事交往中，仲裁已成为公认的解决争议最有效的手段。仲裁的优越性主要体现在当事人双方的自治意思得到充分体现。仲裁一般不公开，且省时间、费用少。

当事人选择仲裁的，仲裁机构作出的裁决是终局的，具有法律效力，当事人必须执行。如果一方不执行，另一方可向有管辖权的人民法院申请强制执行。

4. 诉讼

诉讼是指合同当事人依法请求人民法院行使审判权，审理双方之间发生的合同争议，作出有国家强制保证实现其合法权益的审判，从而解决合同争议的活动。合同当事人如果未约定仲裁协议，则只能以诉讼作为解决争议的最终方式。

 知识链接

ADR 方式

在国际工程承包合同纠纷中，尤其是涉及较大项目的建筑施工纠纷，当事人普遍不愿意将纠纷提交诉讼，而是倾向于通过合同中规定的 ADR（替代争议解决方式）解决纠纷。国际工程承包合同争议解决常用的 ADR 方式有以下几种。

（1）仲裁。大型的建筑工程，特别是国际贷款项目，常常在合同中约定将纠纷提交有关国际仲裁机构，仲裁已广泛运用于国际工程承包合同。

（2）FIDIC 合同条件下的工程师准仲裁。工程师具有"准仲裁"的职能，在发包人和承包人发生纠纷时充当准仲裁员的角色。

（3）DRB（纠纷审议委员会）方式。其工作程序是现场访问、纠纷提交、听证会和解决纠纷建议书。

（4）NEC（新工程合同）裁决程序。该裁决程序包括早期预警程序、补偿事件程序、裁决人程序。

综合应用案例

【案例】

某建筑公司（乙方）于某年5月20日与某厂（甲方）签订了建筑面积为2800m²的工业厂房（带地下室）施工合同。乙方编制的施工方案和进度计划已获监理工程师批准。该工程的基坑施工方案规定：土方工程采用租赁一台斗容量为1m³的反铲挖掘机施工。甲、乙双方合同约定6月11日开工，6月20日完工。在实际施工中发生以下几项事件。

（1）事件1：因租赁的挖掘机大修，晚开工2天，造成人员窝工10工日。

（2）事件2：基坑开挖后，因遇软土层，接到监理工程师6月15日停工的指令，进行地质复查，配合用工15工日。

（3）事件3：6月19日接到监理工程师于6月20日复工的指令，6月20日—22日，因下罕见的大雨迫使基坑开挖暂停，造成人员窝工10工日。

（4）事件4：6月23日用30工日修复冲坏的永久道路，6月24日恢复正常挖掘工作，最终基坑于6月30日开挖完毕。

问题：

（1）简述施工索赔的程序。

（2）建筑公司对上述哪些事件可以向甲方要求索赔？哪些事件不可以要求索赔？并说明原因。

（3）每项事件工期索赔各是多少天？总计工期索赔是多少天？

【案例解析】

（1）施工索赔程序如下。

① 承包人应在知道或应当知道索赔事件发生后28天内，向监理人递交索赔意向通知书，并说明发生索赔事件的事由；承包人未在前述28天内发出索赔意向通知书的，丧失要求追加付款和（或）延长工期的权利。

② 承包人应在发出索赔意向通知书后28天内，向监理人正式递交索赔报告；索赔报告应详细说明索赔理由以及要求追加的付款金额和（或）延长的工期，并附必要的记录和证明材料。

③ 监理人应在收到索赔报告后14天内完成审查并报送发包人。监理人对索赔报告存在异议的，有权要求承包人提交全部原始记录副本。

④ 发包人应在监理人收到索赔报告或有关索赔的进一步证明材料后的28天内，由监理人向承包人出具经发包人签认的索赔处理结果。发包人逾期答复的，则视为认可承包人的索赔要求。

⑤ 承包人接受索赔处理结果的，索赔款项在当期进度款中进行支付；承包人不接受索赔处理结果的，按照合同约定处理。

⑥ 索赔事件具有持续影响的，承包人应按合理时间间隔继续递交延续索赔通知，说明持续影响的实际情况和记录，列出累计的追加付款金额和（或）工期延长天数。

⑦ 在索赔事件影响结束后28天内，承包人应向监理人递交最终索赔报告，说明最终要求索赔的追加付款金额和（或）延长的工期，并附必要的记录和证明材料。

（2）事件 1：索赔不成立。因为该事件发生原因属承包商自身责任。

事件 2：索赔成立。因为施工地质条件的变化是一个有经验的承包商所无法合理预见的。

事件 3：索赔成立。这是因特殊反常的恶劣天气造成工程延误。

事件 4：索赔成立。因恶劣的自然条件或不可抗力引起的工程损坏及修复应由业主承担责任。

（3）事件 2：索赔工期 5 天（6 月 15 日—19 日）。

事件 3：索赔工期 3 天（6 月 20 日—22 日）。

事件 4：索赔工期 1 天（6 月 23 日）。

共计索赔工期为：5＋3＋1＝9（天）。

本 章 小 结

首先，本章介绍了建设工程施工合同和合同管理的基本知识，如合同、建设工程合同、建设工程施工合同，以及施工项目合同管理的基本概念。建设工程施工合同即建筑安装工程承包合同，是建设工程的主要合同之一，是发包人与承包人为完成商定的建筑安装工程，明确双方权利和义务的协议。施工项目合同管理是对施工合同的编制、签订、实施、变更、索赔和终止等的管理活动。

其次，本章讲述了施工项目投标的基本理论，包括施工项目投标的概念、投标人的要求和投标程序。

再次，本章讲述了施工合同的订立，如订立施工合同的条件和原则，订立施工合同必须经过要约和承诺两个阶段，以及施工合同的组成及解释顺序。

从次，本章讲述了施工合同的履行，包括合同履行的概念和原则、发包人和承包人应承担的义务、施工合同跟踪、合同实施的偏差分析和合同实施偏差处理。

最后，本章阐述了施工合同的变更、违约、索赔和争议，如合同变更遵循的程序、违约责任的承担方式、施工索赔的分类及程序和争议的解决办法。

习 题

一、选择题

1. 施工项目合同管理应遵循的程序是（　　）。

　　A. 施工合同订立、评价、实施和终止

　　B. 施工合同评价、订立、实施和终止

　　C. 施工合同订立、实施、评价和终止

　　D. 施工合同订立、实施、终止和评价

2．下列排序符合投标程序的是（　　）。其中序号含义为：Ⅰ参加标前会议；Ⅱ取得招标文件；Ⅲ接受资格预审；Ⅳ编制投标文件。

  A．Ⅰ　Ⅱ　Ⅲ　Ⅳ　　　　　　B．Ⅲ　Ⅰ　Ⅱ　Ⅳ
  C．Ⅲ　Ⅱ　Ⅰ　Ⅳ　　　　　　D．Ⅰ　Ⅲ　Ⅱ　Ⅳ

3．不属于施工合同文件组成的是（　　）。

  A．投标须知　　　　　　　　　B．合同协议书
  C．合同通用条款　　　　　　　D．工程报价单

4．出现合同实施偏差，承包人采取的调整措施有（　　）。

  A．组织措施、技术措施、经济措施、管理措施
  B．组织措施、技术措施、经济措施、合同措施
  C．法律措施、技术措施、经济措施、管理措施
  D．组织措施、应急措施、经济措施、合同措施

5．施工合同变更是指在工程施工过程中，根据合同约定对（　　）、工程的内容、数量、质量要求及标准等作出的变更。

  A．施工程序　　B．施工环境　　C．施工规范　　D．施工措施

二、简答题

1．施工合同的特点有哪些？
2．什么情况下施工合同无效？
3．如何进行施工合同跟踪？
4．合同当事人在履行施工合同时发生争议，通常有哪几种解决办法？

三、案例题

背景：业主与某建筑公司（施工单位）就某工程建设项目签订了施工合同，合同中规定，在施工过程中，如因业主原因造成窝工，则人工窝工费和机械设备窝工费可按工日费和台班费的50%结算支付。工程按网络计划进行，其关键工作为A、E、H、I、J，非关键工作F的总时差为4天，G的总时差为5天。在计划实施过程中，发生以下事件，使得一些工作暂时停工（同一工作由不同原因引起的停工时间都不在同一时间）。

（1）因业主不能及时供应材料，使E延误3天，G延误2天，H延误3天。
（2）因机械发生故障维修，使E延误2天，G延误2天。
（3）因业主要求设计变更，使F延误3天。
（4）因公网停电，使F延误1天，I延误1天。

上述事件发生后，施工单位提出下列要求。

（1）工期顺延：E停工5天，F停工4天，G停工4天，H停工3天，I停工1天，共计要求工期顺延17天。

（2）经济损失索赔。

① 机械设备窝工费。

E工序塔式起重机：　（3+2）台班×240元/台班＝1200元
F工序搅拌机：　　　（3+1）台班×70元/台班＝280元
G工序小型机械：　　（2+2）台班×55元/台班＝220元
H工序搅拌机：　　　3台班×70元/台班＝210元

合计：机械设备窝工费 1910 元。
② 人工窝工费。
E 工序：5 天×30 人×28 元/工日＝4200 元
F 工序：4 天×35 人×28 元/工日＝3920 元
G 工序：4 天×15 人×28 元/工日＝1680 元
H 工序：3 天×35 人×28 元/工日＝2940 元
I 工序：1 天×20 人×28 元/工日＝560 元
合计：人工窝工费 13300 元。
问题：
1. 施工单位提出的工期顺延的索赔要求能否成立？为什么？
2. 施工单位提出的经济损失的索赔要求能否成立？为什么？

【分析】
1. 施工单位提出的工期顺延的索赔要求不成立，因为只有非施工单位原因造成的工期延误，才能给予补偿，工期顺延。

因业主原因：E 工作补偿 3 天，H 工作补偿 3 天。

因公网停电，I 工作延误 1 天。

应补偿的工期：3＋3＋1＝7 天。因此，工期顺延 7 天。

2. 施工单位提出的经济损失索赔的要求不成立，因为合同中规定，在施工过程中，如因业主原因造成窝工，则人工窝工费和机械设备窝工费可按工日费和台班费的 50%结算支付。

（1）机械设备窝工费。
E 工序塔式起重机：3 台班×240 元/台班×50%＝360 元
F 工序搅拌机：（3＋1）台班×70 元/台班×50%＝140 元
G 工序小型机械：2 台班×55 元/台班×50%＝55 元
H 工序搅拌机：3 台班×70 元/台班×50%＝105 元
合计：机械设备窝工费 660 元。

（2）人工窝工费。
E 工序：3 天×30 人×28 元/工日×50%＝1260 元
F 工序：4 天×35 人×28 元/工日×50%＝1960 元
G 工序：2 天×15 人×28 元/工日×50%＝420 元
H 工序：3 天×35 人×28 元/工日×50%＝1470 元
I 工序：1 天×20 人×28 元/工日×50%＝280 元
合计：人工窝工费 5390 元。

经济损失索赔合计：660＋5390＝6050（元）。

在线答题

第 11 章　施工项目风险管理

思维导图

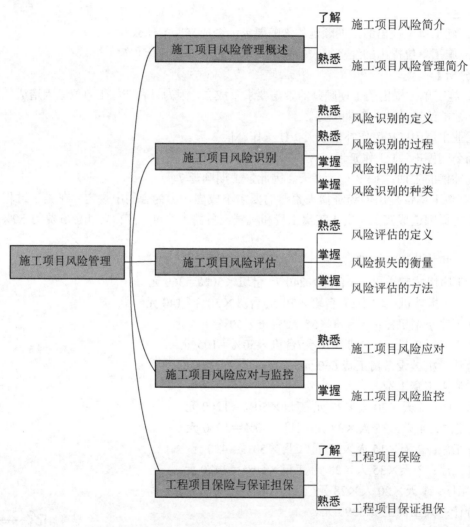

第11章 施工项目风险管理

章节导读

日常工作生活中的很多事件,都可以当作风险来管理。如有人要坐火车去外地出差,遇到雪天,就要比往常更早一点出发。若还是按照往常的时间出发,可能等了好长时间也没有出租车,即使有空车,也可能路上堵车好不容易到了火车站,火车可能已经开走了。这个例子告诉人们,在准备出行的时候,要考虑是否准备应急预案,是否启动相应的应对措施(如改换其他交通工具),等等。这就是一个很简单的风险管理案例。

而在一幢办公楼工程的施工项目管理中,项目经理部应考虑哪些风险因素?该项目经理部应如何进行风险识别、风险评估?该项目经理部应如何应对风险?

11.1 施工项目风险管理概述

11.1.1 施工项目风险简介

1. 风险的定义

风险是管理目的与实施结果之间的不确定性。风险包括负面(不利)风险和正面(有利)风险。负面风险往往是威胁,正面风险往往是机遇。

对施工项目管理而言,风险是指可能出现的影响项目目标实现的不确定因素。风险要具备两方面条件,一是不确定性,二是产生损失后果,否则就不能称为风险。因此,肯定发生损失后果的事件不是风险,没有损失后果的不确定性事件也不是风险。

> **知识链接**
>
> 祸兮福之所倚,福兮祸之所伏。孰知其极?其无正。古人云"天有不测风云",人们常说"风险无处不在,风险无时不有""风险会带来灾难,风险与机遇共存"。这说明风险具有客观性、存在的普遍性、损失性和不确定性的特征。风险是不以人的意志为转移的,人们应该具有风险意识。

2. 风险的分类

从不同角度,根据不同标准,可将风险分成不同的类型。

1)按风险来源划分

按风险来源的不同,可将风险分为自然风险和人为风险。

(1)自然风险。由于自然力的作用,造成财产毁损,或人员伤亡的风险属于自然风险。如水利工程施工过程中,因发生超标准洪水或地震,造成的工程破坏、材料及器材损失。

(2)人为风险。由于人的活动而带来的风险是人为风险。人为风险又可以分为行为风险、经济风险、技术风险、政治风险和组织风险等。

2)按风险后果划分

按风险后果的不同,可将风险分为纯粹风险和投机风险。

(1)纯粹风险:只有损失机会,而无获利可能的风险。风险导致的结果只有两种,即没有损失、造成损失。

(2)投机风险:既有损失机会又有获利可能的风险。进行投机而导致的结果有3种,即没有损失、有损失、获得利益。

3)按风险的对象划分

按风险的对象不同,可将风险分为财产风险、人身风险和责任风险。

(1)财产风险。财产风险是指财产所遭受的损害、破坏或贬值的风险。如设备、正在建设中的工程等,因自然灾害而遭到的损失。

(2)人身风险。人身风险是指由于疾病、伤残、死亡所引起的风险。

(3)责任风险。责任风险是指因个人或团体的疏忽或过失行为,造成他人的财产损失或人身伤亡,按照法律、契约应负法律责任或契约责任的风险。

4)按风险产生的原因划分

按风险产生的原因不同,可将风险分为政治风险、社会风险、经济风险、自然风险和技术风险。

(1)政治风险。政治风险主要是指项目所处的宏观环境的局势稳定性,项目建设和运营所受到的法律法规的约束和政策性调控影响,以及有关项目在审核批准过程中存在的各种不确定性。

(2)社会风险。社会风险主要是指项目所在地区的技术经济发展水平,以及对项目的支持配合力度、协作化程度,还有地区的社会治安状况。

(3)经济风险。经济风险在项目的全寿命周期内长期存在,影响频率高,交叉作用多见,原因较为复杂。经济风险主要有合同风险、建设成本风险、项目的竣工风险和税收政策的风险。

(4)自然风险。自然界气候的变化、灾害的发生和施工遇到的不良地质条件等不确定性因素,都是自然风险,自然风险是每个项目都无法避免的。

(5)技术风险。技术风险大多属于人为的风险。受知识水平所限,人们在进行预测、决策、评估和选择制定各种技术方案时必然产生相应不确定性,这种不确定称为技术风险。

11.1.2 施工项目风险管理简介

1. 施工项目风险管理的定义

施工项目风险管理是指对施工项目在整个建设周期中的风险因素进行识别、分析、评估,并制定防范对策等一系列管理过程,其采取的方法应符合公众利益、人身安全、环境保护以及有关法规的要求。施工项目组织应建立风险管理制度,明确各层次管理人员的风险管理责任,管理各种不确定因素对施工项目的影响。

2. 风险管理与项目管理的关系

风险管理是项目管理的一部分,其目的是保证项目总目标的实现。风险管理注重对意外事件、突发事件及容易造成重大损失的事件的预测、防范、应对和控制，而项目管理则是日常的管理，管理范围更大，内容更多，管理内容更为细致。

3. 施工项目风险管理的工作流程

施工项目风险管理的工作流程包括风险识别、风险评估、风险应对和风险监控。

1）风险识别

施工项目管理组织应识别施工项目实施过程中的各种风险，识别施工项目风险应遵循下列程序：收集与施工项目风险有关的信息，确定风险因素，编制施工项目风险识别报告。

2）风险评估

施工项目管理组织应按下列内容进行风险评估：风险因素发生的概率，风险损失量或效益水平的估计，风险等级评估。

3）风险应对

常用的风险应对策略应包括风险规避、风险减轻、风险自留、风险转移及其组合等。

4）风险监控

在整个项目进程中，施工项目管理组织应收集和分析与项目风险相关的各种信息，获取风险信号，预测未来的风险并提出预警，预警应纳入项目进展报告，同时根据需要制订应急计划。

> **知识链接**
>
> 风险因素、风险事件、损失与风险之间的关系如图 11.1 所示。

图 11.1　风险因素、风险事件、损失与风险之间的关系

有学者形象地用"多米诺骨牌理论"来描述图 11.1 中各张"骨牌"之间的关系，即风险因素引发风险事件，风险事件导致损失，而损失所形成的结果就是风险，一旦风险因素这张"骨牌"倾倒，其他"骨牌"都将相继倾倒。因此，为了预防风险、降低风险损失，就需要从源头上抓起，力求使风险因素这张"骨牌"不倾倒，同时尽可能提高其他"骨牌"的稳定性，即在前一张"骨牌"倾倒的情况下，其后的"骨牌"仅仅是倾斜而不倾倒，或即使倾倒，也表现为缓慢倾倒而不是迅即倾倒。

11.2　施工项目风险识别

11.2.1　风险识别的定义

风险识别是施工项目风险管理的第一步，也是风险管理的基础。风险识别是指风险管理人员在收集资料和调查研究之后，运用各种方法对尚未发生的潜在风险及客观存在的各种风险进行系统归类和全面识别。风险识别的主要内容：识别引起风险的主要因素，识别风险的性质，识别风险可能引起的后果。

11.2.2 风险识别的过程

识别风险的过程包括对所有可能的风险事件来源和结果进行客观的调查分析，最后形成项目风险清单，具体可将其分为5个环节，如图11.2所示。

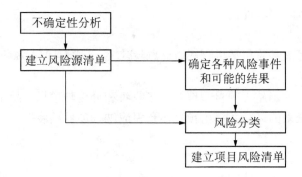

图 11.2 风险识别的过程

1．不确定性分析

影响施工项目的因素很多，且许多是不确定的。风险管理首先要对这些不确定因素进行分析，识别其中有哪些不确定因素会使施工项目发生风险，分析潜在损失的类型或危险的类型。

2．建立风险源清单

在对施工项目不确定因素分析的基础上，将不确定因素及其可能引发的损失类型或危险性类型列入清单，作为进一步分析的基础。对每一种风险来源均要作文字说明，说明中一般要包括风险事件的可能后果，风险事件发生时间的估计和风险事件预期发生次数的估计。

3．确定各种风险事件和可能的结果

根据风险源清单中各风险源，推测可能发生的风险事件，以及相应风险事件可能出现的损失。

4．风险分类

根据施工项目的特点，按风险的性质和可能的结果及彼此间可能发生的关系对风险进行分类。在工程项目的实施阶段，其风险分类见表11-1。

对风险进行分类的目的：一方面是加深对风险的认识和理解；另一方面是进一步识别风险的性质，从而有助于制定风险管理的目标和措施。

表 11-1　工程项目实施阶段风险分类

业主风险	承包人风险	业主和承包人共担风险	未定风险
征地； 现场条件； 及时提供完整的设计文件； 提供现场出入道路； 施工许可证； 政府法律规章的变化； 建设资金及时到位； 工程变更	工人和施工设备的生产效率； 施工质量； 人力、材料和施工设备的及时供应； 施工安全； 材料质量和材料涨价； 技术和管理水平； 实际工程量； 劳资纠纷	财务收支； 合同变更协商与谈判； 合同延误	不可抗力； 第三方延误

5. 建立项目风险清单

按施工项目风险的大小或轻重缓急，将风险事件列成清单，不仅能给人们展示出工程项目面临的总体风险情况，而且把全体项目管理人员统一起来，使各人不仅考虑到自己管理范围内所面临的风险，而且也了解到其他管理人员所面临的风险，以及风险之间的联系和可能的连锁反应。项目风险清单的编制一般应在风险分类、分组的基础上进行，并对风险事件的来源、发生时间、发生的后果和预期发生的次数作出说明。

11.2.3　风险识别的方法

1. 检查表

检查表是有关人员利用他们所掌握的知识设计而成的。检查表的优点是它使风险能按照系统化、规范化的要求去识别，且简单易行；它的不足之处是专业人员不可能编制一个包罗万象的检查表，因而其具有一定的局限性。检查表应尽可能详细列举项目面临的所有的风险类别，见表 11-2。

表 11-2　检查表

风险因素	检查内容
设计	设计内容是否齐全，有无缺陷、错误、遗漏； 是否符合规范要求； 是否考虑施工的可能性
施工	施工工艺是否落后； 施工技术方案是否合理； 采用的新方法、新技术是否成熟； 施工安全措施是否得当； 是否考虑了现场条件
自然与环境	是否有洪水、地震、台风、滑坡等不可抗拒的自然力发生； 对工程地质与水文、气象条件是否清楚； 施工对周围环境有何影响
人员	所需人员是否到位； 对项目目标及分工是否明确； 关键成员变动或离开时有何措施

续表

风险因素	检查内容
资金	资金是否到位,万一资金不到位有何应对措施; 有无费用控制措施
管理	项目是否获得明确的授权; 能否与项目利益相关者保持良好的沟通; 是否具备有效的激励与约束机制
合同	合同类型的选择是否得当; 合同条款有无遗漏; 项目成员在合同中的责任、义务是否清楚; 索赔管理是否有力
物资供应	项目所需物资能否按时供应; 出现规格、数量、质量问题时如何解决
组织协调	上级部门、业主、设计、施工、监理等各方如何保持良好的协调

2. 头脑风暴法

头脑风暴法是最常用的风险识别方法,它借助专家的经验,通过会议方式去分析和识别项目的风险。会议的领导者要善于发挥专家和分析人员的创造性思维,让他们畅所欲言,发表自己的看法,对风险源进行识别,然后根据风险类型进行风险分类。头脑风暴法是通过专家创造性的思考来产生大量的观点、问题和议题的方法。其特点是多人讨论、集思广益,可以弥补个人判断的不足,常采取专家会议的方式来相互启发、交换意见,使风险识别更加细致、具体,常用于目标比较单纯的议题,如果涉及面较广、包含因素多,可以分解目标,再对单一目标或简单目标使用本方法。

3. 德尔菲法

德尔菲法是邀请专家匿名参加项目风险分析,主要通过信函方式来进行。调查员使用问卷方式征询专家对项目风险方面的意见,再将问卷意见整理、归纳,并匿名反馈给专家,以便进行进一步的讨论。这个过程经过几个回合后,可以在主要的项目风险上达成一致意见。德尔菲法采用背对背的方式对专家进行调查,其特点是避免了集体讨论中的从众性倾向,更代表专家的真实意见。

应用德尔菲法应注意以下问题:

(1) 专家人数不宜太少,一般10~50人为宜。

(2) 对风险的分析往往受组织者、参加者的主观因素影响,因此有可能发生偏差。

(3) 预测分析的时间不宜过长,时间越长准确性越差。

4. VR 情景分析法

VR 情景分析法是一种虚拟现实沉浸式体验分析法。根据施工项目的背景及发展的趋势,预先设计出多种未来的情景;结合 BIM 信息技术和 VR 虚拟技术,通过虚拟体验的形式对项目风险进行识别和预测。这种方法特别适用于提醒决策者注意某种措施和政策可能引起的风险或不确定性的后果;建议进行风险监视的范围;确定某些关键因素对未来进程的影响;提醒人们注意某种技术的发展会给人们带来的风险。VR 情景分析法是一种适用于对可变因素较多的项目进行风险预测和识别的系统技术,它在假定关键影响因素有可能发生的基础上,构造模拟多种情景,体现、提出多种可能结果,以便采取措施防患于未然。

第 11 章 施工项目风险管理

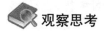 观察思考

思考上述风险识别方法各自的优缺点，以及适用情况。

11.2.4 风险识别的种类

施工项目中主要有以下几种风险。

1. 费用超支风险

费用超支风险是指在施工过程中，由于通货膨胀、环境、新标准规范的规定等原因，致使工程施工的实际费用超出原来预算。

应用案例 11-1

【案例概况】

2020 年 12 月中旬，中华人民共和国审计署两名特派员进驻某市污水处理投资发展有限公司（下称一厂），进行专项审计，发现一厂在重大升级改造项目中出现了造价严重超标。当年该市发展和改革委员会审批确定的工程预算为 12.0393 亿元，但截至 2019 年 2 月，工程已经签署各类合同合计为 13.1589 亿元，总造价超出预算 1.1196 亿元。

【案例解析】

事后经调查，造成这次费用严重超支的主要原因为项目总承包方的层层分包，造成了工程款超支。一厂升级改造项目主要是将该厂的污水处理工艺由一级强化提升为二级生物处理。该厂在公告中称，"由于该升级改造项目是本市环保三年行动计划重大工程，施工难度大，时间紧，任务重"，即这一项目在规定时间内完成时间紧迫。为解决这一难题，该项目总承包方将工程层层分包给数十个小企业。

2. 工期拖延风险

工期拖延风险是指在施工过程中，由于设计错误、施工能力差、自然灾害等原因致使项目不能按期建成。

3. 质量风险

质量风险是指在施工过程中，由于原材料、构配件质量不符合要求，技术人员或操作人员水平不高、违反操作规程等原因而产生质量问题。

4. 技术风险

技术风险是指在施工项目中采用的技术不成熟，或采用新技术、新设备、新工艺时未掌握要点，致使项目出现质量、工期、成本等问题。

5. 资源风险

资源风险是指在项目施工中因人力、物力、财力不能按计划供应，而影响项目顺利进行，造成损失。

6. 自然灾害和意外事故风险

自然灾害风险是指由火灾（图 11.3）、雷电、龙卷风、洪水、暴风雨、地震（图 11.4）、

雪灾、地陷等自然灾害所造成的损失可能性。意外事故风险是指由人们的过失行为或侵权行为给施工项目带来的损失。

图 11.3　火灾

图 11.4　地震

7. 财务风险

财务风险是指由于业主经济状况不佳，拖欠工程款，致使工程无法顺利进行，或由于意外使项目取得外部贷款发生困难，或已接受的贷款因利率过高而无法偿还。

观察思考

施工单位可以采取哪些措施来避免或减小上述风险？

知识链接

风险识别的方法还包括访谈法和 SWOT 分析法等。

访谈法是通过对资深项目经理或相关领域的专家进行访谈来识别风险。负责访谈的人员首先要选择合适的访谈对象；其次，应向访谈对象提供项目内外部环境、假设条件和约束条件的信息。访谈对象依据自己的丰富经验及掌握的项目信息，对项目风险进行识别。

SWOT 分析法是综合运用项目的 Strengths（优势）与 Weaknesses（劣势）、Opportunities（机会）与 Threats（威胁），从多视角对项目风险进行识别。

11.3　施工项目风险评估

11.3.1　风险评估的定义

风险评估是施工项目风险管理的第二步。风险评估即评估发生风险事件的可能性和风险事件对项目的影响。风险评估的主要任务是对风险发生概率的估计和评价、风险后果严重程度的估计和评价、风险影响范围大小的估计和评价,以及对风险发生时间的估计和评价。

> **特别提示**
>
> 风险评估这一过程是将风险的不确定性进行量化,评价其潜在的影响。

11.3.2 风险损失的衡量

风险损失的衡量就是定量确定风险损失值的大小。施工项目风险损失主要从以下几方面来衡量。

1. 成本风险

成本风险导致的损失可以直接用货币形式来表现,即法规、价格、汇率和利率等的变化,或资金使用不当等风险事件引起的实际投资超出计划投资的数额。

2. 进度风险

进度风险导致的损失由以下 3 部分组成。

(1) 货币的时间价值。进度风险的发生可能会对现金流动造成影响,在利率的作用下,引起经济损失。

(2) 为赶上计划进度所需的额外费用,包括加班的人工费、机械使用费和管理费等一切因追赶进度所发生的非计划费用。

(3) 延期投入使用的收入损失。这方面损失的计算相当复杂,不仅仅是延误期间内的收入损失,还可能由于产品投入市场过迟而失去商机,从而大大降低市场份额。

3. 质量风险

质量风险导致的损失包括事故引起的直接经济损失、修复和补救等措施发生的费用及第三者责任损失等,可分为以下几个方面。

(1) 建筑物、构筑物或其他结构倒塌所造成的直接经济损失。

(2) 复位纠偏、加固补强等补救措施和返工的费用。

(3) 重创造成的工期延误的损失。

(4) 永久性缺陷对于建设工程使用造成的损失。

(5) 第三者责任损失。

4. 安全风险

安全风险导致的损失包括以下内容。

(1) 受伤人员的医疗费用和补偿费。

(2) 财产损失,包括材料、设备等财产的损毁或被盗。

(3) 因引起工期延误带来的损失。

(4) 为恢复建设工程正常实施所发生的费用。

(5) 第三者责任损失。

在此，第三者责任损失为建设工程实施期间，因意外事故可能导致的第三者的人身伤亡或财产损失所进行的经济赔偿及必须承担的法律责任。

由以上 4 个方面风险的内容可知，成本增加可以直接用货币来衡量；进度的拖延则属于时间范畴，同时也会导致经济损失；质量事故和安全事故既会产生经济影响又可能导致工期延误和第三者责任损失，显得更加复杂。第三者责任损失除法律规定的赔偿形式之外，一般都以经济赔偿的形式来实现。因此，这 4 个方面的风险最终都可以归纳为经济损失。

在建设工程实施过程中，某一风险事件的发生往往会同时导致一系列的损失。例如，地基的坍塌引起塔式起重机倒塌，并进一步造成人员伤亡和建筑物的损坏，以及施工被迫停止，等等。这表明，这一事故影响了施工项目所有的目标——成本、进度、质量和安全，从而造成相当大的经济损失。

小 案 例

2016 年 11 月 24 日 7 点左右，江西省宜春市丰城电厂三期在建项目冷却塔施工平台倒塌（图 11.5）。事故发生的江西丰城电厂三期扩建工程是江西省电力建设重点工程。截至 2016 年 11 月 24 日 22 时，确认事故现场 73 人死亡，2 人受伤。

图 11.5　丰城电厂三期在建项目事故现场

事故原因分析如下。

直接原因：在 7 号冷却塔第 50 节筒壁混凝土强度不足的情况下，违规拆除模板，致使筒壁混凝土失去模板支护，不足以承受上部荷载，造成第 50 节及以上筒壁混凝土和模架体系连续倾塌坠落。

间接原因：工程总承包单位对施工方案审查不严，对分包施工单位缺乏有效管控，存在风险隐患，未发现和制止施工单位项目部违规拆模等行为。

11.3.3 风险评估的方法

1. 风险期望值法

风险期望值法是根据风险的概念,用风险事件发生的可能性(风险事件发生的概率)和它可能导致后果的严重程度(潜在的损失值)的乘积来表示风险的大小(风险期望值)。

$$R = pf \tag{11-1}$$

式中：R——风险期望值；

p——风险事件发生的概率；

f——潜在的损失值。

根据式(11-1)计算风险期望值,可以用近似的方法来估计风险的大小。首先把风险事件发生的可能性 p 分为"很大""中等"和"极小"3个等级；然后把风险可能导致后果的严重程度 f 分为"轻度损失(轻微伤害)""中度损失(伤害)"和"重大损失(严重伤害)"3个等级；最后 p 和 f 的乘积就是风险的大小 R。风险级别可以近似分为："可忽略风险""可容许风险""中度风险""重大风险"和"不容许风险"5级,见表11-3。

表 11-3 风险级别(大小)

p	f		
	轻度损失(轻微伤害)	中度损失(伤害)	重大损失(严重伤害)
很大	III	IV	V
中等	II	III	IV
极小	I	II	III

注：I—可忽略风险；II—可容许风险；III—中度风险；IV—重大风险；V—不容许风险。

2. LEC 方法

LEC 方法将风险的大小用事故发生的可能性(L)、人员暴露于危险环境中的频繁程度(E)和事故后果的严重程度(C)3个自变量的乘积衡量,即

$$S = LEC \tag{11-2}$$

式中：S——风险大小；

L——事故发生的可能性(表11-4)；

E——人员暴露于危险环境中的频繁程度(表11-5)；

C——事故后果的严重程度(表11-6)。

表 11-4 事故发生的可能性(L)

分数值	事故发生的可能性
10	必然发生的
6	相当可能
3	可能,但不经常
1	可能性极小,完全意外
0.5	很不可能,可以设想

续表

分数值	事故发生的可能性
0.2	极不可能
0.1	实际不可能

表 11-5　人员暴露于危险环境中的频繁程度（E）

分数值	人员暴露于危险环境中的频繁程度
10	连续暴露
6	每天工作时间暴露
3	每周一次暴露
2	每月一次暴露
1	每年几次暴露
0.5	非常罕见的暴露

表 11-6　事故后果的严重程度（C）

分数值	事故发生造成的后果
100	大灾难，许多人死亡
40	灾难，多人死亡
15	非常严重，一人死亡
7	严重，重伤
3	较严重，受伤较重
1	引人关注，轻伤

知识链接

风险量反映不确定的损失程度和损失发生的概率。若某个可能发生的事件其可能的损失程度和发生的概率都很大，则其风险量就很大，如图 11.6 所示中风险区 A。

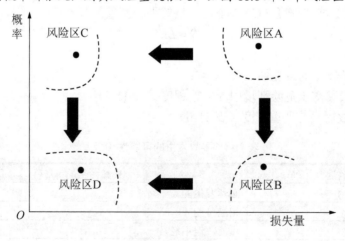

图 11.6　风险量

若某事件经过风险评估，它处于风险区 A，则应采取措施，降低其概率，即使它移位至风险区 B；或采取措施降低其损失量，即使它移位至风险区 C。风险区 B 和 C 的事件则应采取措施，使其移位至风险区 D。

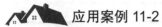 应用案例 11-2

【案例概况】

某工程估算成本为 1.2 亿元，合同工期为 24 个月。经风险识别，认为该项目的主要风险有业主拖欠工程款、材料价格上涨、分包商违约、材料供应不及时等。试衡量各项风险期望值和该项目总的风险期望值。

【案例解析】

首先收集有关的信息资料，确定各项风险的概率分布及其潜在的损失值，分别计算风险期望值（风险期望损失）；然后，将各项风险期望值汇总，即得该项目的总的风险期望值（总的风险期望损失）和总的风险期望值占项目总价的比例。分析过程见表 11-7～表 11-11。

表 11-7 业主拖欠工程款风险期望值

平均拖期/月	潜在的损失值/万元	概率分布/%	风险期望值/万元
0（按期付款）	0	50	0
1	505	20	101
2	1010	20	202
3	1515	10	151.5
合计	—	100	454.5

注：潜在的损失值＝（总价/工期）(1＋贷款利率)；本例平均每拖期 1 个月潜在的损失值为（12000/24）×101%＝505（万元）。

表 11-8 材料价格上涨风险期望值

材料价格上涨/%	潜在的损失值/万元	概率分布/%	风险期望值/万元
0（没有上涨）	0	20	0
2	156	50	78
5	390	20	78
8	624	10	62.4
合计	—	100	218.4

注：潜在的损失值＝总价×材料费占总价比重×上涨程度＝总价×65%×上涨程度。本例材料费上涨 2% 时，潜在的损失值为 12000×65%×2%＝156（万元）。

表 11-9 分包商违约风险期望值

潜在的损失值/万元	概率分布/%	风险期望值/万元
0（没有违约）	20	0
100	40	40

续表

潜在的损失值/万元	概率分布/%	风险期望值/万元
200	30	60
300	10	30
合计	100	130

注：根据分包工程性质及分包商素质估计分包商违约造成的潜在的损失值。

表 11-10　材料供应不及时风险期望值

平均拖期/天	潜在的损失值/万元	概率分布/%	风险期望值/万元
0（及时供货）	0	35	0
1	5	30	1.5
2	10	20	2.0
3	15	10	1.5
4	20	5	1.0
合计	—	100	6.0

注：根据材料对工期的影响估算平均拖期1天的损失金额，本例为每拖期供应1天损失5万元。

表 11-11　项目风险期望值汇总

风险因素	风险期望值/万元	风险期望值/总价/%	风险期望值/总的风险期望值/%
业主拖欠工程款	454.5	3.79	56.19
材料价格上涨	218.4	1.82	27.00
分包商违约	130.0	1.08	16.07
材料供应不及时	6.0	0.05	0.74
总计	808.9	6.74	100.00

由计算可以看出，该项目总的风险（假定已包括了项目的全部风险）期望值约为总价的6.74%，所造成的总风险期望值为808.9万元；从各因素风险期望值占总的风险期望值的比重看，业主拖欠工程款的风险期望值占项目总的风险期望值的比重达到56.19%，危害最大；材料价格上涨达到27.00%，影响很大；分包人违约占16.07%，影响也不可忽视，这些是承包人风险防范的重点。

11.4　施工项目风险应对与监控

11.4.1　施工项目风险应对

在对施工项目的风险进行识别、评估之后，风险管理者应编制一个切实可行的风险应对计划，然后在规避、转移、缓解、接受和利用风险等众多应对措施中，选择行之有效的策略，并寻求既符合实际，又会有明显效果的应对风险的具体措施，力图使风险转化为机会，或使风险造成的负面效应降低到最低限度。

项目风险应对计划就是对项目风险事件制定应对策略和响应措施（或方案），以规避、转移、缓解、接受和利用风险。项目常用的风险应对策略有以下几种。

1．风险规避对策

风险规避主要是中断风险来源，使其不发生或遏制其发展。规避风险有两种基本途径，一是拒绝承担风险，如了解到某工程项目风险较大，则不参与该工程的投标或拒绝业主的投标邀请；二是放弃以前所承担的风险，如了解到某一研究计划有许多新的过去未发现的风险，决定放弃研究以避免风险。在采取风险规避对策时，应注意以下几点。

（1）当风险可能导致损失频率和损失幅度极高，且对此风险有足够的认识时，这种策略才有意义。

（2）当采用其他风险策略的成本和效益的预期值不理想时，可采用规避风险的策略。

（3）不是所有的风险都可以采取规避策略的，无法采取规避策略的风险如地震、洪灾、台风等。

（4）由于规避风险只是在特定范围内及特定的角度上才有效，因此，避免了某种风险，又可能产生另一种新的风险。

2．风险减轻对策

风险减轻对策是指减少风险发生的机会或降低风险的严重性，设法使风险最小化。通常有以下两种途径。

（1）风险预防，指采用各种预防措施以杜绝风险发生的可能。例如，供应商通过扩大供应渠道以避免货物滞销；承包人通过提高质量控制标准，以防止因质量不合格而返工或罚款；工程现场管理人员通过加强安全教育和强化安全措施，减少事故的发生；业主要求承包人出具各种保函就是为了防止承包人不履约或履约不力；承包人要求在合同中赋予其索赔权利也是为了防止业主违约或发生种种不测事件。安全教育和安全防护措施分别如图 11.7 和图 11.8 所示。

图 11.7　安全教育

图 11.8　安全防护措施

（2）风险抑制，指在风险损失已经不可避免的情况下，通过种种措施遏制风险势头继续恶化或局限扩展范围使其不再蔓延。例如，承包人在业主付款超过合同规定期限情况下，采取停工或撤出施工队伍并提出索赔要求，甚至提起诉讼；业主在确信承包人无力继续实施其委托的工程时，立即撤换承包人；施工事故发生后采取紧急救护；等等。

3. 风险自留对策

风险自留是将风险留给自己承担，不予转移。这种手段有时是无意识的，即当初并不曾预测到，不曾有意识地采取种种有效措施，以致最后只好由自己承受。但有时这种手段也可以是主动的，即有意识、有计划地将若干风险主动留给自己，这种情况下，风险承受人通常已做好了处理风险的准备。

主动的或有计划的风险自留是否合理明智，取决于风险自留决策的有关环境。风险自留在一些情况下是唯一可能的决策。有时企业不能预防损失，回避又不可能，且没有转移的可能性，企业别无选择，只能自留风险。但是，当风险自留并非唯一可能的对策时，风险管理人员应认真分析研究，通盘考虑，制定最佳决策。

决定风险自留须符合以下条件之一。

（1）自留费用低于保险公司所收取的费用。
（2）项目的期望损失低于保险人的估计。
（3）项目有较多的风险抵押单位。
（4）项目的最大潜在损失或最大期望损失较小。
（5）短期内项目有承受最大潜在损失或最大期望损失的经济能力。
（6）风险管理的目标可以承受年度损失的重大差异。
（7）费用和损失支付分布于很长时间里，因而导致很大的机会成本。
（8）投资机会很好。
（9）内部服务或非保险人服务优良。

如实际情况与上述条件相反，应放弃自留风险的决策。

4. 风险转移对策

转移风险并不是降低风险发生的概率和减轻不利后果，而是借助合同或协议，在风险事故一旦发生时将损失的一部分转移到项目以外的第三方身上。

（1）工程保险转移。工程保险是对建筑工程、安装工程和各种机器设备因自然灾害和意外事故而发生的损失的一部分转移到项目以外的第三方身上。

（2）非保险转移。非保险转移分为以下 3 种方式。

① 工程担保。工程担保实质是将风险转移给了担保公司或银行，在风险转移过程中风险的风险量并没有发生变化，只是风险承担的主体发生了变化。

② 合同条件。合理的合同条件和合理的计价方式可以达到转移风险的目的。不同类型的合同，业主和承包人承担的风险是不同的，签订合同时双方应注意考虑风险的合理分担，任何一方承担不合理范围的风险对于项目的实施都是不利的。

③ 工程分包。工程分包是工程实施过程中普遍采用的一种承包方式，承包人往往将专业性很强，或自己没有经验，或不具备优势的部分工程（如桩基工程、钢网架工程、玻璃幕墙工程等）分包出去，从而达到转移风险的目的。对于分包人而言，分包人在该领域很

有优势,所以分包人在接受风险的同时也取得了获得利益的机会。

表 11-12 所列为常见的施工项目风险及其防范策略和措施。

表 11-12 常见的施工项目风险及其防范策略和措施

风险目录		风险防范策略	风险防范措施
政治风险	战争、内乱、恐怖袭击	转移风险	保险
		规避风险	放弃投标
	政策法规的不利变化	自留风险	索赔
	没收	自留风险	援引不可抗力条款索赔
	禁运	减轻风险	降低损失
	污染及安全规则约束	自留风险	采取环保措施,制订安全计划
	权力部门专制腐败	自留风险	适应环境,利用风险
自然风险	对永久结构的损坏	转移风险	保险
	对材料设备的损坏	减轻风险	预防措施
	造成人员伤亡	转移风险	保险
	火灾、洪水、地震	转移风险	保险
	塌方	转移风险	保险
		减轻风险	预防措施
	通货膨胀、通货紧缩	自留风险	合同中列入价格调整条款
	汇率浮动	自留风险	合同中列入汇率保值条款
		转移风险	套汇交易
		自留风险	市场调汇
	分包人或供应商违约	转移风险	履约保函
		规避风险	对分包人或供应商资格预审
	业主违约	自留风险	索赔
		转移风险	严格合同条款
	项目资金无保证	规避风险	放弃承包
	标价过低	转移风险	分包
		自留风险	加强管理,控制成本,做好索赔
设计施工风险	设计错误、内容不全、图纸不及时	自留风险	索赔
	工程项目水文地质条件复杂	转移风险	合同中分清责任
	恶劣的自然条件	自留风险	索赔,采取预防措施
	劳务争端、内部罢工	自留风险、减轻风险	采取预防措施
	施工现场条件差	自留风险	加强现场管理,改善现场条件
		转移风险	保险
	工作失误、设备损毁、工伤事故	转移风险	保险
社会风险	部分节假日影响施工	自留风险	合理安排进度,留出损失费
	相关部门工作效率低	自留风险	留出损失费
	现场周边单位或居民干扰	自留风险	遵纪守法,沟通交流,搞好关系

知识链接

2008 年 5 月 12 日我国汶川地震后,不少人已开始思考建立地震预警系统来控制地震带来的风险。2011年日本"3·11"地震中，日本气象厅的地震预警系统在震后25.8s即向公众发布了第一条预警信息，居住在东京地区的日本民众接收到预警立即逃出户外避难，约1min后才感觉到地震波的强大震动。

我国地震预警技术的前期研究从2000年开始。2008年汶川地震后，国家科技支撑计划开始支持预警关键技术研究。"国家地震烈度速报与预警工程"于2010年启动，2023年竣工验收，在我国重点地区实现秒级地震预警和全国分钟级地震烈度速报。

观察思考

上述地震预警系统属于风险应对策略中的哪一种？

11.4.2 施工项目风险监控

1. 定义

在整个项目过程中，应通过风险识别、风险评估和风险应对的反复进行，对风险进行监控。在项目管理中应鼓励人们预测和识别风险，及时报告；应急计划应保持可用状态；检查风险管理方案的实施情况，用实践效果评价风险管理决策；要确定条件变化时的风险处理方案，检查是否有被遗漏的风险；对新发现的风险因素应及时提出对策。总之，在风险监控过程中要抓检查、抓调整，还要及时编写风险报告。风险报告是风险监控进展评价的一部分。

特别提示

项目风险监控即在项目进展过程中收集和分析与风险相关的各种信息，预测可能发生的风险，对其进行监控并提出预警。对不确定性进行量化，评价其潜在的影响。

2. 风险监控措施

不同的组织、不同的工程项目需要根据不同的条件和风险量来选择适合的监控策略和管理方案。表11-13所示为基于不同风险水平的风险监控措施。在实际应用中，应根据风险评估所得出的风险级别或大小，选择不同的监控措施。

表11-13 基于不同风险水平的风险监控措施

风险水平	措　　施
可忽略风险	不采取措施且不必保留文件记录
可容许风险	不需要另外的控制措施，应考虑投资效果更佳的解决方案或不增加额外成本的改进措施，需要监控来确保控制措施得以维持
中度风险	应努力降低风险，但应仔细测定并限定预防成本，并在规定的时间期限内采取降低风险的措施。在中度风险与严重伤害后果相关的场合，必须进一步地评价，以更准确地确定伤害的可能性，确定是否需要改进控制措施

续表

风险水平	措　施
重大风险	直至风险降低后才能开始工作。为降低风险，有时必须配给大量的资源。当风险涉及正在进行中的工作时，就应采取应急措施
不容许风险	只有当风险已经降低时，才能开始或继续工作。如果无限的资源投入也不能降低风险，就必须禁止工作

知识链接

风险应对和风险监控两者组合起来就是损失控制方案，其内容包括识别风险因素的存在，制订安全计划，评估及监控有关系统及安全装置，重复检查工程建设计划，制订灾难计划，制订应急计划，如图11.9所示。

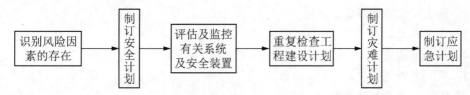

图 11.9　损失控制方案

从图11.9可知，安全计划、灾难计划和应急计划是损失控制方案的关键组成部分。安全计划应包括一般性安全要求、特殊设备运转规程、各种保护措施。灾难计划为现场人员提供明确的行动指南，用以处理各种紧急事件。

11.5　工程项目保险与保证担保

11.5.1　工程项目保险

工程项目保险，是指通过保险公司以收取保险费的方式建立保险基金，一旦发生自然灾害或意外事故，造成参加保险者的财产损失或人身伤亡时，即用保险金给予补偿的一种制度。它的好处是，参加保险者付出一定的少量保险费，可换得遭受大量损失时得到相应补偿的保障，从而增强抵御风险的能力。

工程项目应投保哪几种保险，要根据标书中合同条件的规定及该项目所处的外部条件、工程性质，以及业主与承包人对风险的评价和分析来决定。其中，合同条件的规定是决定的主要因素，凡是合同条件要求保险的项目一般都是强制性的，下面就此做简要介绍。

1. 建筑工程一切险（包括第三方责任险）

建筑工程一切险对各种建筑工程项目提供全面保障，既对施工期间工程本身、施工机具或工地设备所遭受的损失予以赔偿，也对因施工而给第三者造成的物资损失或人员伤亡承担赔偿责任。

建筑工程一切险多数由承包人负责投保。如果承包人因故未办理或拒不办理投保，业主可代为投保，费用由承包人负担。如果总承包人未曾就分包工程购买保险，负责该项分包工程的分包人也应办理其承担的分包任务的保险。

建筑工程一切险的保险契约生效后，投保人就成为被保险人，但保险的受益人同样也是被保险人。该被保险人必须是在工程进行期间承担风险责任或具有利害关系，即具有可保利益的人，具体包括业主、总承包人、分包人、监理工程师、与工程有密切关系的单位或个人。如果被保险人不止一家，则各家接受赔偿的权利以不超过其对保险标的可保利益为限。

建筑工程一切险适于房屋工程和公共工程，其承保的内容大致如下。

（1）工程本身。

（2）施工用设施和设备。

（3）施工机具。

（4）场地清理费。

（5）第三者责任损失。

（6）工地内现有的建筑物。

（7）由被保险人看管或监护的停放于工地的财产。

建筑工程一切险承保的危险与损害涉及面很广，凡保险单中列举的"除外情况"之外的一切事故损失全在保险范围内。

建筑工程一切险的保险金额按照不同的保险标的确定。建筑工程一切险的保险费率通常要根据风险的大小确定，保险的期限可以根据合同条件要求确定。

2．安装工程一切险

安装工程一切险属于技术险种。这种保险的目的在于为各种机器的安装及钢结构工程的实施提供尽可能全面的专门保险。

安装工程一切险主要适用于安装各种工厂用的机器、设备、储油罐、钢结构、起重机，以及包含机械工程因素的各种建造工程。

安装工程一切险同建筑工程一切险有着重要的区别。

（1）建筑工程一切险的标的从开工以后逐步增加，保险额也逐步提高；而安装工程一切险的保险标的一开始就存放于工地，保险公司一开始就承担着全部货价的风险。在机器安装好之后，试车、考核所带来的危险及在试车过程中发生机器损坏的危险是相当大的，这些危险在建筑工程一切险部分是没有的。

（2）在一般情况下，自然灾害造成建筑工程一切险的保险标的损失的可能性较大；而安装工程一切险的保险标的多数是建筑物内安装工程及设备工程（石化、桥梁、钢结构建筑物等除外），受自然灾害（洪水、台风、暴雨等）损失的可能性较小，受人为事故损失的可能性较大，这就要督促被保险人加强现场安全操作管理，严格执行安全操作规程。

（3）安装工程在交接前必须经过试车考核，而在试车期内任何潜在的因素都可能造成损失，损失率要占安装工期内总损失的一半以上。由于风险集中，试车期的安装工程一切险的保险费通常占整个工期保费的较大比例，而且对旧机器设备不承担赔付责任。

安装工程一切险的投保人与被保险人同建筑工程一切险一样，安装工程一切险应由承包人投保，业主只是在承包人未投保的情况下代其投保，费用由承包人承担。承包人办理投保手续并交纳了保费后即成为被保险人。安装工程一切险的被保险人除承包人外还包括业主、制造商（供应商）、咨询监理公司、安装工程的信贷机构和待安装构件的买主等。

安装工程一切险的保险费包括物质损失和第三者责任损失两大部分。如果投保的安装工程包括土建部分，其保额应为安装完成时的总价值（包括运费、安装费、关税等）；若不包括土建部分，则设备购货合同价、安装合同价和其他各种费用之和为保额；安装建筑用机器、设备、装置应按安装价值确定保额。第三者责任损失的赔偿限额按危险程度由保险双方商定。通常对物质标的部分的保额先按安装工程完工时的估定总价值暂定，工程完工时再根据最后建成价格调整。

安装工程一切险自投保工程的动工日或第一批被保险项目卸到施工地点时起生效，至安装工程安装完毕且验收时终止。如果合同中有试车、考核规定，则试车、考核阶段应以保单中规定的期限为限。但如果被保险项目本身是旧产品，则试车开始时，责任即告终止。保险期限的延长需征得保险人的同意，并在保险单上加批和增收保费。

3. 雇主责任险

雇主责任险是指雇主为其雇员办理的保险，以保障雇员在受雇期间因工作而遭受意外并致受伤、死亡或患有与业务有关的职业疾病情况下，获取医疗费、工伤休假期间的工资，并负责支付必要的诉讼费等。

4. 人身意外伤害险

人身意外伤害险的保险标的与雇主责任险的保险标的都是保证人身遭受意外伤害时负赔偿责任。但两者之间有重要区别，雇主责任险由雇主为雇员投保，保费由雇主承担，所指伤害应与工作相关；而人身意外伤害险并不一定由雇主投保，投保人可以是雇主，也可以是雇员、个体生产者或自由职业者。

人身意外伤害险的保险范围和除外责任基本与雇主责任险相同，但投保手续、费用及赔付标准和做法均不相同。最大的区别是人身意外伤害险规定在保险有效期间，不论有无发生保险事故，保险期满时，保险本金均将退还给被保险人，而雇主责任险则没有这种规定。

人身意外伤害险可以附加意外伤害医疗保险条款，保障被保险人在保险责任范围内发生意外伤害的治疗费、药品费、检验费、理疗费、手术费、输血输氧费、住院费等。

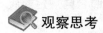

观察思考

上述4种保险的投保人、被保险人和受益人分别是谁？

11.5.2 工程项目保证担保

工程项目保证担保制度是一种维护建设市场秩序，保证参与工程各方守信履约，实现公开、公正、公平的风险管理机制。

担保形式多种多样，归纳起来，主要有 4 种：保证、定金、留置权和抵押权。就保证担保来说又有多种类型，其中应用较多的主要有以下几种。

1．投标保证担保

投标保证担保是保证人保障投标人正当从事投标活动所作出的一种承诺，其有效期通常比投标书的有效期长 28 天。投标保证担保金额应为标价总额的 1%～2%，对于小额合同可按 3%计算；在报价最低的投标人很可能撤回投标的情况下，投标保证担保金额可以高达 5%。投标人应在规定的时间内，将投标书连同投标保证担保一并送交招标人。开标之后，业主应将没有中标的投标人的投标保证担保迅速予以退还。工程签约后，也应退还中标人的投标保证担保。投标保证担保包括以下两种做法。

（1）由银行提供投标保函，一旦出现下列情况，银行将按照合同规定的投标保证担保金额对业主进行赔偿：投标人在投标有效期到期之前撤销投标；中标人在规定的时间内，未能或拒绝提供应交的履约保证担保；中标人拒绝在规定的时间内与业主签署合同。

（2）在投标报价之前，由担保公司出具担保保证书，以保证投标人不会中途撤销投标，中标后投标人将与业主签约承包工程。一旦投标认定，担保公司应支付业主规定比例的投标保证金。投标保证金也可取该标与次低标之间的差额，如果中标人无法按时履约或违约，那么投标保证金可以用作业主的经济赔偿，以弥补业主相应的损失，同时次低标成为中标人。

投标保证担保的意义在于：承包人要想参与投标，事先必须取得投标保证担保。一方面，由于撤回投标必须承担损失，因此通过投标保证担保，可以促使投标人认真对待投标报价，这样就有效防止了投标人轻率进行投标；另一方面，保证人在为投标人提供投标保证担保之前，必然严格审查其资信状况，否则将不会为其提供投标保证担保，这样就排除了不合格的承包人参加投标活动。

2．履约保证担保

履约保证担保是保证人保障承包人履行承包合同所作出的一种承诺，其有效期通常应截止承包人完成工程施工和缺陷修复之日。收到中标通知书和合同协议书之后，中标人应在规定的时间内，签署合同协议书，连同履约保证担保一并送交业主，然后与业主正式签订承包合同。当承包人正常完成合同后，业主应将履约保证担保退还给承包人。履约保证担保包括下列两种做法。

（1）由银行提供履约保函，一旦承包人不能履行合同义务，银行要按照合同规定的履约保证金金额对业主进行赔偿。

（2）由担保公司提供担保保证书，担保承包人将正常履行合同义务。如果由于非业主的原因，承包人中途毁约，担保公司将对业主因此蒙受的一切损失进行补偿。担保公司可以向该承包人提供资金及技术援助以使其继续完成合同；担保公司也可以接受该工程，并经业主同意寻找其他承包人来完成工程建设；担保公司还可以与业主协商重新招标，由新的承包人负责完成合同的剩余部分。业主只按原合同支付工程款，担保公司将承担最后工程造价与原始合同价格之间的差额部分。如果上述解决方案业主均不满意，担保公司可按合同规定的履约保证金金额对业主进行赔偿。

此外还有一种方法，在接到中标通知书后，中标人可以按照招标文件的有关规定直接向业主交纳履约保证金。这种做法是承包人自身以现金抵押的形式直接向业主提供信用保障，俗称"抵押金"。由于并未涉及第三方保证人出具信用担保，因此这种做法并不属于保证担保，而应视为一种定金性质的担保。当承包人正常履约后，业主应如期退还这笔现金；若出现承包人中途毁约，业主要没收这笔资金。保证金可以是一笔抵押现金，也可以是一张保兑支票。

知识链接

履约保证担保的形式除上述两种以外，还可以是现金、支票和汇票等形式，履约保证金金额最高不得超过中标合同金额的10%。

履约保证担保是工程保证担保中最重要的形式，也是工程保证金额最大的一项担保，其他的保证形式在某种程度上相当于是对履约保证担保的补充。通过履约保证担保，充分保障了业主依照合同条件完成工程建设的合法权益，同时迫使承包人必须采取严肃认真的态度对待合同的签约和执行。

3. 预付款保证担保

业主往往预先支付一定数额的工程款以供承包人周转使用。为了保证承包人将这些款项用于工程项目建设，防止承包人挪作他用、携款潜逃或宣布破产，需要保证人为承包人提供同等数额的预付款保证，或者提交预付款银行保函。随着业主按照进度支付工程价款逐步扣回预付款，预付款保证担保责任随之逐步降低直至最终消失。预付款保证担保金额一般为工程合同价的10%~30%。

观察思考

思考投标保证担保、履约保证担保、预付款保证担保的不同与相同之处。

4. 分包保证担保

当存在总分包关系时，总承包人要为各分包人的工作承担完全责任。总承包人为了保护自己的权益不受损害，往往要求分包人通过保证人为其提供保证担保，保障分包人将充分履行自己的义务。

5. 完工保证担保

为了切实保障按照合同完成工程建设，业主还可要求承包人通过保证人提供完工保证担保。完工是指承包人要在合同规定的建设工期内完成项目建设，达到预期的质量要求，并控制在合同造价之内。如果由于承包人的原因，出现工期延误，则保证人要承担相应的损失赔偿。

6. 其他保证担保形式

除上述工程保证担保形式之外，要求承包人提供的还有付款保证担保、维修保证担保、差额保证担保、保留金保证担保等形式。

综合应用案例

【案例概况】

我国某公司在关岛承包了一项办公楼工程,通过美国花旗银行开具了一份金额为75万美元的履约保证书(担保书)。工程开工后,业主无法筹集到足够的资金支付进度款,因而工程进度缓慢。该公司因得不到工程进度款多次致函业主的工程师和业主,并警告业主承担工程拖延工期甚至被迫停工的后果。在迫不得已的情况下,该公司陆续撤出在工地的材料、设备和劳务,业主则在履约保证书(担保书)有效期满的前5天凭履约保证书(担保书)向银行索票保证金,并诡称承包人违约,甚至串通工程师作证,说明承包人擅自撤离工地。美国花旗银行虽明知并非承包人违约,但为维护自身信誉,只能通知承包人,在履约保证书(担保书)到期以前银行将向受益人支付保证金75万美元。这时虽然时间很紧迫,但这家公司果断采取了有力措施,立即通过律师向当地法院递交了申请暂时冻结履约保证书(担保书)的诉状,并根据法院的意见开具了一份以法院为受益人、金额为30万美元和有效期为3个月的新的保证书(担保书)给法院,表明将听从法院的调查和处置。这一措施不仅保住了价值75万美元的保证书(担保书),而且使业主感到震惊,主动向银行撤回索偿的通知,还找这家公司协商庭外解决办法。最后,业主支付了该公司应得的工程款,该公司则从法院撤回诉状和30万美元的保证书(担保书)以及原先的75万美元保证书(担保书),以胜利告终。

【案例解析】

这个实例说明:保证书(担保书)虽然是一种备用的信誉担保,但它在经济上相当于一种可兑付的信用票据。开出保证书(担保书),特别是首次要求即付的无条件保证书(担保书),是具有风险的;但是,只要采取相应措施对付无理提款,其风险又是可以避免或减轻的。

本 章 小 结

本章对施工项目风险管理作了较详细的阐述。首先,介绍了风险的定义和分类,项目风险管理过程包括项目实施全过程的风险识别、风险评估、风险应对和风险监控。其次,介绍了风险识别的过程,风险识别的方法有检查表、头脑风暴法和德尔菲法等;介绍了风险评估的定义和方法;介绍了项目常用的风险应对策略以及风险监控措施。最后,介绍了工程项目保险的种类和工程项目保证担保的种类。

习 题

一、选择题

1. 按( )不同,可将风险分为纯粹风险和投机风险。
   A. 风险后果　　　B. 风险来源　　　C. 风险的对象　　　D. 风险产生的原因

2.（　　）采用背对背的方式对专家进行调查，其特点是避免了集体讨论中的从众性倾向，更代表专家的真实意见。该方法要求对调查的各种意见进行汇总统计处理，再反馈给专家反复征求意见。

　　A．检查表　　　B．头脑风暴法　　C．德尔菲法　　D．VR情景分析法

3.（　　）为建设工程实施期间，因意外事故可能导致的第三者的人身伤亡或财产损失所进行的经济赔偿及必须承担的法律责任。

　　A．为恢复建设工程正常实施所发生的费用

　　B．因引起工期延误带来的损失

　　C．财产损失，包括材料、设备等财产的损毁或被盗

　　D．第三者责任损失

4.（　　）指采用各种预防措施以杜绝风险发生的可能。

　　A．风险规避　　B．风险应对　　C．风险自留　　D．风险转移

5.（　　）对各种建筑工程项目提供全面保障，既对施工期间工程本身、施工机具或工地设备所遭受的损失予以赔偿，也对因施工而给第三者造成的物资损失或人员伤亡承担赔偿责任。

　　A．建筑工程一切险　　　　　B．安装工程一切险

　　C．人身意外伤害险　　　　　D．货物运输险

二、简答题

1．简述项目风险管理的工作流程。

2．风险识别的过程包括哪几个环节？

3．施工项目风险损失包括哪几个方面？

4．决定风险自留须符合哪些条件？

三、案例题

背景：某项施工作业活动，事故发生可能性为可能，但不经常；作业人员每天工作时间暴露于危险环境；若事故发生，后果非常严重，造成一人死亡。

问题：应用LEC方法评估该项作业的危险性。

【分析】

$S=LEC=3×6×15=270$

该危险源为重大风险。

在线答题

第 12 章　施工项目收尾管理

思维导图

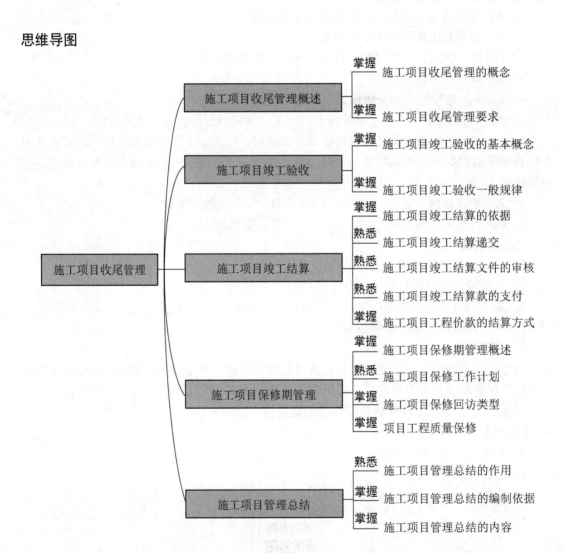

第12章 施工项目收尾管理

章节导读

有人把工程的收尾比作电影的结尾，是非成败往往在这一瞬间。

在一个完整的工程中，收尾是非常重要的一关，在这个节骨眼上，资金付出多半，施工也基本完成，如果没有把好这最后的一关，将会前功尽弃。因此可以说施工项目收尾阶段的管理工作是施工项目管理工作的重要环节之一，收尾阶段管理工作的好坏直接影响企业的收益。只有扎实地管理、善始善终，提高项目收尾阶段的施工管理水平，才能给企业带来更高的经济效益。

引例

某办公楼工程，建筑面积 153000m²，地下 2 层，地上 30 层，建筑总高度 136.6m，地下为钢筋混凝土结构，地上为型钢混凝土组合结构，基础埋深 8.4m。在项目收尾阶段，项目经理部依据施工项目收尾管理计划，开展了各项工作。

问题：施工项目收尾阶段主要包括哪些方面的管理工作？

12.1 施工项目收尾管理概述

12.1.1 施工项目收尾管理的概念

施工项目收尾管理，是对项目的竣工收尾、竣工验收、竣工结算、竣工决算、保修期管理、管理总结等进行的计划、组织、协调和控制等活动。

施工项目收尾管理不是狭义的竣工验收管理，而是广义的项目收尾管理。施工项目收尾管理概念的提出，强调了项目启动、项目规划、项目实施、项目结尾 4 阶段的统一，既符合建设工程项目管理创新的要求，又符合国际惯例。

收尾工作是现场施工管理的最后一个环节，应把各方面工作做细、做实，保证竣工验收顺利完成。项目管理机构应实施下列项目收尾工作：编制项目收尾计划；提出有关收尾管理要求；理顺、终结所涉及的对外关系；执行相关标准与规定；清算合同双方的债权债务。项目主要收尾工作分解结构如图 12.1 所示。

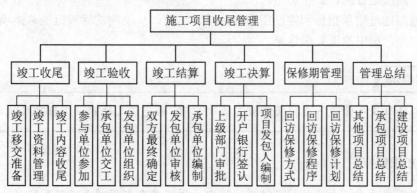

图 12.1 项目主要收尾工作分解结构

12.1.2 施工项目收尾管理要求

1. 竣工收尾

在项目竣工验收前,项目经理部应检查合同约定的哪些工作内容已经完成,或完成到什么程度,将检查结果记录并形成文件;总分包之间还有哪些连带工作需要收尾,项目近外层和远外层关系还有什么工作需要沟通协调等,以保证竣工收尾顺利完成。

2. 竣工验收

项目竣工收尾工作内容按计划完成后,除承包人的自检评定外,应及时地向发包人递交《竣工工程申请验收报告》。实行建设监理的项目,监理人还应当签署工程竣工审查意见。

发包人应向参与项目各方发出《工程竣工验收通知书》,组织进行项目竣工验收。

3. 竣工结算

项目竣工验收条件具备后,承包人应按合同约定和工程价款结算的规定,及时编制并向发包人递交项目竣工结算报告及完整的结算资料,经双方确认后,按有关规定办理项目竣工结算。办完竣工结算,承包人应履约按时移交工程成品,并建立交接记录,完善交工手续。

4. 竣工决算

竣工决算是由项目发包人(业主)编制的项目从筹建到竣工投产或使用全过程的全部实际支出费用的经济文件。竣工决算综合反映竣工项目建设成果和财务情况,是竣工验收报告的重要组成部分。按国家有关规定,所有新建、扩建、改建的项目竣工后都要编制竣工决算。

5. 保修期管理

项目竣工验收后,承包人应按工程建设法律、法规的规定,履行工程质量保修义务,并采取适宜的方式为顾客提供售后服务。项目的质量保修制度,应纳入承包人的质量管理体系,明确组织和人员的职责,提出服务工作计划,按管理程序进行控制。

6. 管理总结

项目结束后,应对项目管理的情况进行全面总结。管理总结是项目相关方对项目实施效果从不同角度进行的评价和总结。

管理总结通过定量指标和定性指标的分析、比较,从不同的管理范围总结项目管理经验,找出差距,提出改进处理意见。

> **特别提示**
>
> 施工项目收尾管理不是狭义的竣工验收管理,而是广义的建设工程项目收尾管理。

知识链接

开宝寺塔坐落于河南省开封市铁塔公园内,因塔身全部用褐色琉璃瓦镶嵌,远看酷似铁色，故又称铁塔。铁塔始建于北宋皇祐元年（1049年），距今已有900多年历史，1961年被定为全国重点文物保护单位。欧阳修的《欧阳文忠公集》记载，"开宝寺塔在京师诸塔中最高，而制度甚精，都料匠预浩所造也"。预浩把塔建好后，却是"望之不正，而势倾西北"，成了斜塔。大家见了这塔都觉得奇怪，预浩解开大家的疑惑："京师地平无山，而多西北风，吹之不百年。当正也"。"年龄"远远大于意大利比萨斜塔的开宝寺塔，是在充分考虑气候因素前提下的刻意之举。在璀璨的中国文明中，有无数巧夺天工的珍品，都是工匠们数十年如一日坚持的产物。对技术精益求精的追求，是中国历史绵延不绝的精神财富。都料匠预浩完美诠释了"精益求精"的工匠精神。

项目收尾阶段是工程项目管理全过程的最后阶段，是决定工程项目管理是否成功的最后一个重要环节。收尾管理工作的好坏也将直接影响企业的经济效益。前人感叹预浩"用心之精盖如此"，作为新时代的土木人，我们应当肩负历史使命，传承"工匠精神"，让这精神重新焕发生机；我们应当扎实管理、精益求精、善始善终，提高项目收尾阶段的施工管理水平，给社会和企业带来更高的经济效益。

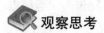 观察思考

工程实际的收尾工作都有哪些？哪些是现实和理论不一样的？哪些需要改进？

12.2 施工项目竣工验收

12.2.1 施工项目竣工验收的基本概念

施工项目竣工验收是建设工程建设周期的最后一道程序，也是我国建设工程的一项基本法律制度。有建设工程就有项目管理，竣工验收是项目管理的重要内容和终结阶段的重要工作。实行竣工验收制度，是全面考核建设工程，检查工程是否符合设计文件要求和工程质量是否符合验收标准，能否交付使用、投产，发挥投资效益的重要环节。

竣工验收和结算

1. 施工项目竣工验收的含义

施工项目竣工验收，是项目完成设计文件和图纸规定的工程内容后，由项目业主组织项目参与各方进行的验收。项目的交工主体应是承包人，验收主体应是发包人，其他项目参与人则是项目竣工验收的相关组织。图12.2所示为某住宅小区工程进行预验收。图12.3所示为某领导小组对工程进行验收检查。

图12.2 某住宅小区工程进行预验收

图12.3 某领导小组对工程进行验收检查

2．施工项目竣工验收相关规定

项目竣工验收应符合下列规定。

1）必须符合国家法律的规定

《中华人民共和国民法典》第七百九十九条规定："建设工程竣工后，发包人应当根据施工图纸及说明书、国家颁发的施工验收规范和质量检验标准及时进行验收。验收合格的，发包人应当按照约定支付价款，并接收该建设工程。

建设工程竣工经验收合格后，方可交付使用；未经验收或者验收不合格的，不得交付使用。"

《中华人民共和国建筑法》第六十一条规定："交付竣工验收的建筑工程，必须符合规定的建筑工程质量标准，有完整的工程技术经济资料和经签署的工程保修书，并具备国家规定的其他竣工条件。"还规定："建筑工程竣工经验收合格后，方可交付使用；未经验收或者验收不合格的，不得交付使用。"

2）必须符合行政法规的规定

《建设工程质量管理条例》第十六条规定："建设单位收到建设工程竣工报告后，应当组织设计、施工、工程监理等有关单位进行竣工验收。"还规定建设工程竣工验收应当具备下列条件。

（1）完成建设工程设计和合同约定的各项内容。

（2）有完整的技术档案和施工管理资料。

（3）有工程使用的主要建筑材料、建筑构配件和设备的进场试验报告。

（4）有勘察、设计、施工、工程监理等单位分别签署的质量合格文件。

（5）有施工单位签署的工程保修书。

建设工程经验收合格的，方可交付使用。

3）必须符合工程合同的规定

承包人和发包人在工程交付竣工验收时，必须按施工合同的约定执行，不得违约。违约应承担相应的经济责任。

3. 施工项目竣工验收关系

项目竣工验收的报告制度,是项目管理中必不可少的一道程序。承包人按施工合同约定,完成了设计文件和图纸规定的工程内容,组织有关人员进行了自检,并经工程监理机构(监理单位)竣工预验收后,向发包人提交竣工工程申请验收报告(表12-1)。

表 12-1　竣工工程申请验收报告

工程名称		建筑面积	
工程地址		结构类型/层数	
建设单位		开、竣工日期	
设计单位		合同工期	
施工单位		造价	
监理单位		合同编号	
竣工条件自查情况	项目内容	施工单位自查意见	
	工程设计和合同约定的各项内容完成情况		
	工程技术档案和施工管理资料		
	工程所用建筑材料、建筑构配件、商品混凝土和设备的进场试验报告		
	涉及工程结构安全的试块、试件及有关材料的试(检)验报告		
	地基与基础、主体结构等重要分部(分项)工程质量验收报告签证情况		
	建设行政主管部门、质量监督机构或其他有关部门责令整改问题的执行情况		
	单位工程质量自评情况		
	工程质量保修书		
	工程款支付情况		

经检查,该工程已完成工程设计和合同约定的各项内容,工程质量符合有关法律、法规和工程建设强制性标准。

　　　　项目经理:
　　　　企业技术负责人:　　　　　　　　(施工单位公章)
　　　　法定代表人:

　　　　　　　　　　　　　　　　　　　　　　　　　年　　月　　日

监理单位意见:

　　　　总监理工程师:　　　　　　　(公章)

　　　　　　　　　　　　　　　　　　　　　　　　　年　　月　　日

履行项目竣工验收的报告制度，应按以下步骤进行。

（1）组织项目竣工后自查。项目竣工后，承包人的项目经理部应报告所在企业，组织有关专业技术人员进行自查。

（2）进行项目竣工预验收。工程监理机构受发包人委托，对工程建设活动实行监理。承包人完成工程竣工验收前的各项准备工作，应向监理机构递交工程竣工报验单（表12-2）。

表12-2　工程竣工报验单

工程名称：_____	编号：_____
致：_____（项目监理机构）	
我方已按合同要求完成了_____工程，经自检合格，请予以检查和验收。	
附件：	
	承包单位（章）：_____
	项　目　经　理：_____
	日　　　　　期：_____
审查意见：	
经初步验收，该工程	
① 符合/不符合我国现行法律法规要求；	
② 符合/不符合我国现行工程建设标准；	
③ 符合/不符合设计文件要求；	
④ 符合/不符合施工合同要求。	
	项目监理机构：_____
	总监理工程师：_____
	日　　　　期：_____

工程监理机构应对竣工资料及各专业工程质量进行全面检查，进行项目竣工预验收，对可否进行正式竣工验收提出明确的审查意见。

（3）项目竣工验收前预约。项目竣工经过自检、预验后，承包人应向发包人递交预约竣工验收的书面通知，说明项目竣工情况，包括施工现场准备和竣工资料准备。

4．施工项目竣工验收的告知

项目发包人收到承包人递交的预约通知后，应按当地建设行政主管部门印发的表式，签署同意进行竣工验收的意见，并将工程验收告知单（表12-3）抄送勘察、设计、施工、监理等单位，在确定的时间和地点组织项目竣工验收。

表 12-3　工程验收告知单

工程名称		结构类型	
建设单位		建筑面积/m²	
勘察单位		验收部位	
施工单位		工程地址	
设计单位		验收地点	
监理单位		验收时间	
工程验收条件情况	项目内容		
	完成工程设计和合同约定的情况		
	技术档案和施工管理资料		
	有关单位对幕墙、网架等特殊工程审查意见		
	消防验收合格手续		
	工程施工安全评价		
	监督站责令整改问题的执行情况		

施工单位意见：

　　已完成设计和合同约定的各项内容，工程质量符合法律法规和工程建设强制性标准，特申请办理竣工验收手续。

项目经理：　　　　　　　　　　　　　　　　　　年　　月　　日

监理单位意见：

总监理工程师（注册方章）　　　　　　　　　　　年　　月　　日

建设单位意见：

项目负责人：　　　　　　　　　　　　　　　　　年　　月　　日

12.2.2　施工项目竣工验收一般规律

1．施工项目竣工验收的程序

施工项目竣工验收一般按下列 3 种情况分别进行。

1）单位工程（或专业工程）竣工验收

以单位工程（或某专业工程）内容为对象，独立签订建设工程施工合同的，达到竣工条件后，承包人可单独进行交工，发包人根据竣工验收的依据和标准，按施工合同约定的工程内容组织竣工验收，比较灵活地适应了目前工程承包的普遍性。

按照现行建设工程项目划分标准，单位工程是单项工程的组成部分，有独立的施工图纸，承包人施工完毕，征得发包人同意，或原施工合同已有约定的，可进行分阶段验收。

这种验收方式，在一些较大型的、群体式的、技术较复杂的建设工程中比较普遍。

2）单项工程竣工验收

在一个总体建设项目中，一个单项工程如一个车间，已按设计图纸完成规定的工程内容，满足生产要求或具备使用条件，承包人应向监理人提交工程竣工报告和工程竣工报验单，经签认后，向发包人发出交付竣工验收通知书，说明工程完工情况，竣工验收准备情况，设备无负荷单机试车情况，具体约定交付竣工验收的有关事宜，进行单项工程竣工验收。

对于投标竞争承包的单项工程施工项目，则根据施工合同的约定，仍由承包人向发包人发出交付竣工验收通知书，请予验收。竣工验收前，承包人要按照国家规定，整理好全部竣工资料，并完成现场竣工验收的准备工作，明确提出交工要求，发包人应按约定的程序及时组织正式验收。

对于工业设备安装工程的竣工验收，则要根据设备技术规范说明书和单机试车方案，逐级进行设备的试运行。验收合格后应签署设备安装工程的竣工验收报告。

3）全部工程竣工验收

全部工程竣工验收指整个建设项目已按设计要求全部建设完成，并已符合竣工验收标准，由发包人组织设计、施工、监理等单位和档案部门进行全部工程的竣工验收。全部工程的竣工验收，一般是在单位工程、单项工程竣工验收的基础上进行。对已经交付竣工验收的单位工程（中间交工）或单项工程并已办理了移交手续的，原则上不再重复办理验收手续，但应将单位工程或单项工程竣工验收报告作为全部工程竣工验收的附件加以说明。图 12.4 所示为某项目工程正在进行竣工验收。

图 12.4　某项目工程正在进行竣工验收

2．施工项目竣工验收的依据、条件和程序

竣工验收的依据、条件和程序见表 12-4。

表 12-4 竣工验收的依据、条件和程序

依据	有关主管部门对该项目的批复文件 批准的设计文件、设计变更通知书、施工图纸及说明书 设备技术资料（若是发包人供应的设备，承包人应按供货清单接收，设备应有合格证明和技术说明书，承办人据此进行设备安装；若是承包人采购的设备，应符合设计和有关标准的要求，承包人按规定提供相关的技术说明书，并对采购设备的质量负责） 与项目相关的标准规范 招标文件及合同文件 相关施工资料
条件	生产性项目和辅助性公用设施，已按设计要求建成，能满足生产使用 主要工艺设备、配套设施有负荷试车合格，形成生产能力，能够生产出符合设计文件规定的合格产品 生产准备工作能适应投产的需要 环境保护设施、劳动安全卫生设施、消防设施，以及必需的生活设施已按设计要求与主体工程同时建成，并经有关专业部门验收合格可交付使用 建设项目的技术资料已经按照要求整理归档，并可方便查阅
程序	单项工程：承包人提出申请→发包人组织验收（检查复核资料、核实交工项目的完整性、组织现场联合检查、检查各种记录） 全面施工：做好工程收尾工作→施工验收资料准备→编制施工决算→其他相关资料的准备

> **特别提示**
>
> 施工项目的交工主体应是承包人，验收主体应是发包人，其他项目参与人（设计、监理、勘察等）则是项目竣工验收的相关组织。

观察思考

观察思考周边工程实际竣工验收的程序、参加者以及验收结果的处理情况。

12.3 施工项目竣工结算

1. 施工项目竣工结算的依据

施工项目竣工结算由承包人编制，发包人审查或委托工程造价咨询单位审核，承包人和发包人最终确定。编制施工项目竣工结算，除应具备设计施工图和竣工图、工程量清单、

取费标准、调价规定等依据外，还应包括工程变更、修改、签证和办理竣工结算有关的其他资料。

1）整理项目竣工结算资料

承包人尤其是项目经理部在编制项目竣工结算时，应注意收集、整理有关结算资料。

（1）建设工程施工合同。施工合同中约定了有关竣工结算价款的，应按约定的内容执行。承发包双方可约定完整的结算资料的具体内容，还可涉及竣工结算的其他内容。例如：合同价采用固定价的，合同总价或单价在合同约定的风险范围内不可调整；合同价采用可调价的，合同总价或单价在合同实施期内，根据合同约定的办法进行调整。

（2）中标投标书的报价表。无论是公开招标还是邀请招标，招标人与中标人都应当根据中标价订立合同。中标投标书的报价表是订立合同及竣工结算的重要依据。在招标投标中，因采用的计价方式不同，编制投标报价表的方法和内容也会有一定的区别。在原中标价的基础上，根据施工的设计变更等增减变化，经过调整之后，编制竣工结算。

（3）工程变更及技术经济签证。经承包人和发包人确认的图纸交底、设计变更、洽商变更等，经确认的各种技术经济签证，是编制竣工结算的重要依据。

（4）其他与竣工结算有关的资料。承包人在施工中应建立完整的竣工结算资料保证制度，项目经理部在施工中还要注意收集其他相关的结算资料。

① 发包人的指令文件。

② 商品混凝土供应记录。

③ 材料代用资料。

④ 材料价格变动文件。

⑤ 隐蔽工程验收记录及施工日志。

⑥ 竣工图和竣工验收报告等。

2）进行施工项目竣工结算核实

项目经理要安排专职人员对竣工结算书的内容进行核对，检查各种设计变更签证、资料有无遗漏，依据竣工图和变更签证核实工程数量，要按统一规定的计算规则核算工程量，按合同约定计价，还要特别注意各项费用的计取是否正确。

3）编制施工项目竣工结算的原则

编制施工项目竣工结算，应掌握以下原则。

（1）以单位工程或施工合同约定为基础，对工程量清单报价的主要内容，包括项目名称、工程量、单价及计算结果，进行认真的检查和核对。若是根据中标价订立合同的，应对原报价单的主要内容进行检查和核对。

（2）在检查和核对中若发现有地方不符合有关规定，单位工程结算书与单项工程综合结算书有不相符，有多算、漏算或计算误差等情况，均应及时进行纠正调整。

（3）建设工程项目是由多个单位工程构成的，应按建设项目划分标准的规定，将各单位工程结算书汇总，编制单项工程综合结算书。

（4）若建设工程是由多个单项工程构成的项目，实行分段结算并办理了分段验收计价手续的，应将各单项工程综合结算书汇总编制成建设项目总结算书，并撰写编制说明。

2. 施工项目竣工结算递交

项目竣工验收后，承包人应在约定的期限内向发包人递交项目竣工结算报告及完整的结算资料，经双方确认并按下列规定进行竣工结算。

（1）承包人应当在工程竣工验收合格的约定期限内提交竣工结算文件。

（2）发包人应当在收到竣工结算文件后的约定期限内予以答复。逾期未答复的，竣工结算文件视为已被认可。

（3）发包人对竣工结算文件有异议的，应当在答复期内向承包人提出，并可以在提出之日起的约定期限内与承包人协商。

（4）发包人在协商期内未与承包人协商或者经协商未能与承包人达成协议的，应当委托工程造价咨询单位进行竣工结算审核。

（5）发包人应当在协商期满后的约定期限内，向承包人提出工程造价咨询单位出具的竣工结算审核意见。

3. 施工项目竣工结算文件的审核

国有资金投资建设工程的发包人，应当委托具有相应资质的工程造价咨询机构对竣工结算文件进行审核，并在收到竣工结算文件后的约定期限内向承包人提出由工程造价咨询机构出具的竣工结算文件审核意见；逾期未答复的，按照合同约定处理，合同没有约定的，竣工结算文件视为已被认可。

非国有资金投资的建筑工程发包人，应当在收到竣工结算文件后的约定期限内予以答复，逾期未答复的，按照合同约定处理，合同没有约定的，竣工结算文件视为已被认可；发包人对竣工结算文件有异议的，应当在答复期内向承包人提出，并可以在提出异议之日起的约定期限内与承包人协商；发包人在协商期内未与承包人协商或者经协商未能与承包人达成协议的，应当委托工程造价咨询机构进行竣工结算审核，并在协商期满后的约定期限内向承包人提出由工程造价咨询机构出具的竣工结算文件审核意见。

发包人委托工程造价咨询机构核对审核竣工结算文件的，工程造价咨询机构应在规定期限内核对完毕，审核意见与承包人提交的竣工结算文件不一致的，应提交给承包人复核，承包人应在规定期限内将同意审核意见或不同意审核意见的说明提交工程造价咨询机构。工程造价咨询机构收到承包人提出的异议后，应再次复核，复核无异议的，发承包双方应在规定期限内在竣工结算文件上签字，确认竣工结算办理完毕；复核后仍有异议的，对于无异议部分办理不完全竣工结算，有异议部分由发承包双方协商解决，协商不成的，按照合同约定的争议解决方式处理。

承包人逾期未提出书面异议的，视为工程造价咨询机构核对的竣工结算文件已经承包人认可。

工程竣工结算文件经发包人与承包人确认后，即可作为工程决算的依据。

4. 施工项目竣工结算款的支付

1）承包人提交竣工结算款支付申请

承包人应根据办理的竣工结算文件，向发包人提交竣工结算款支付申请。

2）发包人签发竣工结算支付证书

发包人收到承包人提交竣工结算款支付申请后，应在规定时间内予以核实，向承包人签发竣工结算支付证书。

3）支付竣工结算款

发包人签发竣工结算支付证书后的规定时间内，按照竣工结算支付证书列明的金额向承包人支付竣工结算款。

5．施工项目工程价款的结算方式

根据合同的约定，施工项目工程价款的结算方式主要有以下几种。

（1）按月结算，即实行旬末或月中预支、月终结算、竣工后清算的办法。跨年度竣工的工程，在年终进行工程盘点，办理年度结算。我国现行建设工程价款结算中，相当大一部分是实行按月结算。

（2）竣工后一次结算，即建设项目或单位工程全部建筑安装工程建设期在 12 个月以内，或者工程承包合同价值在 100 万元以下的，可实行工程价款每月月初预支，竣工后一次结算。

（3）分段结算，即当年开工，当年不能竣工的单项工程或单位工程按照工程形象进度，划分不同阶段进行结算。分段结算的，可以按月预支工程款。

（4）承发包双方约定的其他结算方式。

> **特别提示**
>
> 施工项目竣工结算由承包人编制，发包人审查或委托工程造价咨询单位审核，承包人和发包人最终确定。

观察思考

观察思考实际工程案例中竣工结算的步骤和程序，结算款的付款方式，容易发生的摩擦纠纷。

12.4　施工项目保修期管理

12.4.1　施工项目保修期管理概述

回访保修和考核评价

施工项目保修期是指在正常使用条件下，建设工程的最低保修期限。建设工程在保修范围和保修期限内发生质量问题的，施工单位应当履行保修义务，并对造成的损失承担赔偿责任。

1．保修期管理的意义

（1）有利于项目经理部重视项目管理，提高工程质量。只有加强项目的过程控制，增强项目管理层和作业层的责任心，严格按操作工艺和规程施工，从防止和消除质量缺陷的要求出发，才能从源头上杜绝工程质量问题的发生。

(2) 有利于承包人听取用户意见，履行保修承诺。承包人发现工程质量缺陷，应采取相应的措施，及时派出人员登门进行修理。收集、倾听用户的意见，做好保修记录，并将其纳入工程保修的管理程序进行控制。

(3) 有利于改进服务方式，增强用户对承包人的信任感。通过建立保修期的服务制度，组织编写一些用户服务卡、使用说明书、维修注意事项等资料，在保修中馈赠使用人或用户，真正树立全心全意为用户提供优质服务的企业形象。图 12.5 所示为某小区施工项目进行保修期服务。

图 12.5　某小区施工项目进行保修期服务

2．保修的方法

(1) 保修工作总的指导原则是瞄准建设市场，提高工程质量，与发包人建立良好的公共关系，并将保修工作纳入计划实施。

(2) 适时召开一些易于融洽、有益双方交流的座谈会、经验交流会、茶话会，以加强联系，增进双方友好感和信赖感。

(3) 及时研究解决施工问题、质量问题的方法，听取发包人对工程质量、保修管理的意见，不断改善项目管理，提高工程质量水平，树立承包人的社会信誉。

(4) 为发包人提供各种跟踪服务，满足他们提出的变更、修改要求，建立健全工程项目登记、变更、修改等技术质量管理基础资料，把管理工作做得扎扎实实。

(5) 妥善处理与发包人、监理人和外部环境的关系，捕捉机会，创造有利条件，精心组织，细心管理，形成"我精心，你放心，他尽心"的三位一体工程质量保证体系。

(6) 组织发放有关工程质量保修、维修的注意事项等资料，切实贯彻企业服务宗旨，进行工程质量问卷调查，收集反馈工程质量保修信息，对实施效果应有验证和总结报告。

12.4.2　施工项目保修工作计划

施工项目保修工作计划应包括下列内容。

(1) 主管保修的部门。

(2) 执行保修工作的单位。

(3) 保修时间及主要内容和方式。

施工项目交付竣工验收并签署了工程质量保修书,承包人应将保修工作列入议事日程,编制工作计划,规定服务程序,纳入质量管理与质量保证体系,保证保修工作的执行。

12.4.3 施工项目保修回访类型

1. 例行性回访

例行性回访是按回访工作计划的统一安排,对已交付竣工验收并在保修期限内的工程,组织例行回访。例行性回访一般半年或一年进行一次,广泛收集用户或使用单位对工程质量的反映。对回访难以覆盖的地方,可采取电话询问方式,也可以适时采取召开一些易于融洽、有益交流的座谈会、茶话会等形式,把回访工作搞活。

2. 季节性回访

季节性回访主要是针对具有季节性特点、容易造成负面影响、经常发生质量问题的工程部位进行回访,如夏季回访屋面工程、墙面工程的防水和渗水情况、空调系统,冬季回访采暖系统等。了解有无施工质量缺陷或使用不当造成的损坏等,区分情况处置,妥善处理好外部公共关系,认真负责地解答用户或使用单位提出的问题,必要时可分发一些资料,进行维护知识的宣传教育。季节性回访的流程如图 12.6 所示。

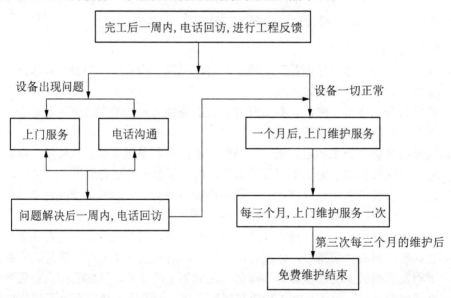

图 12.6 季节性回访的流程

3. 技术性回访

针对建筑新技术在工程上应用日益增多的情况,通过回访用户或使用单位的方式及时了解施工过程中采用新材料、新技术、新工艺、新设备的技术性能,从用户或使用单位那里获得使用后的第一手材料,掌握设备安装竣工使用后的技术状态,运行中有无安装施工质量缺陷,若发现有质量问题,应及时进行处理。

4．专题性回访

对某些特殊工程、重点工程、有影响的工程应组织专题性回访，可将服务工作往前延伸，一般由项目经理部自行组织。专题性回访包括交工前对发包人的访问和交工后对使用人的访问，听取他们的意见，为其提供跟踪服务，满足他们提出的合理要求，改进服务方式和质量管理。交工验收后仍然要建立联系，发生问题应及时上门服务，为以后创造"服务换合作"的新机会。

12.4.4 项目工程质量保修

1．工程质量最低保修期限规定

依据《建设工程质量管理条例》第四十条，在正常使用条件下，建设工程的最低保修期限如下。

（1）基础设施工程、房屋建筑的地基基础工程和主体结构工程，为设计文件规定的该工程的合理使用年限。

（2）屋面防水工程，有防水要求的卫生间、房间和外墙面的防渗漏，为 5 年。

（3）供热与供冷系统，为 2 个采暖期、供冷期。

（4）电气管线、给排水管道、设备安装和装修工程，为 2 年。

其他项目的保修期限由发包方（发包人）与承包方（承包人）约定。

建设工程的保修期，自竣工验收合格之日起计算。

2．工程质量缺陷保修责任界定

工程质量缺陷是产生工程质量保修的根源。进行质量保修，必须划清经济责任。质量缺陷，是指工程质量不符合国家或行业现行的有关技术标准、设计文件及合同中对质量的要求等。但是，工程发生质量缺陷问题的情况比较复杂，不能"一刀切"，因设计、施工、供应、建设、使用等多方面的影响，都有可能产生质量缺陷问题。

对产生的工程质量缺陷问题应进行具体分析，对经济责任应进行区别、划分。因设计、施工、供应、建设、使用等不同原因造成的质量问题，应当由责任方承担经济责任。图 12.7 所示为某工程做保修防水处理。

图 12.7 某工程做保修防水处理

> **特别提示**
>
> 建设工程的保修期，自竣工验收合格之日起计算。

观察思考

现实中的工程保修具体由谁负责，施工单位和物业的责任应如何区分？

12.5 施工项目管理总结

在施工项目管理收尾阶段，项目管理机构应进行施工项目管理总结，编写施工项目管理总结报告，纳入项目管理档案。

1. 施工项目管理总结的作用

在我国现阶段，对建设工程项目进行管理总结可以产生以下作用。

（1）提高项目管理的决策水平。通过项目实施后的决策管理总结，可以对项目立项决策的正确与否做出评价。决策管理总结虽然是事后总结，但得到的经验能够为后来项目的决策提供依据，起到很好的项目决策参考作用。

（2）提高项目管理的设计水平。通过项目实施后的设计管理总结，可以对项目勘察设计的方案和水平做出评价，并在项目实施过程中得到验证，不断改进优化设计方案，为项目勘察设计单位提高勘察设计能力和水平起到很好的促进作用。

（3）提高项目管理的采购水平。通过项目实施后的采购管理总结，可以对项目采购的设备是否先进、适用、可靠做出评价，检验项目投产或交付使用的运行情况是否达到了设计能力和要求，以便总结好的经验，减少失误，起到很好的借鉴作用。

（4）提高项目管理的施工水平。通过项目实施后的施工管理总结，可以对项目施工过程的管理控制做出评价，考核项目"三控制""三管理""一协调"的项目管理效果，提高项目施工组织管理水平，在项目管理中起到很好的施工示范作用。

（5）提高项目管理的总承包水平。通过项目实施后的总承包管理总结，可以对项目总承包管理涉及的项目准备、设计、采购、施工、交工等实施阶段全过程目标和任务的实现情况做出评价，为摸索项目总承包经验，提高总承包项目管理水平，起到很好的试点推动作用。

2. 施工项目管理总结的编制依据

随着建设工程项目管理形式的多样化，对项目管理总结工作也提出了更高的要求，项目的各方组织根据各自的需要，都应当建立一套科学的施工项目管理总结依据。施工项目管理总结的依据宜包括下列内容。

（1）工程承包合同。

（2）施工图纸和文件。

(3）技术管理资料。
(4）进度管理资料。
(5）成本管理资料。
(6）安全文明施工管理资料。
(7）文档管理资料。
(8）分供方管理及评价。
(9）业主对项目管理的评价。

3．施工项目管理总结的内容

施工项目管理总结是全面、系统反映项目管理实施情况的综合性文件。施工项目管理工作结束后，项目管理实施责任主体或项目经理部应按照下列内容编制项目管理总结。

(1）项目概况。
(2）组织机构、管理体系、管理控制程序。
(3）各项经济技术指标完成情况及考核评价。
(4）主要经验及问题处理。
(5）其他需要提供的资料。

施工项目管理总结应形成文件，实事求是、概括性强、条理清晰、全面系统地反映工程项目管理的实施效果。施工项目管理总结应在项目考核评价工作完成后编制。

> **特别提示**
>
> 项目考核评价是项目实施后的考核评价，分为中间考核评价和终结考核评价。

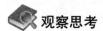

观察思考实际企业或项目部的管理总结，谈一谈其中的不妥和改进之处。

本章小结

本章主要阐述了施工项目收尾管理的有关知识。通过学习施工项目收尾管理的概念，明确施工项目收尾管理是施工项目收尾阶段各项管理工作的总称。施工项目收尾管理对竣工收尾、竣工验收、竣工结算、竣工决算、保修期管理和管理总结等阶段提出要求。施工项目竣工验收是建设工程建设周期的最后一道程序，也是我国建设工程的一项基本法律制度。施工项目竣工验收一般按单位工程（或专业工程）竣工验收、单项工程竣工验收和全部工程竣工验收分别进行。施工项目价款的结算方式主要有按月结算、竣工后一次结算、分段结算和承发包双方约定的其他结算方式。施工项目保修期管理，明确了保修的意义以及保修的方法。在项目管理收尾阶段，项目管理机构应进行项目管理总结，编写项目管理总结报告，纳入项目管理档案。

习 题

一、单选题

1. （　　）应按竣工验收规定向参与项目各方发出竣工验收通知书，组织进行项目竣工验收。
   A．建设行政管理部门　　　　B．发包人
   C．设计单位　　　　　　　　D．施工单位

2. 项目竣工决算是由（　　）编制的项目从筹建到竣工投产或使用全过程的全部实际支出费用的经济文件。
   A．建设行政管理部门　　　　B．发包人
   C．设计单位　　　　　　　　D．监理单位

3. 建设工程项目竣工验收的主体是（　　）。
   A．合同当事人的发包主体　　B．合同当事人的承包主体
   C．设计单位　　　　　　　　D．监理单位

4. 承包人和发包人在工程交付竣工验收时，必须按施工合同的约定执行，不得违约，违约应承担（　　）。
   A．违约的法律责任　　　　　B．违约的刑事责任
   C．违约的经济责任　　　　　D．违约的合同责任

5. 承包人按施工合同约定，完成了设计文件和图纸规定的工程内容，组织有关人员进行了自检，并经工程监理机构组织了竣工预验收后，向发包人提交（　　）。
   A．工程验收告知单　　　　　B．竣工工程申请验收报告
   C．工程竣工报验单　　　　　D．交付竣工验收通知书

6. 建设工程项目竣工结算由（　　）编制。
   A．发包人　　　　　　　　　B．监理单位
   C．发包人的财务部门　　　　D．承包人

7. 建设工程项目是由多个单位工程构成的，按建设项目划分标准的规定，将各单位工程竣工结算书汇总，编制（　　）。
   A．单项工程竣工综合结算书　B．单位工程竣工综合结算书
   C．分部工程竣工综合结算书　D．分项工程竣工综合结算书

8. 《建设工程质量管理条例》第四十条规定，在正常使用条件下，建设工程有防水要求的卫生间的最低保修期限为（　　）年。
   A．1　　　　B．2　　　　C．3　　　　D．5

9. 施工建设工程项目的保修期，自（　　）之日起计算。
   A．开工　　　　　　　　　　B．承包人提交竣工验收申请
   C．竣工验收合格　　　　　　D．发包人组织竣工验收

二、多选题

1. 下列（　　）属于施工项目收尾管理的内容。
   A．项目竣工验收　　　　　　B．项目竣工结算
   C．项目保修期管理　　　　　D．项目财务审计
   E．项目管理总结

2. 施工项目竣工验收应当具备（　　）条件。
   A．完成建设工程设计和合同约定的各项内容
   B．项目竣工结算已完成
   C．有完整的技术档案和施工管理资料
   D．有工程使用的主要建筑材料、建筑构配件和设备进场试验报告
   E．项目可以正常使用

3. 施工项目竣工验收一般按（　　）分别进行。
   A．单位工程（或专业工程）竣工验收
   B．单项工程竣工验收
   C．全部工程竣工验收
   D．分部工程竣工验收
   E．分项工程竣工验收

4. 施工项目竣工验收的依据有（　　）。
   A．批准的设计文件、施工图纸及说明书
   B．类似工程竣工验收资料
   C．双方签订的施工合同
   D．施工质量验收相关规范及标准
   E．发包人的建议

5. 承包人尤其是项目经理部在编制项目竣工结算时，应注意收集、整理（　　）等有关结算资料。
   A．建设工程施工合同　　　　B．中标投标书的报价表
   C．工程变更及技术经济签证　D．发包人的指令文件
   E．类似工程竣工结算资料

6. 施工项目工程价款结算的方式有（　　）。
   A．按月结算　　　　　　　　B．按季结算
   C．竣工后一次结算　　　　　D．分段结算
   E．承发包双方约定的其他结算方式

7. 施工项目保修回访类型有（　　）。
   A．例行性回访　　　　　　　B．季节性回访
   C．技术性回访　　　　　　　D．周期性回访
   E．专题性回访

8. 在正常使用条件下，建设工程的最低保修期限正确的有（　　）。
   A．基础设施工程 50 年

B. 主体结构工程为设计文件规定的该工程的合理使用年限
C. 房间和外墙面的防渗漏 5 年
D. 电气管线 2 年
E. 装修工程 1 年

三、简答题

1. 简述编制施工项目竣工结算原则。
2. 简述施工项目管理总结的编制依据。

四、案例题

1. 某办公楼工程，建筑面积 153000m², 地下 2 层，地上 30 层，建筑物总高度 136.6m, 地下钢筋混凝土结构，地上型钢混凝土组合结构，基础埋深 8.4m。施工单位项目经理根据《建设工程项目管理规范》（GB/T 50326—2017），主持编制了项目管理实施规划，其内容包括工程概况、组织方案、设计与技术措施、风险管理计划、沟通管理计划、项目收尾管理计划、项目现场平面布置图、项目目标控制计划、技术经济指标等内容。项目收尾阶段，项目经理部依据项目收尾管理计划，开展了各项工作。

问题：

（1）项目管理实施规划还应包括哪些内容（至少列出 3 项）？
（2）项目收尾管理计划主要包括哪些方面的管理工作？

【分析】

（1）项目管理实施规划还应包括项目总体工作安排、进度计划、质量计划、安全生产计划、绿色建造与环境管理计划、成本计划、资源需求与采购计划、信息管理计划。

（2）项目收尾管理计划主要包括的管理工作：竣工收尾、验收、结算、决算、保修期管理、项目管理总结等。

2. 某办公楼工程，地下 1 层，地上 12 层，总建筑面积 25800m², 筏板基础，框架-剪力墙结构，建设单位与某施工总承包单位签订了施工承包合同，按照合同约定，施工总承包单位将装饰装修工程分包给了符合资质条件的专业分包单位。

合同履行过程中，发生了下列事件。

事件 1：总监理工程师在检查工程竣工验收条件时，确认施工总承包单位已经完成建设工程设计和合同约定的各项内容，有完整的技术档案与施工管理资料，以及勘查、设计、施工、工程监理等参建单位分别签署的质量合格文件，但还缺少部分竣工验收条件所规定的资料。

事件 2：在竣工验收时，建设单位要求施工总承包单位和装饰装修工程分包单位将各自的工程资料向项目监理机构移交，由项目监理机构汇总后向建设单位移交。

问题：

（1）事件 1 中，根据《建设工程质量管理条例》和《建设工程文件归档规范（2019 年版）》（GB/T 50328—2014），施工总承包单位还应补充哪些竣工验收资料？
（2）事件 2 中，建设单位提出的工程竣工资料移交的要求是否妥当？并给出正确的做法。

【分析】

（1）施工总承包单位还应补充的竣工验收资料：①工程使用的主要建筑材料、建筑构配件和设备的进场试验报告；②施工单位签署的工程保修书。

（2）建设单位提出的工程竣工资料移交的要求不妥当。

正确做法：施工单位应向建设单位移交施工资料；实行施工总承包的，各专业分包单位应向施工总承包单位移交施工资料；项目监理机构应向建设单位移交监理资料；工程资料移交时应及时办理相关移交手续，填写工程资料移交书、移交目录；建设单位应按国家有关法规和标准的规定向城市建设档案管理部门移交工程档案，并办理相关手续。有条件时，向城市建设档案管理部门移交的工程档案应为原件。

参 考 文 献

全国一级建造师执业资格考试用书编写委员会，2022. 建筑工程管理与实务[M]. 北京：中国建筑工业出版社.
全国一级建造师执业资格考试用书编写委员会，2022. 建设工程项目管理[M]. 北京：中国建筑工业出版社.
本书编委会，2017. 建设工程项目管理规范实施指南[M]. 北京：中国建筑工业出版社.
韩国平，陈晋中，2012. 建筑施工组织与管理[M]. 2版. 北京：清华大学出版社.
王辉，2019. 建设工程项目管理[M]. 3版. 北京：北京大学出版社.